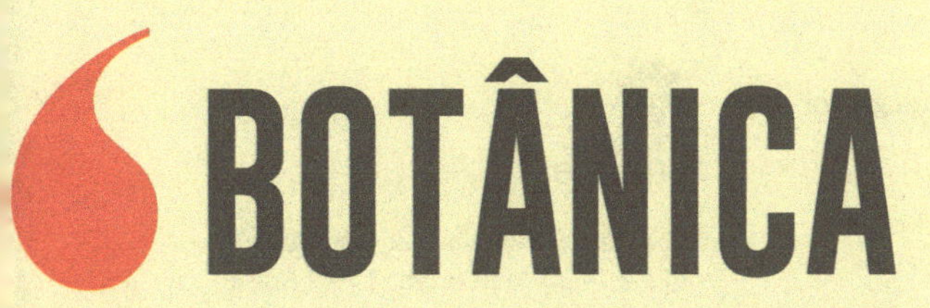

o incrível mundo das plantas

Suelen Cristina Alves da Silva Pereto

Rua Clara Vendramin, 58 | Mossunguê
CEP 81200-170 | Curitiba | PR | Brasil
Fone: (41) 2106-4170
www.intersaberes.com
editora@intersaberes.com

1ª edição, 2023.

Foi feito o depósito legal.

Dados Internacionais de Catalogação na Publicação (CIP)
(Câmara Brasileira do Livro, SP, Brasil)

Pereto, Suelen Cristina Alves da Silva
Botânica : o incrível mundo das plantas / Suelen Cristina Alves da Silva Pereto. -- Curitiba : Editora Intersaberes, 2023. -- (Série biologia em foco)

Bibliografia.
ISBN 978-65-5517-201-0

1. Botânica I. Título. II. Série.

22-140583 CDD-581

Índices para catálogo sistemático:

1. Botânica 581

Cibele Maria Dias – Bibliotecária – CRB-8/9427

SUMÁRIO

Capítulo 6

DEDICATÓRIA

À minha amada mãe, Rosemari (*in memoriam*), que plantou em mim, desde criança, o apreço pelas plantas e o prazer de tê-las sempre por perto. Sua satisfação e alegria em ver seu jardim florido e arrumado despertaram minha curiosidade e meu interesse por conhecer melhor este lindo mundo da botânica. Não tenho dúvidas de que ela está cuidando de um lindo jardim no céu.

AGRADECIMENTOS

Primeiramente, agradeço a Deus por ter me concedido o dom da vida e conhecimento suficiente para a realização desta obra.

Agradeço imensamente à Daniela Viroli Pereira Pinto pelo convite para produzir esta obra. Obrigada pela confiança e pela imensurável paciência e compreensão em relação às datas de entrega.

Agradeço aos meus familiares: meu esposo amado, Mauricio, que, sempre muito paciente, me ouvia falar sobre o conteúdo deste livro e me consolava e encorajava a não desistir; meus dois amados filhos, Júlia e Heitor, que estiveram mamando nos meus braços, brincando por entre as minhas pernas e, por que não dizer, pulando nas minhas costas enquanto eu redigia esta obra – foi um desafio imenso, mas aprendi a ser mais forte com tudo isso; meu pai amado, Sr. João, por sempre torcer demais por mim e ver potencial em tudo o que faço; meus sogros, por me auxiliarem cuidando das crianças para que eu pudesse ter algumas horas de silêncio e concentração.

Gratidão também aos amigos queridos que, de alguma forma, torceram pela conclusão desta obra e oraram por mim, incentivando-me a nunca desistir. Que Deus abençoe muito a todos vocês!

APRESENTAÇÃO

Bem-vindo ao mundo das plantas!

Nesta obra, tratamos de conteúdos relacionados à botânica – ciência que estuda os organismos vegetais. Por meio deste material, você terá a oportunidade de compreender questões relacionadas à anatomia, à fisiologia, à morfologia e à sistemática das plantas.

Nosso objetivo é transmitir o conhecimento botânico a você, leitor, por meio de uma estrutura didática composta de textos, esquemas, imagens e quadros.

O conteúdo está organizado de modo a contemplar desde a constituição das plantas em sua estrutura celular até os procedimentos aplicados para organizar exemplares coletados e prepará-los para a montagem de uma coleção em herbário.

Desse modo, no Capítulo 1, abordamos a estrutura básica das plantas, apresentando a composição e a estrutura da célula de acordo com o órgão do vegetal. Na sequência, no Capítulo 2, continuamos a explorar a célula, mas em um nível de organização mais complexo, examinando os tecidos vegetais, suas características e particularidades.

Os dois primeiros capítulos são a base para a compreensão do funcionamento da célula em relação ao órgão vegetal estudado. Assim, após esses estudos preliminares, no Capítulo 3, adentramos na área da fisiologia.

No Capítulo 4, tratamos do sistema de classificação taxonômica atual, levando em conta a inserção das algas no Reino Protoctista, uma vez que estudos moleculares e filogenéticos têm revelado que esse grupo não pertence ao Reino Plantae, como se acreditava anteriormente. Também abordamos nesse capítulo a morfologia, a anatomia e a fisiologia dos musgos, organismos que fornecem informações sobre a natureza das primeiras plantas adaptadas ao ambiente terrestre e os processos pelos quais as plantas vasculares se desenvolveram.

Considerando-se a característica marcante de um sistema vascular, as samambaias e as licófitas passaram a apresentar estruturas eretas e/ou elevadas em relação ao solo, motivo pelo qual tiveram mais sucesso reprodutivo que os grupos anteriores; no entanto, a diversidade das plantas é determinada pelo sucesso reprodutivo e pelo ciclo de vida encontrado nas espermatófitas, tema do Capítulo 5.

Os grupos com mais representantes vegetais são o das gimnospermas e, em especial, das angiospermas, que contam com uma semente protegendo o embrião. As estruturas vegetativas e reprodutivas – em muitos casos, altamente especializadas – são eficientes mecanismos de dispersão de pólen e sementes, como veremos no Capítulo 6, que trata da reprodução das espermatófitas. Por fim, ainda nesse capítulo, apresentamos técnicas de identificação, registro e conservação em herbário, pois a identificação taxonômica correta de uma planta permite aos profissionais da botânica comparar e estudar representantes de uma mesma espécie em diferentes localidades e fitofisionomias ao redor do mundo.

Bons estudos!

COMO APROVEITAR AO MÁXIMO ESTE LIVRO

Empregamos nesta obra recursos que visam enriquecer seu aprendizado, facilitar a compreensão dos conteúdos e tornar a leitura mais dinâmica. Conheça a seguir cada uma dessas ferramentas e saiba como estão distribuídas no decorrer deste livro para bem aproveitá-las.

Neste capítulo, abordaremos as características gerais das células vegetais, como as estruturas básicas que as compõem. Trataremos da importância, do funcionamento e da formação da parede celular, bem como da formação e da diferenciação das células vegetais. Também apresentaremos as células totipotentes, que contam com a capacidade de formação de novas células e tecidos vegetais, e as técnicas de formação de culturas vegetais pelo cultivo de células totipotentes.

1.1 Características

A botânica é a área da biologia que estuda todo organismo vegetal constituído por uma estrutura básica denominada *célula vegetal* e que apresenta a capacidade de realizar a transformação de energia luminosa em energia química (fotossíntese), liberando oxigênio nesse processo.

A célula vegetal é um tipo de célula eucarionte, ou seja, tem um núcleo que abriga o material genético e um citoplasma com organelas membranosas. Ela conta com estruturas semelhantes às encontradas na célula animal, mas apresenta componentes específicos relacionados à forma de obtenção de energia (fotossíntese) e ao mecanismo de sustentação dos vegetais (ausência de um esqueleto ósseo, como nos vertebrados).

Desse modo, uma das maiores diferenças entre a célula vegetal e a célula animal é a presença de uma parede extra citoplasmática, que se caracteriza por ser parte integral de todos os aspectos de desenvolvimento da célula vegetal (Stafford, 1991). Com relação às organelas celulares, vacúolos, plastídios (com destaque especial para o cloroplasto, que contém o pigmento clorofila) e parede celular (detalhada no próximo tópico) fazem

23

Introdução do capítulo

Logo na abertura do capítulo, informamos os temas de estudo e os objetivos de aprendizagem que serão nele abrangidos, fazendo considerações preliminares sobre as temáticas em foco.

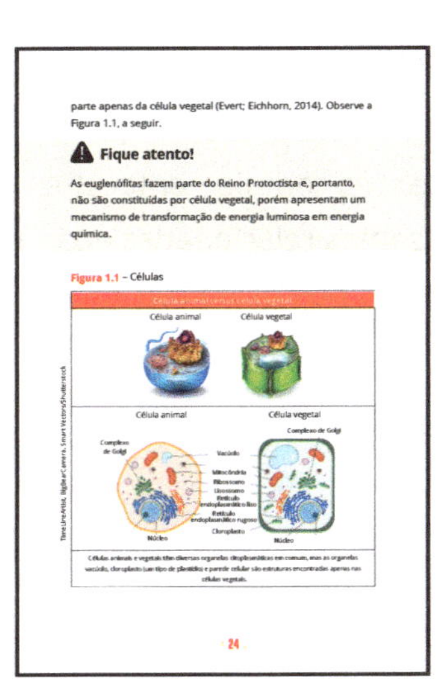

parte apenas da célula vegetal (Evert; Eichhorn, 2014). Observe a Figura 1.1, a seguir.

Fique atento!

As euglenófitas fazem parte do Reino Protoctista e, portanto, não são constituídas por célula vegetal, porém apresentam um mecanismo de transformação de energia luminosa em energia química.

Figura 1.1 – Células

Células animais e vegetais têm diversas organelas citoplasmáticas em comum, mas as organelas vacúolo, cloroplasto (um tipo de plastídio) e parede celular são estruturas encontradas apenas nas células vegetais.

24

Fique atento!

Ao longo de nossa explanação, destacamos informações essenciais para a compreensão dos temas tratados nos capítulos.

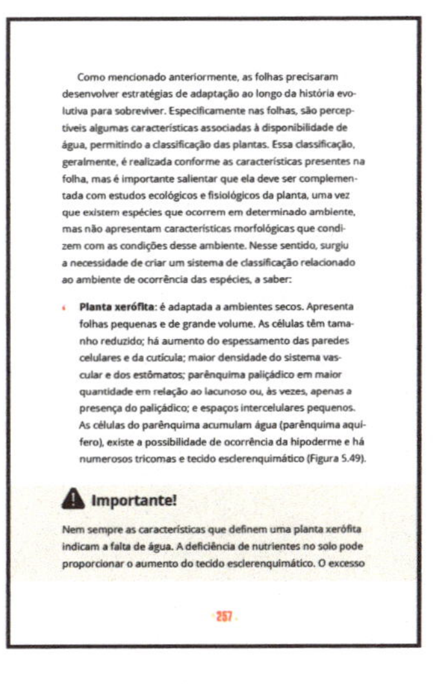

Como mencionado anteriormente, as folhas precisaram desenvolver estratégias de adaptação ao longo da história evolutiva para sobreviver. Especificamente nas folhas, são perceptíveis algumas características associadas à disponibilidade de água, permitindo a classificação das plantas. Essa classificação, geralmente, é realizada conforme as características presentes na folha, mas é importante salientar que ela deve ser complementada com estudos ecológicos e fisiológicos da planta, uma vez que existem espécies que ocorrem em determinado ambiente, mas não apresentam características morfológicas que condizem com as condições desse ambiente. Nesse sentido, surgiu a necessidade de criar um sistema de classificação relacionado ao ambiente de ocorrência das espécies, a saber:

- **Planta xerófita**: é adaptada a ambientes secos. Apresenta folhas pequenas e de grande volume. As células têm tamanho reduzido; há aumento do espessamento das paredes celulares e da cutícula; maior densidade do sistema vascular e dos estômatos; parênquima paliçádico em maior quantidade em relação ao lacunoso ou, às vezes, apenas a presença do paliçádico; e espaços intercelulares pequenos. As células do parênquima acumulam água (parênquima aquífero), existe a possibilidade de ocorrência da hipoderme e há numerosos tricomas e tecido esclerenquimático (Figura 5.49).

Importante!

Nem sempre as características que definem uma planta xerófita indicam a falta de água. A deficiência de nutrientes no solo pode proporcionar o aumento do tecido esclerenquimático. O excesso

257

Importante!

Algumas das informações centrais para a compreensão da obra aparecem nesta seção. Aproveite para refletir sobre os conteúdos apresentados.

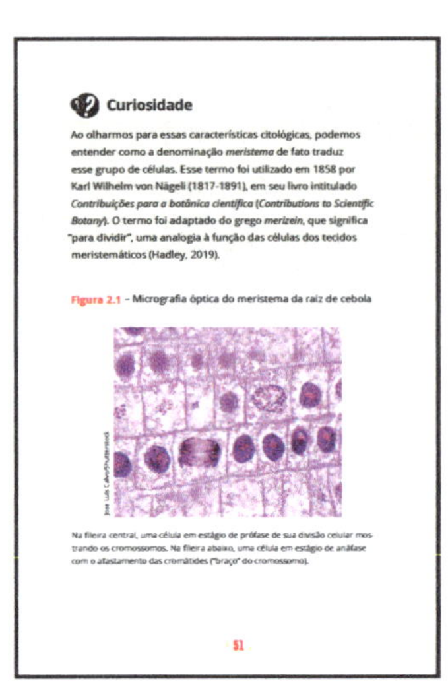

Curiosidade

Ao olharmos para essas características citológicas, podemos entender como a denominação *meristema* de fato traduz esse grupo de células. Esse termo foi utilizado em 1858 por Karl Wilhelm von Nägeli (1817-1891), em seu livro intitulado *Contribuições para a botânica científica* (*Contributions to Scientific Botany*). O termo foi adaptado do grego *merizein*, que significa "para dividir", uma analogia à função das células dos tecidos meristemáticos (Hadley, 2019).

Figura 2.1 – Micrografia óptica do meristema da raiz de cebola

José Luis Calvo/Shutterstock

Na fileira central, uma célula em estágio de prófase de sua divisão celular mostrando os cromossomos. Na fileira abaixo, uma célula em estágio de anáfase com o afastamento das cromátides ("braço" do cromossomo).

51

Curiosidade

Nestes boxes, apresentamos informações complementares e interessantes relacionadas aos assuntos expostos no capítulo.

Em períodos de ausência das folhas na planta, o estoque de solutos fotossintéticos nas raízes gera uma pressão hidrostática inversa da inicial, causando um fluxo contrário no floema. Dessa maneira, o transporte de solutos (água e nutrientes) realizado no floema é bidirecional (raiz-folhas e folhas-raiz) (White, 2017). Porém, o transporte de íons no feixe vascular em um sentido não ocupa o mesmo elemento crivado para a realização do transporte em sentido inverso (Wegner, 2014).

Em caso de ausência de água no solo e sua disponibilização na atmosfera em forma de vapor de água, o transporte ocorre de maneira inversa, e a relação fonte-raio na planta é invertida. A disponibilidade de água passa a ser feita pelas folhas em direção ao restante da planta. Plantas sujeitas à neblina reidratam seus tecidos vegetais e realizam uma redistribuição da água das folhas em direção à raiz (Eller; Lima; Oliveira, 2013). Todavia, o ajuste de mecanismos hidráulicos da planta a ambientes secos pode não acontecer, e esta pode se enquadrar em risco futuro de mortalidade (Bittencourt et al., 2020).

Assim, as condições ambientais claramente determinam o metabolismo da planta e afetam os processos de transporte de água, difusão do oxigênio, fotossíntese e respiração. Acompanhe, no próximo capítulo, a abordagem detalhada desses processos sujeitos às condições ambientais e seu mecanismo de funcionamento nos diferentes grupos biológicos.

Síntese

Neste capítulo, abordamos os diferentes tipos de tecidos vegetais presentes em uma planta. Características como origem de formação, tipos de células, local de ocorrência e substância de

75

Síntese

Ao final de cada capítulo, relacionamos as principais informações nele abordadas a fim de que você avalie as conclusões a que chegou, confirmando-as ou redefinindo-as.

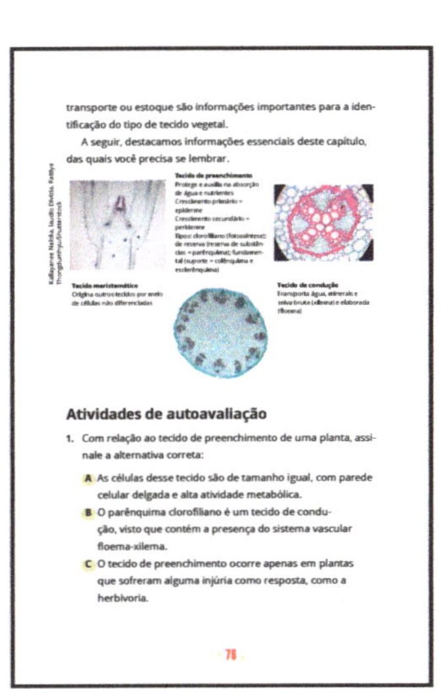

transporte ou estoque são informações importantes para a identificação do tipo de tecido vegetal.

A seguir, destacamos informações essenciais deste capítulo, das quais você precisa se lembrar.

Tecido de preenchimento
Protege e auxilia na absorção de água e nutrientes
Crescimento primário = epiderme
Crescimento secundário = periderme
Tipos: clorofiliano (fotossíntese); de reserva (reserva de substâncias = parênquima); fundamental (suporte = colênquima e esclerênquima)
Tecido meristemático
Origina outros tecidos por meio de células não diferenciadas
Tecido de condução
Transporta água, minerais e seiva bruta (xilema) e elaborada (floema)

Kallayanee Naloka, Iaudio Divizia, Rattiya Thongdumhyu/Shutterstock

Atividades de autoavaliação

1. Com relação ao tecido de preenchimento de uma planta, assinale a alternativa correta:

   A As células desse tecido são de tamanho igual, com parede celular delgada e alta atividade metabólica.

   B O parênquima clorofiliano é um tecido de condução, visto que contém a presença do sistema vascular floema-xilema.

   C O tecido de preenchimento ocorre apenas em plantas que sofreram alguma injúria como resposta, como a herbivoria.

78

Atividades de autoavaliação

Apresentamos estas questões objetivas para que você verifique o grau de assimilação dos conceitos examinados, motivando-se a progredir em seus estudos.

5. Com relação à hipótese formulada por Ernst Münch, assinale V para as alternativas verdadeiras e F para as falsas.

   ( ) A hipótese da pressão hidrostática foi proposta por Ernst Münch e explica o transporte e o fluxo de solutos em direção à folha.

   ( ) A pressão gerada pelo abastecimento de solutos no floema na região da folha é considerada fonte do tecido.

   ( ) Pelo fato de as folhas realizarem a fotossíntese, elas são consideradas fontes de alimento, ao passo que as raízes, ao consumirem e/ou estocarem os produtos fotossintéticos, são consideradas ralo ou destino de alimento, por isso a expressão *fonte-ralo*.

   Agora, assinale a alterativa que indica a sequência correta:

   A F, V, V.
   B V, F, V.
   C F, F, V.
   D F, V, F.
   E V, V, V.

Atividades de aprendizagem

Questões para reflexão

1. A epiderme tem a finalidade de revestir as plantas por meio de uma camada de cera denominada *cutícula*. Sabendo-se que plantas do Cerrado são sazonalmente submetidas a queimadas naturais, qual é a contribuição da epiderme, além do revestimento, para essas plantas?
2. O crescimento vegetal é caracterizado como aberto ou indeterminado, ou seja, o número de órgãos não é

79

Atividades de aprendizagem

Aqui apresentamos questões que aproximam conhecimentos teóricos e práticos a fim de que você analise criticamente determinado assunto.

BIBLIOGRAFIA COMENTADA

APPEZZATO-DA-GLÓRIA, B.; CARMELLO-GUERREIRO, S. M. (Ed.). **Anatomia vegetal**. 2. ed. rev. e atual. Viçosa: UFV, 2006.

O livro é um clássico no estudo de anatomia vegetal, visto que apresenta uma base para o conhecimento da estrutura interna do vegetal, abordando a organização geral do corpo da planta, os diferentes tipos de células e tecidos e a anatomia de órgãos vegetativos e reprodutivos. Trata-se de um verdadeiro manual de identificação e descrição de estruturas anatômicas e tecidos das plantas. Apresenta muitas fotos de micrografias eletrônicas com excelentes cortes histológicos de exemplares da flora brasileira.

JUDD, W. S. et al. **Sistemática vegetal**: um enfoque filogenético. Tradução de André Olmos Simões et al. 3. ed. Porto Alegre: Artmed, 2009.

O livro é uma excelente ferramenta para o estudo da sistemática de plantas. Apresenta uma abordagem atualizada e completa do uso de dados filogenéticos para a classificação das espécies vegetais. O livro leva em consideração que todas as formas de vida estão inter-relacionadas, como os ramos de uma árvore. Detém-se nas plantas vasculares, ou traqueófitas, com ênfase nas plantas com flores. A presença de chaves taxonômicas em cada início de capítulo permite ao leitor utilizar o livro como um guia para a identificação de espécies no nível de família.

Bibliografia comentada

Nesta seção, comentamos algumas obras de referência para o estudo dos temas examinados ao longo do livro.

INTRODUÇÃO

Todos os seres vivos conhecidos em nosso planeta são catalogados em categorias hierárquicas, de acordo com um sistema internacional de classificação biológica proposto, inicialmente, por Carolus Linnaeus (1707-1778). Esse sistema organiza os indivíduos segundo suas semelhanças morfológicas e genéticas.

A taxonomia é a área da biologia responsável por essa classificação e apresenta as seguintes categorias em ordem decrescente: domínio, reino, filo, classe, ordem, família, gênero e espécie. A classificação taxonômica dos seres vivos descreve, atualmente, três domínios e, entre eles, seis reinos: (1) Bacteria, (2) Archea, (3) Protoctista (protozoários e algumas algas), (4) Fungi, (5) Plantae e (6) Animalia.

Tal classificação não é consenso entre os cientistas e certamente sofrerá alterações em face das inúmeras descobertas decorrentes de estudos moleculares e filogenéticos. Contudo, levando-se em consideração a classificação acima mencionada, esta obra tem a finalidade de apresentar informações sobre organismos fotossintetizantes localizados nos reinos Protoctista (euglenófitas, dinoflagelados, diatomáceas, algas douradas, algas pardas, algas vermelhas, algas carófitas e algas verdes) e Plantae. Especificamente, esses organismos são plantas constituídas por uma estrutura básica denominada *célula vegetal* e que apresentam a capacidade de realizar a transformação de energia luminosa em energia química (fotossíntese), liberando oxigênio nesse processo.

A ciência que estuda a morfologia, a fisiologia, o crescimento, o desenvolvimento, a reprodução, a identificação e a classificação das plantas é denominada *botânica*, expressão originária do grego *botane* (βοτανικός), cujo significado é "referente a plantas" (Oxford Languages, 2022). No Quadro A, a seguir, são apresentados os organismos que se enquadram nessa classificação.

Quadro A – Grupo de organismos fotossintetizantes enquadrados na classificação botânica como plantas

Reino Protoctista	**Protoctistas autótrofos** Filo Euglenophyta Filo Crysophyta Filo Haptophyta Filo Dinophyta (dinoflagelados) Filo Baccilariophyta (diatomáceas) Filo Chysophyta (algas douradas) Filo Xantophyta (algas verde-amareladas) Filo Phaeophyta (algas pardas/marrons) Filo Rhodophyta (algas vermelhas) Filo Chlorophyta (algas verdes*)
Reino Plantae	Briófitas* Samambaias e licófitas* Gimnospermas* Angiospermas

Fonte: Elaborado com base em Evert; Eichhorn, 2014.

Os grupos destacados com asterisco não são monofiléticos, ou seja, não têm um ancestral comum, mas, por se enquadrarem no pressuposto de estudo da botânica, formam, juntamente com as angiospermas (Anthophyta), o grupo das plantas verdes. A Figura A, a seguir, apresenta a classificação dessas plantas, que abordaremos nesta obra.

Figura A – Grupo das plantas verdes

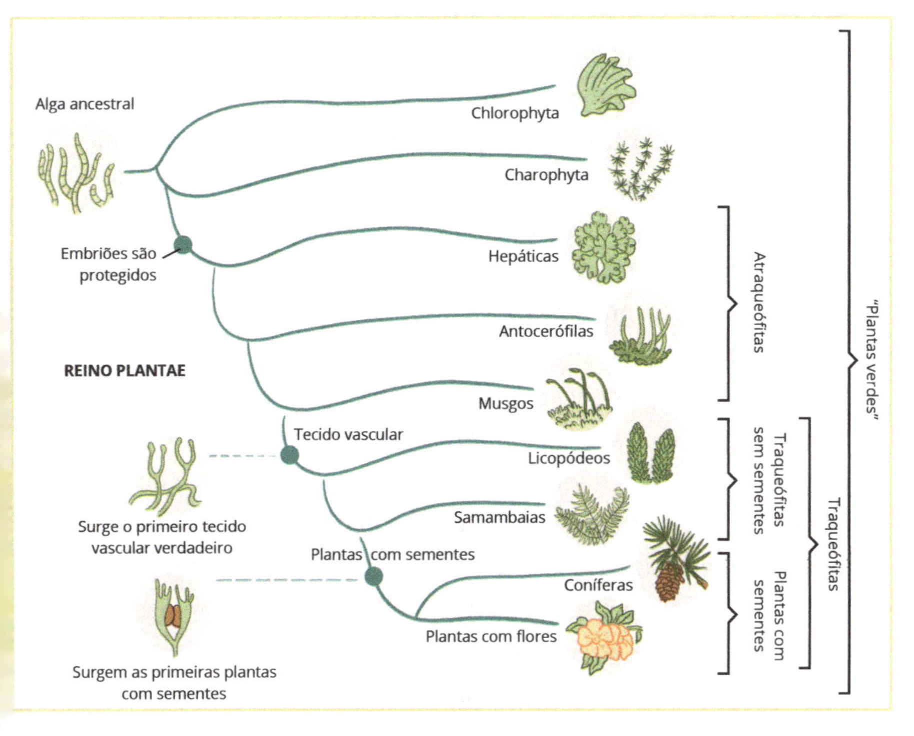

Fonte: Purves et al., citados por Santiago; Baracho, 2013, p. 34.

Os demais filos fotossintetizantes do Reino Protoctista, apesar de não estarem presentes na figura, serão igualmente abordados, juntamente com as algas verdes e as carófitas.

História da botânica

Assuntos referentes às plantas fazem parte da história desde os primórdios. Há muito tempo o ser humano percebeu quais espécies vegetais poderiam lhe proporcionar saciedade, cura para doenças, bem-estar – cosméticos, incensos e pigmentos – ou mesmo prejudicá-lo com seu poder tóxico. Esse comportamento criou hábitos, e o conhecimento adquirido sobre as espécies vegetais foi propagado de geração em geração.

Além de participarem da alimentação, as plantas passaram a ser incorporadas como estrutura para abrigos e matéria-prima em cerimônias e rituais. Com o fim do comportamento nômade, o ser humano começou a cultivar as plantas e, assim, garantir seu alimento. A partir de então, a domesticação de espécies de plantas e seu cultivo deram início ao que chamamos hoje de *agricultura*, que, com o passar dos anos, vem sendo enriquecida e aprimorada.

Como vimos, a relação entre homens e plantas, inicialmente, ocorreu em virtude da alimentação e da medicina, mas a botânica foi aos poucos ganhando espaço e reconhecimento entre as muitas ciências. Em um primeiro momento, ela era vista sob uma perspectiva mais prática, sem a análise de muitos aspectos teóricos; sua origem é localizada no século VII a.C., com destaque para a Grécia Antiga, especialmente com Hipócrates (460-370 a.C.) – considerado por muitos como o pai da medicina –, no século V a.C.

Também na Grécia, Theophrastus (371-287 a.C.), aluno de Aristóteles, passou a desenvolver alguns estudos com plantas, sendo o primeiro a classificar o reino vegetal em quatro categorias: (1) árvores, (2) arbustos, (3) tubérculos e (4) ervas. Ele ainda diagnosticou diferenças entre gimnospermas e angiospermas, bem como entre monocotiledôneas e dicotiledôneas, e percebeu que as plantas poderiam ter crescimento anual, bianual ou ser perenes. Por suas importantes observações, é identificado como o pai da botânica. Escreveu diversos livros, mas duas de suas obras marcam a origem definitiva da botânica: *História das plantas* (*De historia plantarum*) e *Sobre as causas das plantas* (*De causis plantarum*).

Contudo, com a queda do Império Romano, muitos registros foram perdidos ou desconsiderados. Dessa forma, a botânica, assim como outras ciências, passou por um período de estagnação, progredindo apenas em razão dos estudos informais de monges da Igreja Católica e da persistência de diversas pessoas, muitas vezes anônimas. A informalidade dos estudos da botânica perdurou por anos e foi apenas nos séculos XV e XVI, no período renascentista, que ela deixou de ser vista como um anexo da medicina, isto é, como uma ciência propriamente dita. Nesse período, o interesse pela natureza surgiu com grande força, e muitas plantas foram descobertas e analisadas. Uma grande contribuição para os estudos anatômicos de folhas e flores foi a invenção do microscópio, na década de 1590.

Outra importante contribuição para a botânica ocorreu com os estudos do sueco Carl Linnaeus (1707-1778), um zoólogo, botânico e médico que, baseado nas características morfológicas de flores e frutos, passou a estudar e classificar as plantas. Com base em suas descobertas, Linnaeus estabeleceu uma nomenclatura binominal, considerada a base da nomenclatura científica utilizada atualmente. Nesse método, a primeira palavra é a de maior abrangência de classificação (gênero), e a segunda (denominada atualmente de *epíteto específico*) retrata, em geral, uma característica específica da planta.

Linnaeus publicou uma lista de espécies intitulada *Espécies de plantas* (*Species plantarum*), que ficou muito conhecida, sendo utilizada mundialmente. Dada a qualidade do trabalho realizado por Linnaeus, muitos cientistas ao redor do mundo passaram a se interessar pelo estudo das plantas e a contribuir para o aumento da lista de espécies apresentada inicialmente pelo cientista. O uso do sistema binominal na classificação de espécies de plantas e animais passou a receber adesão mundial.

Expedições botânicas foram realizadas mundo afora a partir do século XIX, quando a descoberta de espécies vegetais começou a crescer de maneira exponencial. No Brasil, a botânica teve sua relevância com os estudos de Carl Friedrich Philipp von Martius (1794-1868), que chegou ao país com a comitiva da Imperatriz Leopoldina e passou a realizar diversos registros e estudos das plantas brasileiras. Depois de viajar por três anos por nossas terras, ele confeccionou uma das maiores obras botânicas do Brasil, a *Flora brasiliensis*. Por sua marcante contribuição para o estudo da flora brasileira, em 1994, data que marcava 200 anos do nascimento de Martius, definiu-se o dia 17 de abril como o Dia Nacional da Botânica.

Com o avanço da tecnologia a partir do século XX, a botânica foi surpreendentemente explorada, e uma infinidade de descobertas ocorreu. Considerando-se a imensidão de informações agora disponíveis, a botânica abordou, em um primeiro momento, organismos ditos *vegetais*. Nesse contexto, os fungos foram por anos considerados vegetais e parte integrante do Reino Plantae. Todavia, percebeu-se que eles não realizam fotossíntese (logo, não contam com clorofila) e, tendo em vista sequências de RNA ribossômico e de acordo com a nutrição desses organismos (heterotróficos), os fungos são mais aparentados aos animais do que às plantas. Desde 1970, portanto, os fungos passaram a ser classificados em um reino próprio – o Reino Fungi (ou Eumycota) – e, assim, surgiu a área da biologia que estuda os fungos, a micologia.

Atualmente, a botânica é uma ciência conhecida e que aborda vários aspectos relacionados às plantas. Nesse sentido, ela passou a ser subdividida em diversas linhas de pesquisa, como:

- **Anatomia vegetal**: estuda a estrutura celular das plantas.
- **Morfologia vegetal**: estuda as diferentes formas dos órgãos reprodutivos e vegetativos.
- **Histologia vegetal**: estuda os diferentes tecidos vegetais.
- **Fisiologia vegetal**: estuda a atuação da água e dos hormônios no interior das plantas.
- **Micropropagação vegetal**: estuda as diferentes técnicas de cultivo de plantas.
- **Taxonomia vegetal**: estuda a identificação e a classificação das espécies de plantas.

Contudo, a botânica também atua em parceria com outras áreas da ciência, como:

- **Genética** – filogenia vegetal: estuda as relações de parentesco entre as diferentes espécies.
- **Ecologia** – ecologia vegetal: estuda a relação entre planta-animal e/ou planta-ambiente.
- **Paleontologia** – paleobotânica: estuda os fósseis vegetais.
- **Geografia** – geobotânica: estuda a distribuição das plantas no planeta.
- **Medicina** – fitoterapia: estuda o potencial efeito curativo e/ou preventivo das plantas a certas doenças.

Certamente essa lista aumentará em breve, pois a botânica é uma ciência dinâmica que interage com o cotidiano do ser humano e, portanto, é de grande interesse e importância.

CAPÍTULO 1

CÉLULA VEGETAL

Neste capítulo, abordaremos as características gerais das células vegetais, como as estruturas básicas que as compõem. Trataremos da importância, do funcionamento e da formação da parede celular, bem como da formação e da diferenciação das células vegetais. Também apresentaremos as células totipotentes, que contam com a capacidade de formação de novas células e tecidos vegetais, e as técnicas de formação de culturas vegetais pelo cultivo de células totipotentes.

1.1 Características

A botânica é a área da biologia que estuda todo organismo vegetal constituído por uma estrutura básica denominada *célula vegetal* e que apresenta a capacidade de realizar a transformação de energia luminosa em energia química (fotossíntese), liberando oxigênio nesse processo.

A célula vegetal é um tipo de célula eucarionte, ou seja, tem um núcleo que abriga o material genético e um citoplasma com organelas membranosas. Ela conta com estruturas semelhantes às encontradas na célula animal, mas apresenta componentes específicos relacionados à forma de obtenção de energia (fotossíntese) e ao mecanismo de sustentação dos vegetais (ausência de um esqueleto ósseo, como nos vertebrados).

Desse modo, uma das maiores diferenças entre a célula vegetal e a célula animal é a presença de uma parede extra citoplasmática, que se caracteriza por ser parte integral de todos os aspectos de desenvolvimento da célula vegetal (Stafford, 1991). Com relação às organelas celulares, vacúolos, plastídios (com destaque especial para o cloroplasto, que contém o pigmento clorofila) e parede celular (detalhada no próximo tópico) fazem parte apenas da célula vegetal (Evert; Eichhorn, 2014). Observe a Figura 1.1, a seguir.

Fique atento!

As euglenófitas fazem parte do Reino Protoctista e, portanto, não são constituídas por célula vegetal, porém apresentam um mecanismo de transformação de energia luminosa em energia química.

Figura 1.1 – Células

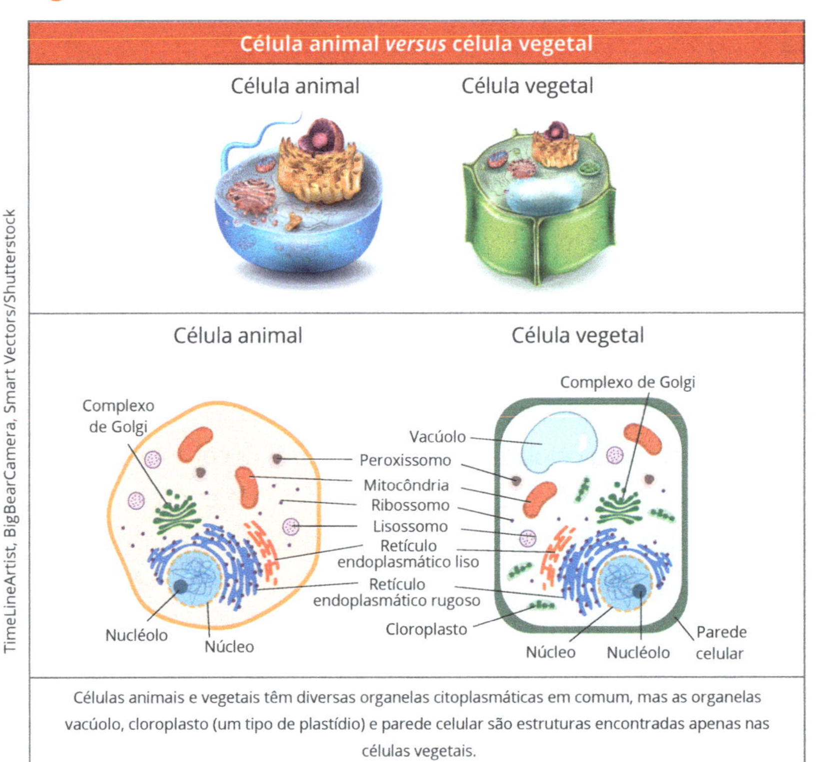

Células animais e vegetais têm diversas organelas citoplasmáticas em comum, mas as organelas vacúolo, cloroplasto (um tipo de plastídio) e parede celular são estruturas encontradas apenas nas células vegetais.

(continua)

(Figura 1.1 – conclusão)

Euglena, um exemplo de organismo Protoctista

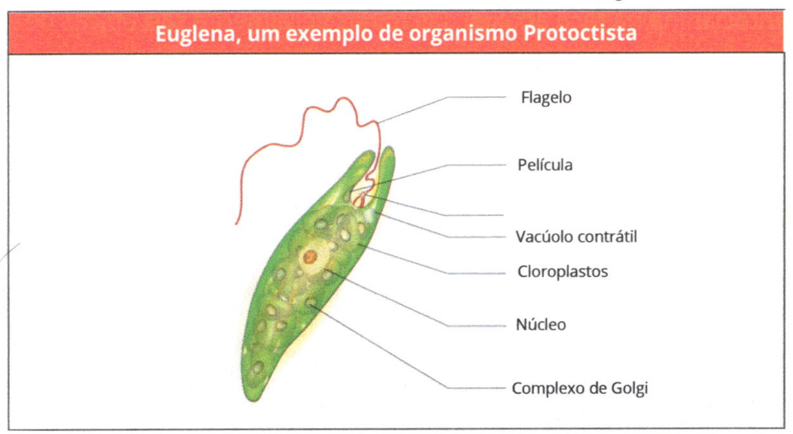

Considerando-se as estruturas encontradas apenas nas células vegetais, os **vacúolos** podem ocupar de 30% a 90% do espaço celular e são delimitados por uma membrana unitária e semipermeável denominada *tonoplasto*. Eles são responsáveis por realizar a estocagem de dejetos celulares e substâncias, como proteínas, íons, água, açúcares e compostos fenólicos, como betalaínas e antocianinas.

Os compostos fenólicos, por sua vez, têm a função de atrair polinizadores para a flor e dispersores de sementes e frutos, bem como reter a radiação solar na folha, agindo como uma barreira contra a saída da luz solar da lâmina foliar. Um exemplo de composto fenólico bastante comum é a antocianina, que confere a coloração roxa presente em muitos frutos e folhas (Figura 1.2). A luz solar adentra a folha pela face adaxial (superior), mas, em razão da presença da antocianina, encontra dificuldades para sair pela face abaxial (inferior). Essa característica proporciona o uso mais efetivo do raio luminoso, que é refletido dentro do mesofilo foliar em vez de ter um caminho único passando pela face adaxial em direção à face abaxial. Plantas que apresentam antocianina na face abaxial das folhas geralmente são típicas de ambientes sombreados e de pouca luminosidade, uma vez que encontram nessa estratégia uma forma de otimizar a escassa luz presente em tais localidades.

Figura 1.2 – Composto fenólico antocianina

Alimentos com antocianina

Tradescantia spathacea com destaque para a face abaxial (inferior) e a presença de antocianina

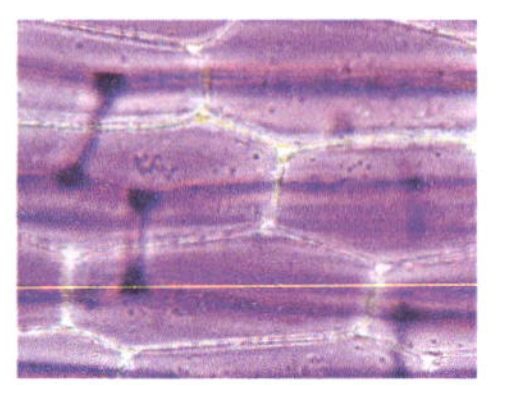

Microscopia eletrônica da folha de *Tradescantia spathacea* com destaque para a presença de antocianina no interior dos vacúolos das células vegetais

Kitamin, joloei e slothful/Shutterstock

Os **plastídios**, também conhecidos como *plastos*, são organelas únicas e exclusivas das células vegetais e caracterizam-se pela presença de dupla membrana celular. A formação dos plastos ocorre durante a divisão celular, pois a célula vegetal apresenta corpúsculos iniciais denominados *protoplastos* (Cutter, 1986). A localização dos protoplastos na planta e a quantidade de absorção de luz determinam a diferenciação dos protoplastos em plastídios específicos (Figura 1.3). Protoplastos na região de raiz formam plastídios com características de reserva de substâncias, ao passo que protoplastos na região de folha formam plastídios com características de absorção da energia luminosa.

Os plastídios são classificados em pigmentados e não pigmentados. Os **plastídios pigmentados** são divididos em cloroplastos e cromoplastos, e os **plastídios não pigmentados** são classificados de acordo com sua substância de reserva, podendo ser denominados também de *leucoplastos* (Figura 1.4). É possível encontrar plastídios não só com diferentes cores, mas também com diferentes formas – alongados, lobulados, angulares ou esféricos (Evert; Eichhorn, 2014).

Figura 1.3 – Diferenciação do protoplasto em plastídios pigmentados (cloroplastos e cromoplastos) ou não pigmentados (leucoplastos)

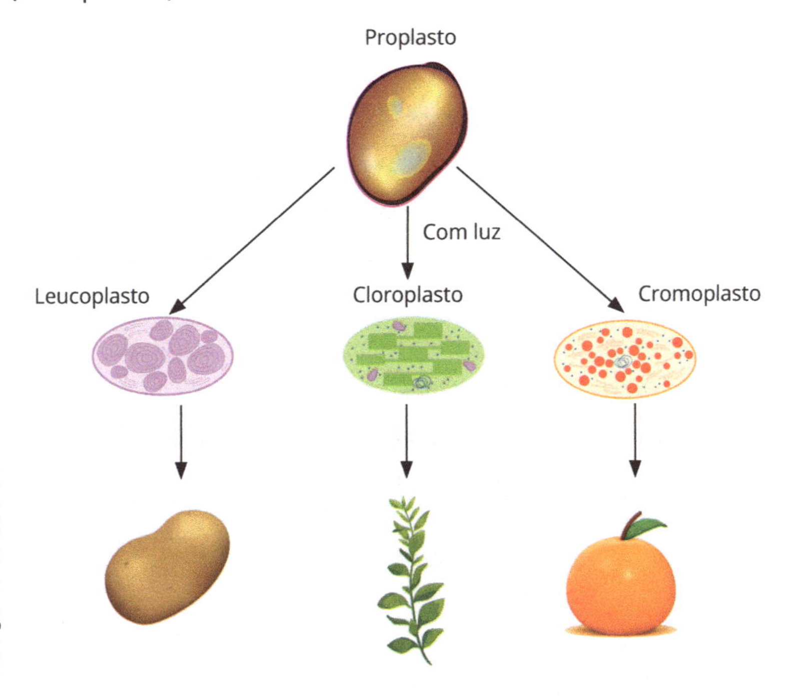

Fonte: Borba, 2013, p. 8.

Figura 1.4 – Esquema demonstrativo dos tipos de plastídios presentes na célula vegetal

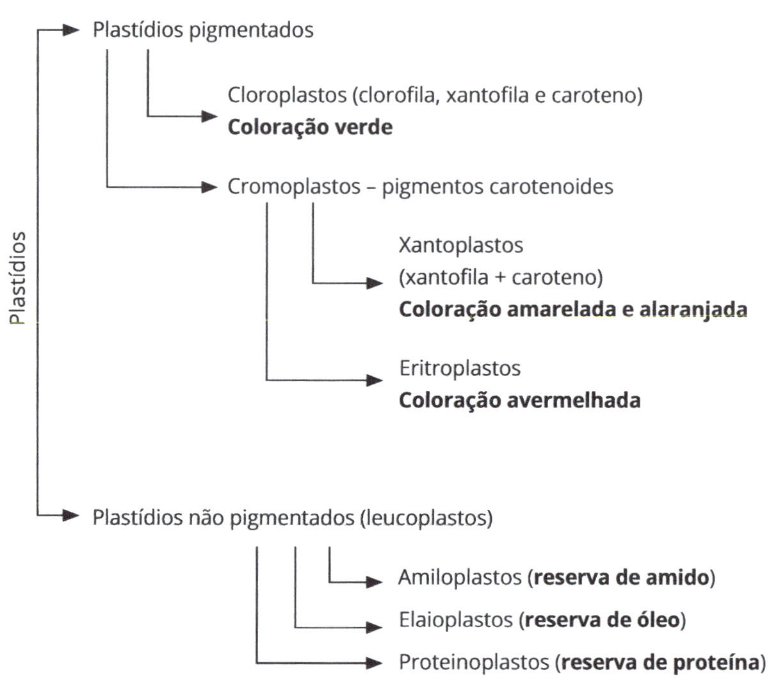

Uma forma de isolar e observar os diferentes plastídios pigmentados das plantas é pela técnica de cromatografia em papel, que utiliza uma substância solvente para extrair e arrastar o material de interesse e outra substância para fixar o material extraído em uma superfície (Ribeiro; Nunes, 2008).

1.2 Parede celular: generalidades e formação

A parede celular é uma estrutura característica das células vegetais que tem como função envolver externamente e garantir proteção e sustentação para as células. É organizada em três camadas: (1) lamela média, (2) parede primária e (3) parede secundária.

A formação da parede celular ocorre durante o processo de divisão celular por mitose, mais especificamente no final da telófase, na qual ocorre a separação dos dois grupos de cromossomos. A partir da telófase, inicia-se a citocinese (divisão do citoplasma), sendo que um fuso fibroso (fragmoplasmo) é identificado no centro da célula, momento conhecido como *final da cariocinese*, processo que proporciona a divisão do núcleo e do material genético.

Nas células vegetais, esse processo tem um sentido centrífugo, iniciando-se na região central da célula em direção às extremidades. Já na célula animal, o processo ocorre em sentido inverso, de fora para dentro, isto é, em um movimento centrípeto. O complexo de Golgi, uma organela citoplasmática, inicia a formação de vesículas na região central do citoplasma, estabelecendo uma divisória constituída pela proteína pectina, que acaba por dividir o citoplasma em duas partes. Essa divisória recebe o nome de **lamela média**, ou seja, uma camada intracelular que age como uma substância colante, garantindo aderência e caracterizando-se como a única porção em comum entre as futuras células vegetais (Figura 1.5).

Figura 1.5 – Divisão celular por mitose de uma célula vegetal

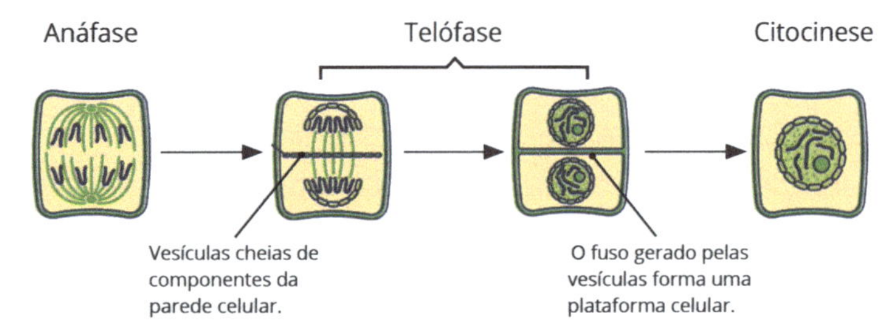

Após a divisão do núcleo (cariocinese), inicia-se a divisão do citoplasma (citocinese), na telófase. Com a deposição de vesículas do complexo de Golgi, forma-se a lamela média na região central da célula.

A composição da parede celular é majoritariamente constituída de fortes fibras de polímero do carboidrato celulose, um polissacarídeo formado por moléculas de glicose unidas pelas extremidades.

Na sequência da formação da região interna da lamela média, estabelece-se a **parede primária**, composta de microfibras de celulose, uma matriz de fibras de hemicelulose de aspecto gelatinoso e polissacarídeos de pectina. Desse modo, a parede primária confere à parede celular a força e a flexibilidade necessárias para permitir o crescimento celular (Lodish et al., 2001). A deposição desses compostos não é feita de forma contínua, mas intercalada, formando plasmodesmos, regiões de passagem com aspecto de poros. Por meio desses poros, torna-se possível o intercâmbio de substâncias entre as células vegetais (Figura 1.6).

A **parede secundária** localiza-se na porção interna da parede primária e é subdividida em três camadas: S1, S2 e S3 (Figura 1.6). A diferença entre tais camadas está restrita à posição dos filamentos de celulose. Assim como a parede primária, a parede secundária também segue com a deposição de seus compostos de maneira intercalada, garantindo, assim, os poros para intercâmbio de substâncias.

Figura 1.6 – Estrutura da parede celular

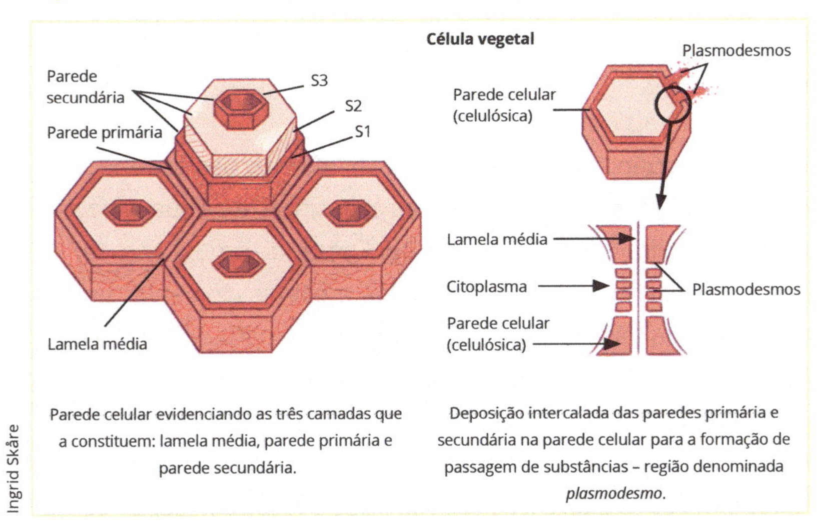

Parede celular evidenciando as três camadas que a constituem: lamela média, parede primária e parede secundária.

Deposição intercalada das paredes primária e secundária na parede celular para a formação de passagem de substâncias – região denominada *plasmodesmo*.

Ingrid Skåre

A composição da parede secundária é de 50% a 80% de celulose, 5% a 30% de hemicelulose e 15% a 35% de lignina. Essa camada é formada somente mediante o estacionamento do crescimento celular por apresentar celulose, lignina ou suberina, que contribuem para a rigidez e a sustentação celular (Cutter, 1986; Evert; Eichhorn, 2014).

1.3 Diferenciação celular e biossíntese

Como mencionado anteriormente, as células vegetais são eucarióticas, portanto têm um núcleo que abriga seu material genético – DNA (ácido desoxirribonucleico). Todas as informações referentes à planta estão contidas em seu DNA, que está presente em todas as suas células. O DNA é constituído por uma molécula de açúcar, uma molécula de fosfato (ácido fosfórico) e bases nitrogenadas – adenina, timina, guanina e citosina. Esses componentes associam-se e formam duas fitas interligadas entre si, com uma configuração de dupla hélice. As bases nitrogenadas juntam-se de modo específico – adenina com timina e citosina com guanina –, constituindo uma sequência de bases organizadas e aleatórias.

Cada sequência de bases contendo informações específicas de uma planta (suas características específicas e de sua espécie como um todo) é denominada *gene*. Apesar de uma planta ter genes iguais em todas as suas células, a expressão desses genes ocorre de maneira diferenciada em variadas partes da planta, o que influencia na formação de diferentes tecidos e órgãos, isto é, em determinadas partes, certos genes são expressos; em outras, outros genes se manifestam. Por exemplo: as células da folha têm genes expressos relacionados à fotossíntese, ao passo que as células da raiz apresentam genes expressos relacionados à absorção de água e nutrientes (Evert; Eichhorn, 2014). A esse processo dá-se o nome de *diferenciação celular*.

Uma vez formada, a célula vegetal passa a desenvolver processos bioquímicos voltados ao seu fim. Dessa maneira, todas as atividades realizadas dentro da célula, com relação a quais proteínas devem ser produzidas, são controladas por comandos provenientes do núcleo – dos genes. Para que os processos bioquímicos e a síntese de proteínas aconteçam, a célula vegetal conta com diversas organelas que desempenham uma ou mais funções imprescindíveis para o funcionamento celular.

É importante esclarecer que uma organela celular é envolta por uma membrana, e as organelas encontradas em uma célula vegetal são vacúolo, mitocôndrias, peroxissomos, retículo endoplasmático rugoso (RER), retículo endoplasmático liso (REL), plastos e complexo de Golgi (Figura 1.7).

Figura 1.7 – Célula vegetal e suas organelas

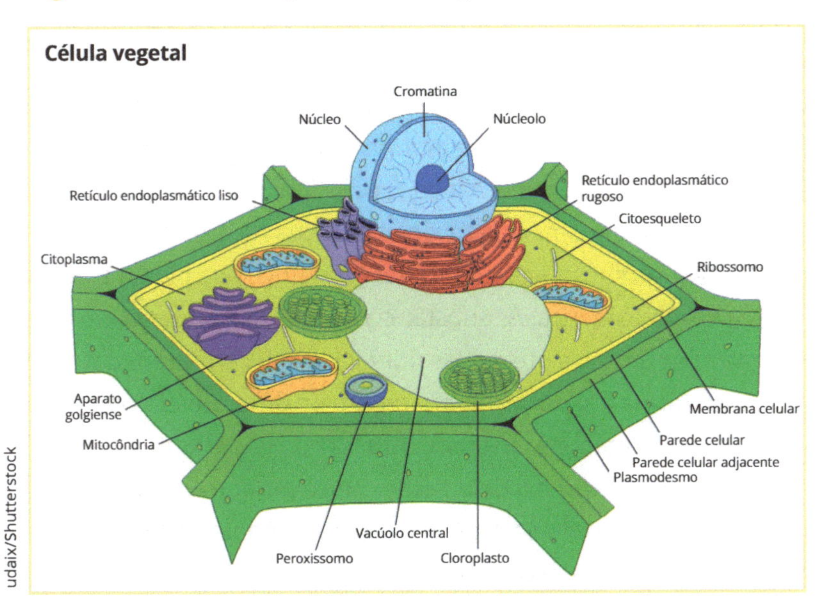

udaix/Shutterstock

Fique atento!

O ribossomo é um local de união de aminoácidos para a formação de cadeias proteicas. É encontrado tanto associado ao retículo endoplasmático, formando o retículo endoplasmático rugoso, quanto livre no citoplasma. Quando envolvido na formação de proteínas, encontra-se agrupado, formando polissomos, os quais se localizam ao redor do núcleo associados ao retículo endoplasmático (Evert; Eichhorn, 2014).

O ribossomo, apesar de não ter membranas que o envolvam, é considerado uma organela celular.

A seguir, confira as características e as funções de cada organela celular:

- **Vacúolo**: é uma estrutura de grande tamanho que se molda ao citoplasma. Em uma célula madura, é fruto de vários pequenos vacúolos que se agruparam e ocupam em torno de 90% do espaço citoplasmático. É constituído por uma única membrana denominada *tonoplasto* e atua no armazenamento de diversas substâncias utilizadas na nutrição da planta e na regulação osmótica. As substâncias contidas no interior do vacúolo não são sintetizadas por ele, apenas armazenadas; dessa forma, caso o armazenamento de uma substância seja intenso, formam-se cristais. Outra função importante realizada pelo vacúolo é a de digestão, uma vez que ele quebra algumas macromoléculas e recicla componentes celulares.
- **Mitocôndrias**: são organelas responsáveis pelo processo de respiração celular e pelo fornecimento de energia para o metabolismo da célula. São constituídas por duas membranas independentes, sendo que a mais interna forma invaginações denominadas *cristas*. É na região das cristas que o processo de respiração celular ocorre. Além da respiração celular, as mitocôndrias também participam da morte celular programada, um processo orientado pelo núcleo celular com o objetivo de aumentar o tamanho das mitocôndrias, resultando na liberação de enzimas que detonam o citoplasma.

- **Peroxissomos**: são estruturas esféricas constituídas por uma única membrana. Atuam no metabolismo dos lipídios (denominados *glioxissomos*) e no processo de fotorrespiração, que envolve o consumo de oxigênio e a liberação de gás carbônico.
- **Retículos endoplasmáticos liso e rugoso**: ampliam a superfície interna da célula por meio de um complexo dobramento de duas membranas paralelas entre si, com um espaço entre elas. Essas membranas estão continuamente em movimento e podem apresentar alguns polissomos fixos em sua superfície. Nesse caso, a organela é denominada *retículo endoplasmático rugoso*; quando não apresenta polissomos, é chamada de *retículo endoplasmático liso*. Tal organela favorece a troca de substâncias dentro e fora da célula, além de armazenar substâncias retiradas do citoplasma e sintetizar lipídios.
- **Plastos**: são classificados de acordo com a substância que reservam – leucoplastos acumulam substâncias usadas na nutrição dos vegetais, ao passo que cloroplastos participam da realização da fotossíntese. Especificamente, o interior dos cloroplastos é constituído por um meio homogêneo denominado *estroma*, no qual se encontram diversas membranas em forma de sacos achatados, os tilacoides. É na membrana dos tilacoides que fica o pigmento clorofila, responsável pela realização da fotossíntese. Essa organela também participa da síntese de aminoácidos (leucoplastos denominados *amiloplastos*) e ácidos graxos e de metabólitos secundários para a planta, ou seja, metabólitos responsáveis por aumentar a probabilidade de sobrevivência da planta, atuando como antibióticos, antifúngicos e antivirais, e por facilitar a absorção da luz ultravioleta, evitando que as folhas sejam danificadas.

- **Complexo de Golgi**: é um conjunto de vesículas achatadas denominadas *Golgi*. Essa organela participa do processo de secreção celular mediante o empacotamento de substâncias nas vesículas de Golgi.

1.4 Fatores relacionados e totipotência

Durante o processo de formação de uma planta, regiões específicas de seu corpo, denominadas *meristemas*, geram continuamente novas células para a formação de tecidos e órgãos vegetais (Beveridge et al., 2007).

Os meristemas são, portanto, regiões com células indiferenciadas que passam a expressar determinadas proteínas, o que resulta na distinção tanto estrutural quanto funcional das células. Dessa forma, todas as células carregam a mesma informação genética em seu DNA; o que as diferencia é a expressão das sequências de genes, ou seja, sua ativação e inativação. Como consequência, originam-se grupos de células funcionalmente especializadas, que formarão os tecidos de revestimento, fundamental e vascular. Uma característica peculiar das plantas é que elas apresentam um crescimento aberto ou indeterminado, em razão da capacidade de gerar novos tecidos e órgãos de modo recorrente durante a vida (Vernoux; Benfey, 2005). Isso é possível em virtude da presença de módulos, também conhecidos como *fitômeros*, porções repetidas da planta constituídas de meristemas que garantem que cada módulo cresça, se desenvolva e se multiplique caso seja destacado da planta (Dinneny; Benfey, 2008).

O crescimento vegetal, em um primeiro momento, é proliferativo, com seguidas divisões mitóticas das regiões meristemáticas. O aumento do vegetal ocorre em razão do aumento no número de células dessas regiões. Contudo, em um segundo momento, todas as células formadas passam a se diferenciar e apresentar diversas divisões celulares nas regiões meristemáticas, causando um aumento no número de células. Nesse momento, as células meristemáticas diferenciam-se e crescem em tamanho. Ao serem incorporadas em órgãos específicos, as células meristemáticas assumem a função do órgão em questão e contribuem em seu crescimento (Bögre; Magyar; López-Juez, 2008).

Uma classificação relacionada ao grau de plasticidade celular para as diferentes rotas de desenvolvimento foi estabelecida, a saber:

- **Células unipotentes**: capazes de originar apenas um tipo específico de célula ou tecido.
- **Células multipotentes**: capazes de originar mais de um tipo de célula no corpo do organismo.
- **Células pluripotentes**: capazes de originar a maior parte dos diferentes tipos celulares que compõem o organismo.
- **Células totipotentes**: capazes de originar todos os tipos celulares que formam o corpo do organismo.

Pelo fato de as células totipotentes apresentarem tamanha capacidade em originar quaisquer tipos celulares, elas têm sido utilizadas para a cultura de tecidos vegetais. Essa técnica tem por finalidade proporcionar a formação de um novo organismo mediante o cultivo de células totipotentes, conforme veremos na sequência.

1.5 Cultura de tecidos vegetais

Cultura de tecidos vegetais, *cultura in-vitro* ou *micropropagação* são nomes utilizados para expressar um conjunto de técnicas de cultivo de plantas em ambiente controlado em laboratório (temperatura, luminosidade e fotoperíodo), normalmente em frascos de vidro. Para isso, utilizam-se partes de tecidos da planta, como brotos, pedaços de folha ou raízes, denominados *explantes*. Esses explantes são isolados da planta, desinfetados e cultivados assepticamente em um meio de cultura que contenha nutrientes, hormônios e elicitores, substâncias que favorecem a produção de determinado composto metabólico e que, juntas, contribuem para o desenvolvimento do explante.

O objetivo da técnica é a formação de uma nova planta idêntica à planta progenitora por meio de reprodução assexuada. Logo, o explante passa por um processo de regeneração para o qual é capacitado na divisão e na diferenciação celular para a formação de um tecido e, a partir deste, na geração de uma nova planta (Torres et al., 2000).

Diferentemente do que acontece com uma célula animal, uma célula vegetal tem a capacidade de, mesmo depois de diferenciada, retornar à condição inicial de uma célula indiferenciada ou de se regenerar e originar uma planta inteiramente nova e idêntica à planta original (Figura 1.8). A esse processo denominamos *totipotência* (Andrade, 2002; Evert; Eichhorn, 2014). Visto que existem diversos fatores que podem contribuir para o processo de divisão celular, é necessário balancear todos os constituintes do meio de cultura de acordo com a espécie da planta e da respectiva fisiologia e genética (Trettel et al., 2019).

Figura 1.8 – Princípio geral da cultura de tecidos

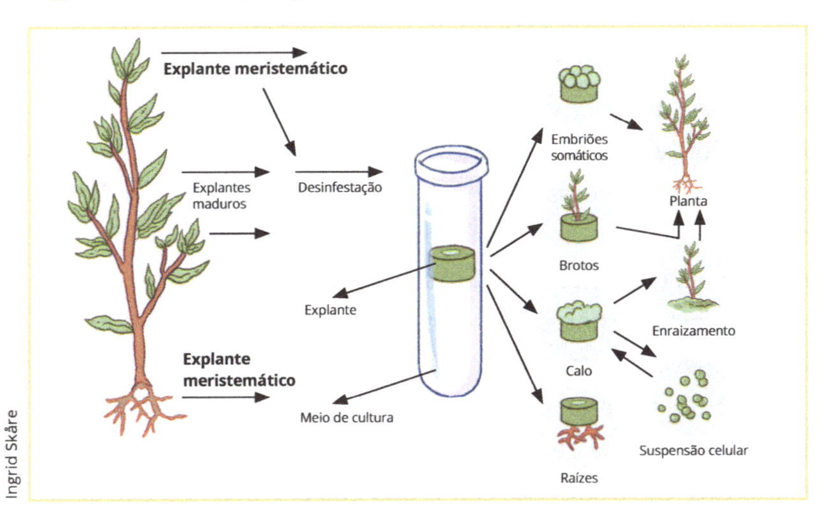

Fonte: Kerbauy, citado por Andrade, 2002, p. 10.

A cultura de tecidos vegetais compreende, portanto, diversos métodos de multiplicação de células totipotentes, ou seja, células que se desdiferenciaram em um meio estéril e controlado com o objetivo de formar uma nova planta (Evert; Eichhorn, 2014). Além disso, a utilização de técnicas de cultura de tecidos é justificada por proporcionar uma multiplicação de compostos secundários, conhecidos também como *compostos bioativos*, presentes na planta cultivada. Um composto bioativo não é considerado nutriente, visto que não é essencial para a sobrevivência da planta, mas auxilia muito em sua defesa em casos adversos. Um composto secundário é geralmente relacionado ao sistema de defesa contra a ação da radiação ultravioleta e ataques de insetos ou doenças (Andrade, 2002).

Dada a grande quantidade de compostos primários (essenciais à sobrevivência da planta) e secundários nas plantas, é possível, por meio da cultura de tecidos vegetais, conciliada ao uso de ferramentas biotecnológicas, obter tais compostos de maneira direcionada e com potencial de uso em indústrias farmacêuticas, cosméticas, alimentícias etc. Como exemplo, podemos citar o eugenol, composto secundário utilizado na indústria farmacêutica como anestésico em procedimentos odontológicos.

É importante ressaltar que a obtenção de tais compostos também pode ser alcançada mediante a produção convencional da planta, ou seja, com ela crescendo de forma livre e natural em ambiente de floresta, campo etc. ou em plantações específicas. Todavia, nessas condições, a planta fica sujeita a diversas oscilações e estresse ambiental que envolvem luminosidade, nutrientes, ataque de pragas etc. Dessa forma, a produção dos compostos desejados fica comprometida e dependente de uma variedade de fatores para gerar um rendimento satisfatório e, consequentemente, lucro para a indústria.

A cultura de tecidos vegetais mediante o controle das condições ambientais garante que a planta atinja a produção máxima, ou próxima a isso, dos compostos desejados de forma homogênea, previsível, segura e rápida. A tecnologia para a produção dos compostos desejados é feita em laboratórios de pesquisa localizados em universidades. Quando a indústria solicita a produção de compostos em larga escala, esta é realizada nas **bioindústrias**, locais de cultura de tecidos e produção de compostos em ordem industrial. Entretanto, a nova planta cultivada poderá também ser transferida para o ambiente externo e passar por um período denominado *aclimatação* (Figura 1.9). Esse período é necessário e de extrema importância, pois vai preparar a planta para um ambiente diferente daquele no qual ela foi cultivada, ou seja, com ausência de estresse (ataque de pragas, falta de nutrientes, falta de água, sol em excesso etc.), mas que apresente variáveis ambientais.

O processo de aclimatação compreende etapas que preparam a planta para viver em ambiente natural. Antes da aclimatação propriamente dita, é realizada uma indução ao enraizamento da planta em ambiente de laboratório com nutrientes e água em condições controladas, seguida de uma indução ao enraizamento em ambiente externo. Após essa fase, inicia-se a aclimatação propriamente dita, na qual a planta é preparada para realizar a fotossíntese e a assimilação dos nutrientes e da água do solo de acordo com as condições fornecidas pelo ambiente natural (Figura 1.9) (Abreu; Pedrotti, 1993).

Figura 1.9 – Metodologia de aclimatação de cultura de tecidos

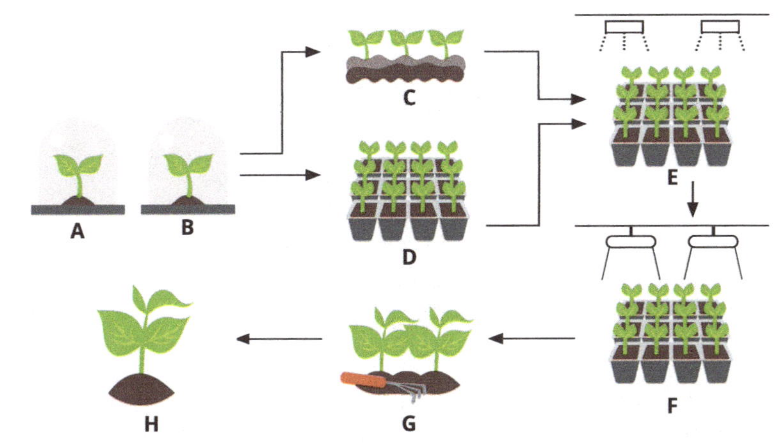

A e B – indução ao enraizamento *in vitro*; C – indução ao enraizamento *ex vitro*; D – início da aclimatação; E – plantas sendo mantidas em sala com nebulização; F – fotoperíodo sendo mantido em 16 horas de luz para evitar a entrada em dormência; G e H – plantas transferidas ao campo para completar seu crescimento.

Fonte: Pedrotti, citado por Abreu; Pedrotti, 2003, p. 105.

Como mencionado anteriormente, o método de cultura de tecidos é uma técnica que visa à multiplicação de células meristemáticas com capacidade de formação de uma nova planta. No próximo capítulo, abordaremos em detalhes o conceito de meristemas e os diferentes tipos de tecidos encontrados em uma planta.

Síntese

Neste capítulo, apresentamos as características da célula vegetal e seu funcionamento e descrevemos como um organismo vegetal desenvolve suas atividades fisiológicas e reprodutivas. Esse conteúdo serve como base para o entendimento da formação e da estrutura dos tecidos vegetais (tratados no próximo capítulo), assim como do fluxo de seiva (líquido nutritivo no interior da planta) e do processo de fotossíntese (assuntos contemplados no Capítulo 3).

A seguir, destacamos informações essenciais deste capítulo, das quais você precisa se lembrar.

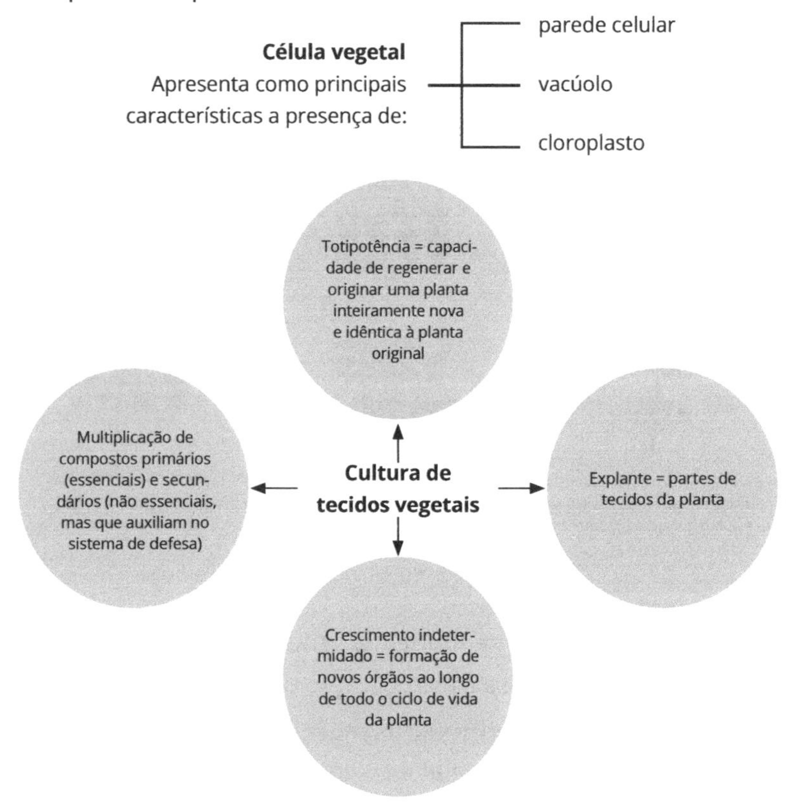

Atividades de autoavaliação

1. Com relação à presença da parede celular nas células vegetais e sua estrutura, assinale a alternativa correta:

   A A parede celular nas células vegetais surgiu ao longo do processo evolutivo com o objetivo de substituir a membrana plasmática.

   B A parede celular nas células vegetais é constituída por três camadas (lamela média, S1 e S2), que garantem o isolamento total das células.

   C A parede primária tem campos primários de pontuação, ao passo que a parede secundária tem um campo secundário de pontuação.

   D A deposição de cutina nas células da epiderme ocorre tanto na fase periclinal quanto na anticlinal das paredes das células.

   E Dependendo da função da célula, a parede celular pode sofrer modificações em consequência da deposição de diferentes substâncias, como lignina, suberina, cutina, sílica e cera.

2. Ao ser observada em um microscópio óptico, a folha de determinada planta revela ter plastos de coloração verde. Por que esses plastos apresentam essa coloração?

   A Os plastos têm coloração amarelada na folha porque apresentam o plastídio pigmentado denominado *cloroplasto*, que é constituído pela antocianina.

   B Todos os plastos encontrados nas plantas são de coloração verde.

   C A coloração verde das plantas ocorre em razão da presença de compostos fenólicos denominados *antocianinas*.

D Os plastos têm coloração verde na folha porque apresentam o plastídio pigmentado denominado *cloroplasto*, que é constituído pelo pigmento clorofila.

E A coloração verde das plantas se dá em razão do pigmento cloroplasto encontrado no interior de um plastídio pigmentado denominado *clorofila*.

3. Plastídios são corpúsculos citoplasmáticos típicos de célula vegetal com estrutura e função variadas. Sobre eles, assinale a alternativa correta:

A Plastídios pigmentados são classificados de acordo com a combinação dos dois pigmentos dominantes.

B Plastídios têm origem nos proplastídios presentes no procâmbio.

C Plastídios de coloração verde são também denominados *cloroplastos* e apresentam um pigmento chamado *clorofila*.

D Os leucoplastos estão associados à função de reserva e participam do processo de fotossíntese.

E O licopeno é um tipo de eritroplasto típico de vegetais alaranjados cuja principal função é afastar possíveis predadores.

4. *Zingiber* sp. é também conhecida como *gengibre*, uma planta famosa no uso culinário e na medicina popular; seu rizoma é a porção costumeiramente utilizada para esses fins. Ao observarmos essa parte em uma lâmina de microscópio, podemos identificar a presença de elaioplastos. Sobre a função desses plastos para o vegetal, analise as afirmativas a seguir.

I) O elaioplasto é um tipo de leucoplasto, ou seja, sem pigmento e com a função de realizar a reserva de óleo dentro de suas células.

II) O elaioplasto é um cloroplasto que, além de estocar óleo, também realiza a fotossíntese.

III) No caso do gengibre, o elaioplasto tem apenas a função de estocar óleo nas folhas.

IV) A presença do elaioplasto no rizoma do gengibre permite a proteção dessa raiz contra o ataque de fungos e bactérias.

Agora, marque a alternativa correta:

A Apenas a afirmativa I é verdadeira.
B Apenas a afirmativa III é verdadeira.
C As afirmativas I e III são verdadeiras.
D As afirmativas II e IV são verdadeiras.
E Todas as afirmativas são verdadeiras.

5. Cada organela citoplasmática apresenta uma função específica no funcionamento da célula. Na célula vegetal, a presença de cloroplastos e vacúolos, que ocupam uma porção considerável da célula, é característica determinante dela. Sobre o assunto, assinale a alternativa correta:

A Os cloroplastos são exemplos de cromoplastos, restritos apenas às plantas com folhas, flores e frutos coloridos.
B Com a atuação do pigmento antocianina, a energia solar é transformada em energia química para a célula.
C Os cloroplastos são organelas responsáveis por realizar o processo fotossintético na célula.
D O vacúolo tem a função de promover a síntese das substâncias produzidas na célula.
E O tamanho do vacúolo dentro das células vegetais é sempre o mesmo em razão da limitação fornecida pela parede celular.

Atividades de aprendizagem

Questões para reflexão

1. Relacione a atividade fotossintética de plantas de sombra localizadas no sub-bosque de uma floresta com a presença do composto antocianina.
2. Como fica a produção de compostos primários e secundários de uma planta presente em um ambiente que sofreu um desastre ambiental, como no caso de derramamento de petróleo?

Atividade aplicada: prática

1. Observação de uma célula vegetal

   A célula vegetal tem estruturas que a caracterizam como tal; uma delas é a presença de um vacúolo grande que ocupa, em geral, a maior parte do citoplasma celular. A cebola é um exemplo típico de planta que tem um vacúolo contendo um plastídio denominado *amiloplasto*, que ocupa quase 100% de seu espaço celular. Para observar essa estrutura, você vai precisar dos seguintes materiais:

   - ¼ de cebola fatiada
   - 1 estilete
   - 1 pinça
   - Corante celular azul de metileno
   - Placa de Petri ou um prato
   - Lâmina e lamínula para microscópio
   - Microscópio óptico
   - Água

Com o auxílio do estilete, corte cuidadosamente um pedaço da película encontrada entre as fatias da cebola. O tamanho deve ser o suficiente para ocupar a metade de uma lâmina. Usando a pinça, retire a película e estenda-a cuidadosamente sobre a placa de Petri ou sobre o prato. Pingue algumas gotas do corante sobre a película e aguarde de 1 a 2 minutos para que o corante reaja com os componentes da parede celular e do núcleo. Novamente com o uso da pinça, estenda a película, agora corada, sobre a lâmina e posicione a lamínula por cima. Leve até ao microscópio e observe em diferentes aumentos.

CAPÍTULO 2

HISTOLOGIA VEGETAL E SUAS RELAÇÕES COM O DESENVOLVIMENTO DA PLANTA

Neste capítulo, trataremos da anatomia da planta na formação de tecidos vegetais. Células não diferenciadas apresentam a capacidade de formar tecidos variados no corpo da planta e, de acordo com sua localização, recebem uma classificação específica. Depois de diferenciadas, são responsáveis por determinada função no corpo da planta; um grupo de células forma um tecido vegetal específico, que pode ser de revestimento, de preenchimento, de sustentação ou de condução de seiva.

2.1 Tecidos meristemáticos

No capítulo anterior, vimos que regiões meristemáticas são aquelas providas de células indiferenciadas com alto poder de multiplicação que formam todas as estruturas especializadas das plantas. A região onde ocorrem essas células não diferenciadas é chamada *meristema*, palavra com origem no grego *merismo*, que significa "repetição de partes de um organismo" (Oxford Languages, 2022).

Em uma planta em crescimento, a capacidade de divisão e produção de novas células está restrita e limitada aos meristemas. As células do meristema apresentam características citológicas típicas de células em pleno processo de multiplicação, como paredes delgadas, citoplasma denso, núcleo grande e poucos vacúolos. As **paredes delgadas** facilitam o processo de divisão celular; o **citoplasma denso** indica alta produção de metabólitos; o **núcleo grande** evidencia a intensa atividade de cópia do material genético; e a **pouca quantidade de vacúolos** revela uma célula sem a intenção de produzir estoques ou reservas, apenas de se dividir (Figura 2.1).

Curiosidade

Ao olharmos para essas características citológicas, podemos entender como a denominação *meristema* de fato traduz esse grupo de células. Esse termo foi utilizado em 1858 por Karl Wilhelm von Nägeli (1817-1891), em seu livro intitulado *Contribuições para a botânica científica* (*Contributions to Scientific Botany*). O termo foi adaptado do grego *merizein*, que significa "para dividir", uma analogia à função das células dos tecidos meristemáticos (Hadley, 2019).

Figura 2.1 – Micrografia óptica do meristema da raiz de cebola

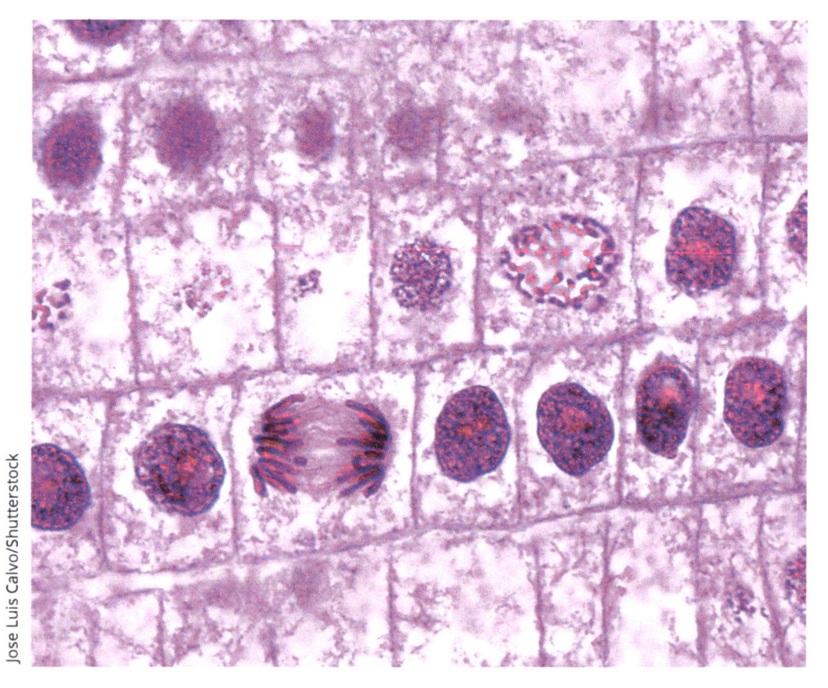

Jose Luis Calvo/Shutterstock

Na fileira central, uma célula em estágio de prófase de sua divisão celular mostrando os cromossomos. Na fileira abaixo, uma célula em estágio de anáfase com o afastamento das cromátides ("braço" do cromossomo).

Os meristemas são classificados de acordo com seu local de ocorrência na planta (Figura 2.2):

- **Meristemas apicais ou meristemas primários**: ocorrem no ápice de caules e raízes e são responsáveis pelo crescimento longitudinal da planta.
- **Meristemas intercalares**: ocorrem na base dos entrenós de gramíneas e, por isso, são encontrados apenas em monocotiledôneas. Eles têm a função promover o crescimento longitudinal do entrenó.
- **Meristemas laterais ou secundários**: encontram-se paralelos à circunferência do órgão e são responsáveis pelo crescimento em espessura das plantas que apresentem tal característica (voltaremos a esse tema no Capítulo 5).

Figura 2.2 – Micrografia óptica de ápice caulinar

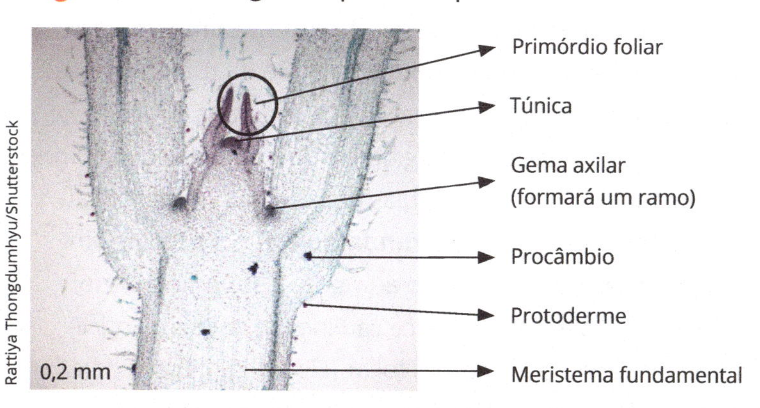

A porção meristemática terminal é formada pela túnica, e o meristema lateral é formado pela gema axilar.

Durante o processo embrionário da planta, as células meristemáticas podem ser divididas em três tipos:

(1) pró-meristemáticas, (2) células do meristema primário e (3) células do meristema secundário. Toda nova planta tem uma região denominada *promeristema*, formada pelas **células pró--meristemáticas**. Essas células têm a parede celular fina, são pobres em reserva nutritiva e apresentam retículo endoplasmático e vacúolos pequenos.

Na região meristemática, situa-se uma zona meristemática parcialmente diferenciada, composta de três tecidos meristemáticos primários: (1) protoderme, (2) procâmbio e (3) meristema fundamental (Figura 2.2). Esses tecidos originam o **meristema primário** e, depois de formados, propagam-se por toda a planta pela atividade dos meristemas apicais.

O meristema apical apresenta células que, por meio de polarização, garantem a formação dos eixos caulinares e radiculares. O meristema apical do caule mostra-se mais complexo que o da raiz por estar envolvido na formação de primórdios foliares (Figura 2.2). No meristema apical do caule, há de uma a duas camadas de células que representam a região da túnica. Essas camadas dividem-se anticlinalmente para originar a **protoderme**. Logo abaixo, existe um aglomerado de células que compõem a região do corpo, com células que se dividem periclinalmente e originam o **meristema fundamental** e o **procâmbio**. Dessa maneira, a região da túnica aumenta a superfície onde as células mais superiores do ápice caulinar se dividem anticlinalmente, formando o primórdio foliar (Figura 2.2). Esses dois processos de divisões celulares que originam os três meristemas primários correspondem à **teoria da túnica** (Schmidt, 1924).

A protoderme originada na região da túnica diferencia-se e forma a epiderme. O procâmbio forma o xilema e o floema primário, e o meristema fundamental, durante o crescimento primário, origina o parênquima, o esclerênquima e o colênquima e, durante o crescimento secundário, origina o felogênio e o câmbio. Estes dois últimos são **meristemas secundários**, que promovem o crescimento em espessura da planta, no qual o felogênio substitui a epiderme pela periderme (súber e feloderme) e o câmbio forma um sistema vascular secundário de células de xilema e floema (Schmidt, 1924; Evert, 2006).

Um evento que procura tirar proveito do período de divisão celular nas regiões meristemáticas de ápice de caule é a galha. **Galhas** são crescimentos anormais ("inchaços") de folhas ou caules em razão da deposição de ovos de insetos ou de infecção por bactérias ou vírus nesses tecidos. No primeiro caso, os insetos depositam seus ovos sobre a região com as células em divisão, o que resulta em um crescimento anormal dessas células meristemáticas, formando uma estrutura desfigurada. O crescimento anormal de uma folha ou ápice de caule tem por objetivo proporcionar proteção e alimento para as futuras larvas. Apesar de causar uma desconfiguração nas estruturas de folhas e galhos, as galhas raramente causam a morte da planta (Hadley, 2019).

O meristema apical da raiz apresenta células que compõem a protoderme, o promeristema e o procâmbio. Assim como no meristema caulinar, a protoderme origina a epiderme da raiz; o promeristema origina o parênquima, o esclerênquima e o colênquima; e o procâmbio origina os vasos condutores (xilema e floema). A diferença é que na ponta de todo meristema radicular é possível observar um aglomerado de células com mucilagem, formando uma espécie de barreira. Tal camada visa proteger o meristema radicular contra desidratação e possíveis danos à raiz. Essa região recebe o nome de *coifa* (Figura 2.3).

Figura 2.3 – Micrografia óptica de meristema apical de raiz

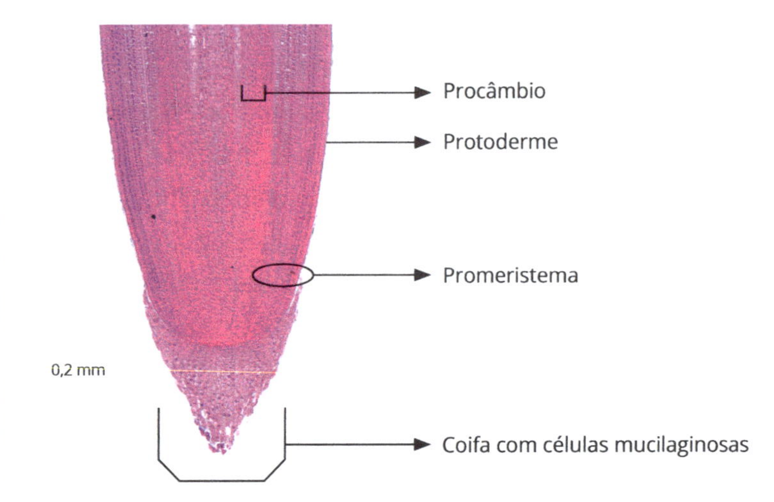

O procâmbio origina os tecidos de condução de seiva (floema e xilema); a protoderme, o tecido de revestimento (epiderme); e o promeristema, os tecidos de preenchimento (parênquima, esclerênquima e colênquima).

O crescimento de uma planta ocorre mediante os processos de divisão e alongamento celular, diferenciação celular e especialização. Desse modo, são observadas a desdiferenciação e a rediferenciação das células. Ambos os eventos caracterizam a transdiferenciação.

A **diferenciação** refere-se a sucessivas mudanças em forma, estrutura e função na progênie de derivadas meristemáticas, assim como sua organização em órgãos e tecidos. A **desdiferenciação** é caracterizada pela perda das características adquiridas. Já a **rediferenciação** é a aquisição de características muito usadas, e todo o processo é denominado **transdiferenciação**.

Assim como observamos o processo de crescimento e desenvolvimento de células e tecidos em uma planta, nota-se o processo de **morte celular programada**. O termo usado reflete mudanças que ocorrem ordenadamente, levando à morte celular de uma porção (folha, flor, abertura do fruto) ou do organismo como um todo. Pelo fato de ocorrer sequencialmente na vida da planta, por ser decídua ou perene, é um processo degenerativo e, portanto, considerado geneticamente controlado ou programado.

2.2 Tecidos de revestimento

Os tecidos de revestimento estão presentes em todos os órgãos das plantas e, como o próprio nome indica, têm a função de revesti-las. Esse tecido é o mais externo dos órgãos vegetais em estrutura primária, sendo substituído pela periderme em órgãos com crescimento secundário. As células do tecido de revestimento primário são vivas, justapostas (sem espaços intercelulares, o que garante uma característica de barreira eficaz), normalmente com vacúolos grandes e cloroplastos ausentes, células com formato isodiamétrico ou tubular, com deposição de suberina, cutícula e lignina, além de apresentarem um acúmulo de diversas substâncias, como taninos, mucilagem, cristais, pigmentos e compostos fenólicos.

As células do tecido de revestimento com crescimento secundário não são vivas e visam à proteção externa da planta. Seja de crescimento primário, seja de crescimento secundário, esse tecido serve como uma barreira contra injúrias físicas e protege os tecidos de preenchimento, de sustentação e de condução de seiva. Além disso, atua na proteção contra a invasão de patógenos e a radiação solar (cutícula espessa e com pilosidade), bem como permite trocas gasosas (estômatos) e absorção de água e sais minerais (pelos radiculares, pelas folhas submersas e por tricomas). É um tecido presente em todos os órgãos da planta.

2.2.1 Epiderme

A epiderme é um tecido de revestimento típico de plantas herbáceas e de pequeno porte e caracteriza-se por ser o revestimento primário das plantas, com origem na protoderme. As células da epiderme podem apresentar tamanhos e formatos variados que são de importância taxonômica, visto que os estudos de classificação taxonômica são realizados mediante o contorno das células epidérmicas. A epiderme forma uma camada de células unisseriada (apenas uma camada de células) – com divisão celular anticlinal – ou multisseriada (várias camadas de células) – com divisão celular anticlinal e periclinal (Figura 2.4).

A divisão celular anticlinal caracteriza-se pelas células que se multiplicam lateralmente; já a divisão periclinal caracteriza-se pelas células que se multiplicam em sentido externo e interno à planta (Figura 2.4). É comum a parede periclinal da camada externa ser mais espessa, com maior depósito de cutícula (substância isolante) em comparação com as paredes internas que estão em contato com as células vizinhas. Dessa forma, a epiderme constitui-se em uma eficiente e compacta barreira para a planta, garantindo, assim, seu revestimento.

Figura 2.4 – Formação da folha e divisão das células da região da epiderme

Formação da folha: estágio inicial

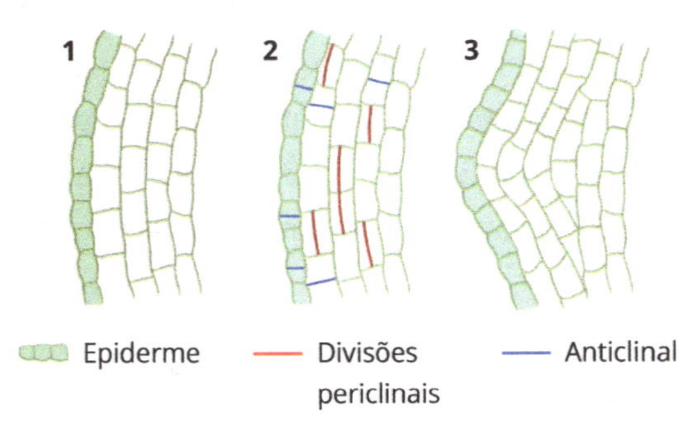

Ingrid Skåre

A epiderme pode ser tanto unisseriada, com divisão celular do tipo anticlinal, quanto multisseriada, com divisão celular do tipo anticlinal e periclinal.

Fonte: Pierson, 2011.

A epiderme tem células com muitos vacúolos, sem cloroplastos, e algumas podem ser modificadas em estruturas que participam do processo fotossintético (estômatos, por exemplo) ou em estruturas que participam da proteção da planta (tricomas e acúleos, por exemplo).

Os estômatos são as únicas células epidérmicas que apresentam cloroplasto e muitas mitocôndrias em seu interior, em virtude de essas células participarem da fotossíntese. O nome *estômato* tem origem grega, "στόμα", que significa "boca" (Oxford Languages, 2022). Essas células têm a capacidade de realizar movimentos, permitindo a passagem de água e de gases para o interior ou o exterior da planta, o que se assemelha muito a uma boca (Figura 2.5). O estômato é caracterizado por compreender duas células-guarda, responsáveis pela abertura e pelo fechamento, e células subsidiárias, localizadas de forma anexa às células-guarda. A abertura proporcionada pelo movimento entre as duas células-guarda recebe o nome de *ostíolo*, pelo qual a planta libera o gás oxigênio e assimila o gás carbônico durante o processo de fotossíntese. Também é por meio do ostíolo que a água é liberada para o ambiente durante o processo de transpiração, assim como o gás oxigênio durante a respiração da planta. Abordaremos esse conteúdo em mais detalhes no Capítulo 3.

Figura 2.5 – Estômato aberto (esquerda) e fechado (direita)

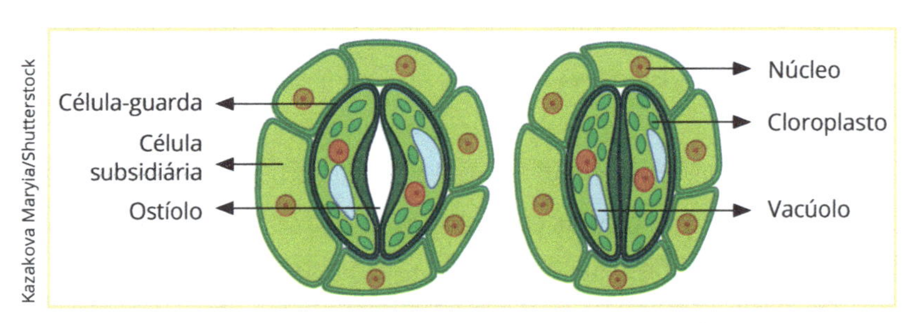

A combinação entre células-guarda e células subsidiárias é denominada *complexo estomático*. A quantidade de células subsidiárias e seu posicionamento ao redor das células-guarda determinam a classificação dos sete principais tipos de complexos estomáticos, conforme disposto no Quadro 2.1. O posicionamento do complexo estomático em relação à epiderme pode ser em cripta (afundada), no mesmo nível ao da epiderme ou acima dela.

Quadro 2.1 – Tipos de complexos estomáticos em relação ao número de células subsidiárias e sua disposição ao redor das células-guarda

Complexo estomático	Número de células subsidiárias	
Anomocítico	0*	
Diacítico	2	
Paracítico	2	
Anisocítico	3	
Tetracítico	4	
Actinocítico	Em raio	
Ciclocítico	Em círculo	

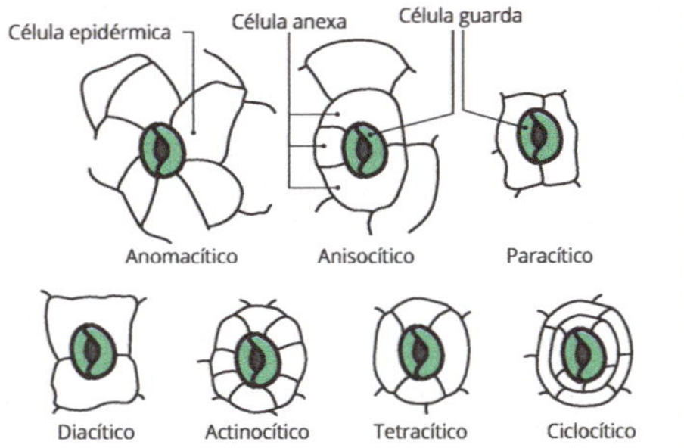

* As células ao redor das células-guarda são células epidérmicas, e não células subsidiárias (anexas).

Em contato com a fase externa da parede celular das células epidérmicas, é observado o depósito de cutina, cera, mineral, lignina e suberina. Dependendo da função que a célula exercer na planta, a parede celular pode sofrer modificações em consequência da deposição de tais substâncias, que têm o objetivo de proporcionar a impermeabilização ou o enrijecimento da epiderme.

A **cutina** (ou cutícula) é depositada apenas nas paredes periclinais exteriores e tem a função de impermeabilizar a evapotranspiração excessiva; é comumente encontrada em folhas e cascas de frutas suculentas (por exemplo, maçã, pera, uva, manga). A **mineralização** é caracterizada por um processo de depósito de minerais (sílica, por exemplo) nas paredes epidérmicas; o objetivo é proporcionar aumento de rigidez da parede celular e, assim, garantir a defesa contra o ataque de predadores. A **lignificação** é um processo de depósito de lignina na parede das células epidérmicas de plantas lenhosas em crescimento secundário; o objetivo é aumentar a rigidez para a sustentação da planta. A **suberina** atua de igual forma, impermeabilizando e garantindo o controle térmico de caules e raízes com crescimento secundário. O depósito dessa substância ocorre nas paredes periclinais exteriores e interiores, bem como nas anticlinais. Em virtude desse isolamento, as células epidérmicas em questão morrem, criando uma camada de isolamento de suberina com células mortas.

A presença de uma epiderme multisseriada com células mortas em uma raiz sem o depósito de quaisquer substâncias caracteriza uma estrutura denominada **velame** (Figura 2.6). Essa camada de células tem a função de proporcionar proteção e reter água entre as células, comportando-se como uma espécie de esponja.

Figura 2.6 – Raiz de orquídea com epiderme multisseriada formando o velame

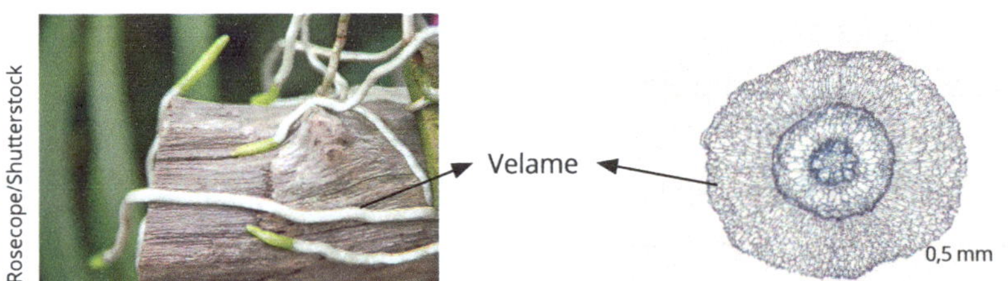

O velame é, portanto, uma característica típica de plantas com raízes aéreas de pequeno a médio porte (orquídeas, por exemplo).

2.2.2 Periderme

A periderme é um tecido de revestimento típico de plantas lenhosas, motivo pelo qual assume função de tecido secundário protetor (Figura 2.7). Ela substitui a epiderme na região de raízes e caules durante o crescimento secundário. Desse modo, a substituição ocorre quando o órgão em questão aumenta sua espessura, o que acontece especialmente com raízes e caules mais velhos. Entretanto, é possível observar a substituição da epiderme pela periderme em casos de abscisão foliar ou como resposta a injúrias sofridas pela planta.

Figura 2.7 – Esquema de seção transversal de um caule de planta lenhosa

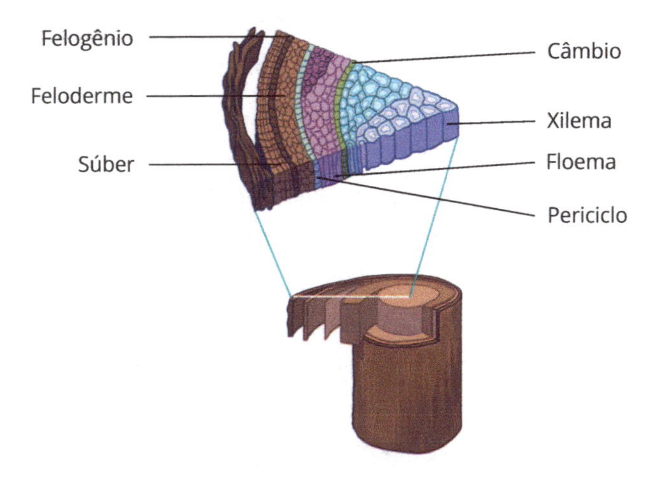

As células vivas, tanto de floema quanto de xilema, encontram-se na porção mais periférica do caule. A porção mais interna é constituída por células mortas (metaxilema e metafloema – detalhadas no Capítulo 5).

A periderme tem sua origem na camada externa das células do córtex, mais precisamente no periciclo. As divisões das células do periciclo produzem um aumento no número de camadas celulares desse tecido no plano radial. A partir da proliferação celular da parte externa do periciclo, forma-se o câmbio (ou felogênio), que conta com alta atividade meristemática, dando origem à feloderme, para a região interna do órgão, e ao súber, para a região externa do órgão. A **feloderme** é caracterizada por células parenquimáticas vivas, ao passo que o **súber** é constituído por células altamente suberizadas e mortas.

2.3 Tecidos de preenchimento

O tecido de preenchimento, também denominado *parênquima*, é o tecido mais abundante de todos os órgãos vegetais adultos. Atua no metabolismo da planta e é constituído por células vivas, fisiologicamente ativas e originadas do meristema fundamental. O tecido parenquimático é formado por células que têm apenas a parede primária, a qual, mesmo delgada, oferece resistência. Ela apresenta um metabolismo vivo e ativo (em alguns casos, é responsável por desenvolver a atividade de meristema), que realiza o transporte ou a reserva de produtos metabólitos.

As células parenquimáticas variam em tamanho, conteúdo celular e forma, sendo essa variação desencadeada pela pressão interna, que pode ser desigual. Podemos diferenciar os tipos de parênquimas em clorofiliano (paliçadico, esponjoso ou lacunoso e plicado), de reserva (aquífero, amilífero e aerífero) e fundamental (função de preenchimento).

O **parênquima clorofiliano** (Figura 2.8) apresenta células com uma fina parede celular que permite a passagem de luz e gás carbônico até o cloroplasto. O parênquima clorofiliano paliçadico tem a função de realizar fotossíntese e impedir a perda excessiva de água. Ele é, portanto, caracterizado por uma ou duas camadas de células justapostas e alongadas (lembrando um palito), por onde o feixe de luz é canalizado nas células. Logo abaixo do parênquima paliçadico está o parênquima clorofiliano esponjoso (ou lacunoso), que apresenta células irregulares com diferentes formas e tamanhos. Essa irregularidade permite a presença de espaços/lacunas intercelulares, o que contribui para a difusão do feixe de luz dentro do mesofilo foliar. Tal característica anatômica otimiza o processo fotossintético na planta.

Figura 2.8 – Esquema de corte transversal do parênquima clorofiliano em vista transversal de uma folha

Aldona Griskeviciene/Shutterstock

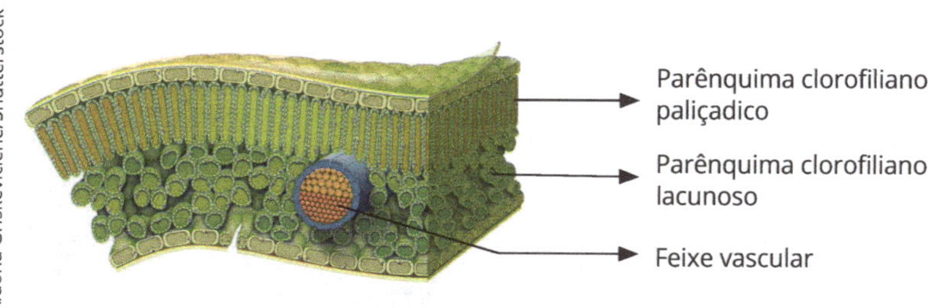

A porção mais externa é constituída pela epiderme, seguida do parênquima clorofiliano paliçadico e do parênquima clorofiliano lacunoso, no qual podemos observar o feixe vascular com xilema (laranja claro) e floema (laranja escuro).

Os espaços intercelulares indicando a presença do parênquima clorofiliano esponjoso ou lacunoso geram uma classificação no mesofilo foliar: um mesofilo sem espaços intercelulares é denominado *mesofilo homogêneo*; um mesofilo com o parênquima clorofiliano esponjoso ou lacunoso é nomeado *mesofilo heterogêneo*.

O **parênquima de reserva** (Figura 2.9) é classificado de acordo com a substância que estoca:

- Parênquima aquífero: armazena água, sendo comumente encontrado em plantas que habitam regiões áridas com escassez de água e nutrientes no solo, como cactos e suculentas em geral.
- Parênquima aerífero: estoca ar entre as células após um processo de morte celular das células parenquimáticas, a exemplo das plantas aquáticas, que apresentam estoque de ar em seu interior com o objetivo de garantir a flutuação.

Figura 2.9 – Micrografias ópticas de tipos de parênquimas de reserva: (A) aquífero; (B) aerífero

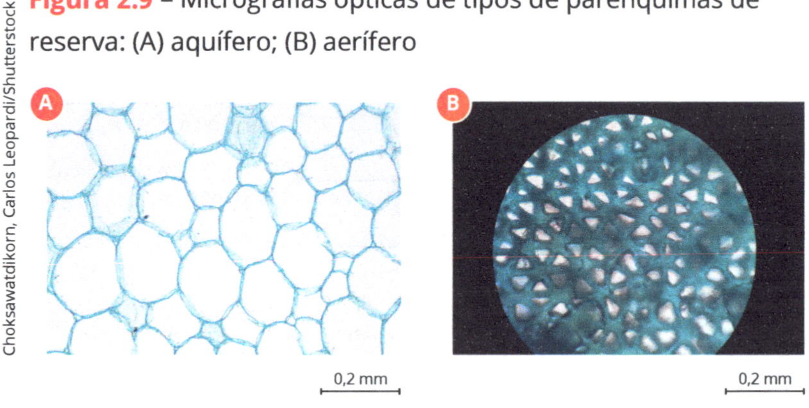

O **parênquima fundamental** (Figura 2.10) é caracterizado por apresentar células vegetais básicas com tamanhos e formatos diferentes. As células são compostas, principalmente, de uma quantidade considerável de plastos (amiloplastos, cloroplastos etc.) e encontradas no córtex e na medula de caules, raízes e pecíolos.

Figura 2.10 – Micrografias ópticas de parênquima fundamental

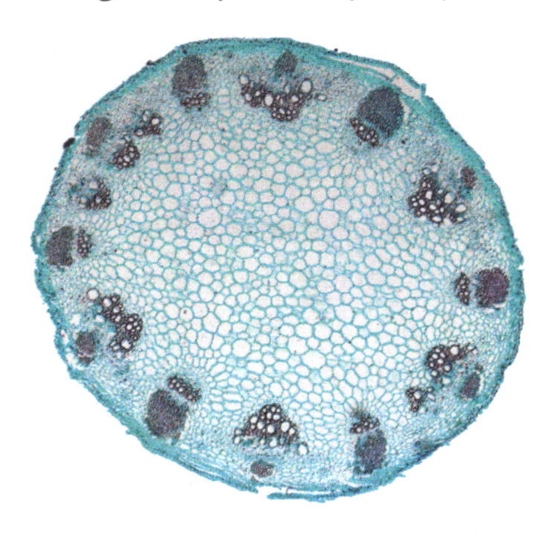

Claudio Divizia/Shutterstock

2.4 Tecidos de sustentação

Para que uma planta tenha resistência estrutural, ela deve contar com tecidos de sustentação, que podem ser de dois tipos: (1) colênquima e (2) esclerênquima. Apesar de ambos terem a mesma função, suas células apresentam textura, estrutura e localização diferenciadas na planta (Leroux, 2012).

O nome **colênquima** tem origem na palavra grega *colla*, que significa "cola, chiclete" (Oxford Languages, 2022). Tal nomenclatura está ligada à característica de flexibilidade e força que esse tecido fornece à planta, em razão de suas células serem ricas em celulose, pectina e hemicelulose. Visto que suas células são vivas, elas conseguem alterar a espessura e a composição de sua parede celular. Por esse motivo, o colênquima é um excelente tecido para a sustentação de órgãos que estão em crescimento e alteração de tamanho.

O colênquima é um tecido restrito a determinadas regiões da planta, estando presente em caules e folhas maduras de plantas herbáceas, flores de dicotiledôneas ou plantas lenhosas com início de crescimento secundário. Porém, esse tecido está ausente nas raízes, com exceção das aéreas e de grande parte das monocotiledôneas (Leroux, 2012).

Em caules e pecíolos, o colênquima está localizado em regiões periféricas, logo abaixo da epiderme, ou distanciado desta por duas ou três camadas de parênquima. Dessa maneira, o colênquima pode formar um cilindro contínuo, feixes descontínuos (Figura 2.11) ou estar associado a feixes vasculares, caso em que é denominado *colênquima fascicular*.

A espessura da parede celular das células do colênquima pode ocorrer em diferentes regiões. Assim, o colênquima é classificado, segundo Leurox (2012), em:

- **Angular**: espessura da parede celular nas regiões angulares ou de canto das células sem espaços intercelulares.
- **Lamelar**: espessura da parede celular tangencial externa e interna.
- **Anular**: espessura uniforme da parede celular ao redor da célula e sem espaços intercelulares.

Figura 2.11 – Micrografias ópticas de caule em corte transversal com destaque para os tipos de colênquima: (A) colênquima de feixes descontínuos; (B) colênquima contínuo

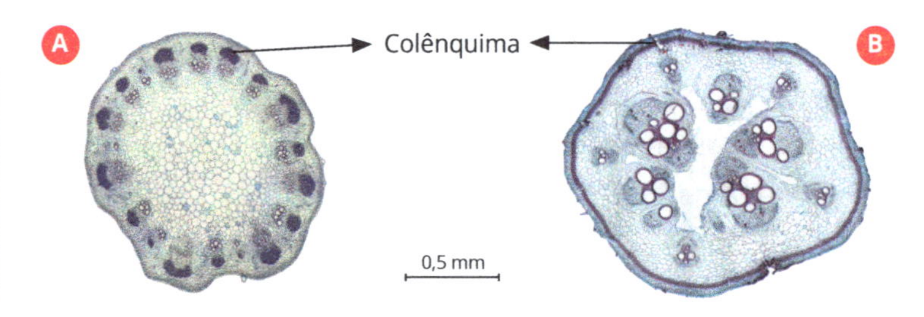

O **esclerênquima** tem a origem de seu nome no grego *skleros*, que significa "duro, áspero" (Oxford Languages, 2022). Células adultas de esclerênquimas não têm citoplasma nem apresentam atividade celular, ou seja, são células mortas. O depósito de esclerênquima ao redor das células inviabiliza a comunicação entre elas por meio dos plasmodesmos, o que culmina na morte das células. Em virtude da estrutura da parede celular de suas células, o esclerênquima é relevante para fins de suporte de órgãos que cessaram seu crescimento. Ele protege as regiões macias da planta contra peso, pressão, estiramento e dobradura (Leroux, 2012; Evert; Eichhorn, 2014).

Diferentemente do colênquima, o esclerênquima está distribuído por toda a planta e em órgãos com crescimento primário e secundário, especialmente em caules e folhas (Leroux, 2012). Esse tecido tem duas células diferenciadas, denominadas *fibras* e *esclereides*, possivelmente originadas das células meristemáticas e da lignificação das células parenquimáticas, respectivamente (Leroux, 2012). Essas células se diferenciam especialmente em seus formatos, origens e localização (Evert; Eichhorn, 2014).

As **fibras** podem ser classificadas de acordo com sua localização na planta e, em geral, são alongadas e com espessura variável de parede celular com diferentes graus de lignificação. Presentes ao redor dos tecidos vasculares, as fibras são moldadas por hormônios como auxina e giberilina. Quando maduras, as fibras apresentam uma parede celular espessa a ponto de ocupar todo o espaço interno da célula. Em virtude disso, as células esclerenquimáticas são ditas *mortas*, apesar de algumas espécies de dicotiledôneas terem fibras vivas ao redor do xilema.

Os **esclereides** contam com uma parede celular espessa e altamente lignificada. São células abundantes nas angiospermas, em especial nas dicotiledôneas, com funções diversas e ainda discutidas na literatura, como na proteção da planta contra herbivoria, no suporte mecânico e no direcionamento de luz e de água no interior das folhas. Apresentam diferentes formatos, sendo classificados como astroesclereides, quando semelhantes a estrelas; tricoesclereides, quando semelhantes a pelos; e braquiesclereides, com formato quase isodiamétrico (Appezzato-da-Glória; Carmello-Guerreiro, 2006).

2.5 Tecidos de condução

Toda planta apresenta dois importantes tecidos de condução de seiva: (1) floema e (2) xilema. Geralmente associados, esses tecidos formam um sistema vascular contínuo que percorre a planta por inteiro, incluindo todas as suas ramificações. Esses tecidos vasculares dividem-se em primário, oriundo do procâmbio (visto previamente na Figura 2.3), e secundário, oriundo do câmbio (Figura 2.12). Tanto o xilema quanto o floema apresentam diferentes tipos de células presentes nos sistemas primário e secundário, sendo este organizado em sistema axial (entre os raios) e radial (em raios).

Figura 2.12 – Micrografia óptica do sistema vascular constituído por xilema e floema

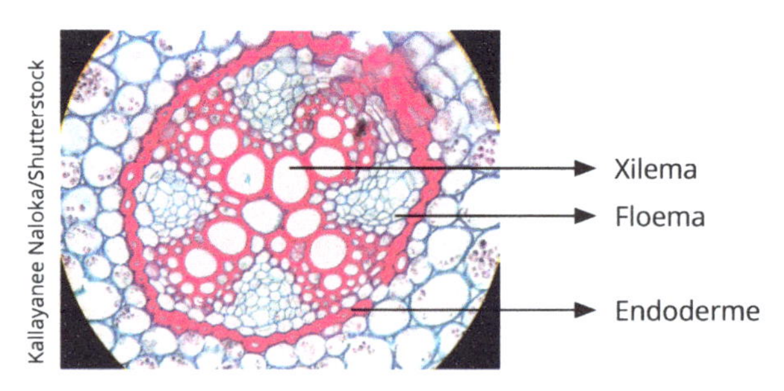

As células centrais em formato de X representam o xilema. O floema constitui o grupo de células que intercala o xilema. Ambos são circundados pela endoderme.

O **xilema** é a parte mais longa da rota de transporte de água dentro da planta e, portanto, desempenha importante papel no controle do movimento de água do solo até as folhas (Figura 2.13). As células condutoras no xilema têm uma estrutura especializada que lhes permite transportar grande quantidade de água. O xilema é composto de elementos traqueais (traqueídes e elementos de vaso), fibras xilemáticas (fibrotraqueídes e fibras libriformes) e células parenquimáticas. Os elementos de vaso e as traqueídes são células justapostas e, quando atingem a maturidade, ficam sem citoplasma e núcleo. A maturação de traqueídes e elementos de vaso envolve a produção de paredes celulares secundárias e a morte celular. Essa morte programada faz com que a célula perca citoplasma e organelas celulares, permanecendo apenas as paredes celulares lignificadas e espessas que formam tubos ocos pelos quais a água flui com baixa resistência.

As traqueídes, especificamente, são células fusiformes e alongadas que apresentam em sua extensão lateral regiões denominadas *pontuações*, compostas de parede primária e poros, por onde a água flui. Como as pontuações das traqueídes são adjacentes uma à outra, o local de contato entre duas traqueídes por meio de suas pontuações é chamado de *membrana de pontuação*.

Os elementos de vaso, por sua vez, são células curtas e largas, com regiões de pontuações em sua extensão lateral, assim como as traqueídes. Entretanto, os elementos de vaso também têm paredes terminais perfuradas que formam uma região conhecida como *placa de perfuração*. Logo, os elementos de vaso formam um tubo multicelular e de comprimento variado.

Figura 2.13 – Esquema do movimento da água dentro do xilema

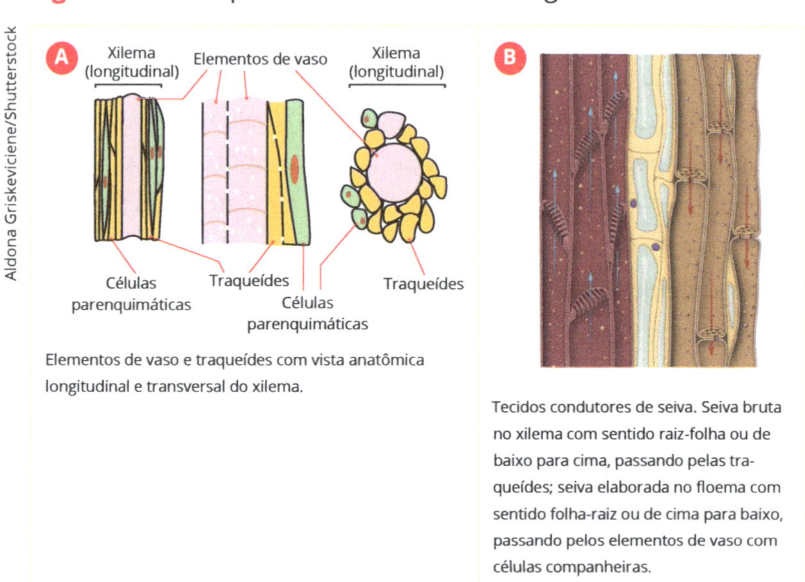

Aldona Griskeviciene/Shutterstock

Elementos de vaso e traqueídes com vista anatômica longitudinal e transversal do xilema.

Tecidos condutores de seiva. Seiva bruta no xilema com sentido raiz-folha ou de baixo para cima, passando pelas traqueídes; seiva elaborada no floema com sentido folha-raiz ou de cima para baixo, passando pelos elementos de vaso com células companheiras.

A formação de bolhas dentro das traqueídes ou dos elementos de vaso é denominado *cavitação*, movimento caracterizado pela quebra da continuidade da coluna de água e de seu transporte sob tensão. Em algumas espécies de coníferas (grupo dos pinheiros), existe um espessamento central na região da membrana de perfuração das traqueídes chamado de *toro*. Essa estrutura age como uma válvula para o fechamento da pontuação, impedindo a continuidade da bolha de ar dentro do xilema. Contudo, uma bolha de ar sozinha não consegue parar completamente o fluxo de água dentro do xilema. Desse modo, a água desvia o ponto bloqueado e opta por um percurso diferente. Por vezes, isso resulta em um aumento da resistência ao fluxo da água, mas é uma forma de restringir o impacto da cavitação.

Para as plantas que apresentam crescimento secundário, ou seja, espessamento do caule e da raiz por intermédio do câmbio vascular e do câmbio da casca, um novo xilema é formado a cada ano, o que gera a produção de novas traqueídes e elementos de vasos. Isso permite que a planta reponha sua capacidade de transporte de água em razão das perdas de células bloqueadas por causa da cavitação ocorrida anteriormente.

Portanto, o xilema é o principal condutor de água e de nutrientes minerais provindos das raízes, realizando um transporte ascendente (raiz-caule-folhas), além de atuar na sustentação e no armazenamento de substâncias.

Especificamente nos elementos de vaso, é possível observar regiões com ausência de parede primária e secundária, denominadas *perfurações*. A reunião de mais de duas perfurações é conhecida como *placa de perfuração* e ocorre geralmente nas regiões terminais dos elementos de vaso, nos quais tais células se unem (Figura 2.14).

O **floema**, por sua vez, apresenta elementos crivados (células crivas e elementos de tubo crivados) e células companheiras (Figura 2.14). Os elementos crivados são células alongadas e conectadas entre si por poros localizados em suas paredes laterais. Já as células companheiras são células parenquimáticas com grande quantidade de ribossomos e mitocôndrias que têm a finalidade de manter e suprir com nutrientes os elementos crivados, que não contam com núcleo, vacúolos e diversas outras organelas celulares (Wegner, 2014). Dessa forma, o floema é constituído por células vivas especializadas em transporte de solutos orgânicos em longas distâncias.

Ao observarmos os principais grupos biológicos de plantas, ou seja, gimnospermas e angiospermas (as quais detalharemos no Capítulo 5), identificamos uma distinção no transporte de seiva no floema. Em gimnospermas, o transporte ocorre pelas células crivas, as quais estão conectadas por plasmodesmos. Em angiospermas, o transporte ocorre por elementos de tubos crivados conectados por poros que têm um diâmetro maior do que os plasmodesmos.

Figura 2.14 – Esquema de vista longitudinal de elementos de tubo crivados com células companheiras

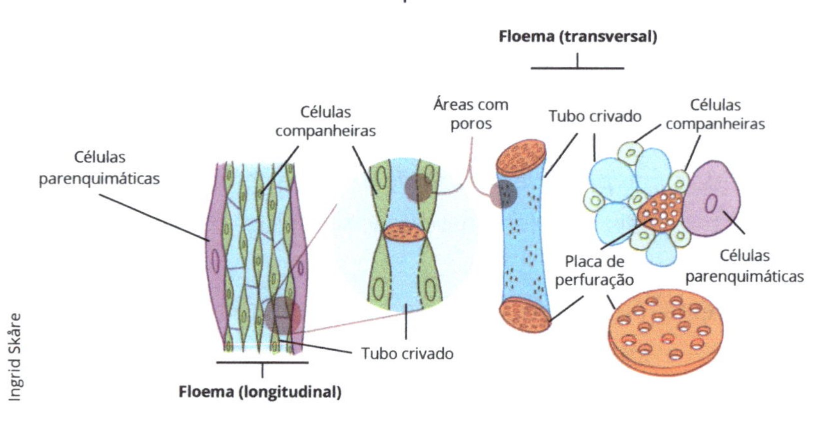

Com a percepção de um corte transversal no floema, o esquema mostra células de esclerênquima (fibras e esclereides) e células parenquimáticas.

O fluxo de íons no floema ocorre de forma rápida por meio de pressão hidrostática. A **hipótese da pressão hidrostática** foi proposta por Ernst Münch (1876-1946) em 1930 e explica como acontecem o transporte e o fluxo de solutos em direção à raiz. Essa pressão é gerada pelo abastecimento de solutos no floema na região da folha, considerada a fonte do tecido, e pelo desabastecimento de solutos na região da raiz, considerada a região de ralo ou de saída de solutos do tecido. Essa associação se deve ao fato de as folhas realizarem fotossíntese, não sendo consideradas fontes de alimento, ao passo que as raízes, ao consumirem e/ou estocarem os produtos fotossintéticos, são consideradas ralo ou destino de alimento, por isso a expressão *fonte-ralo*.

A hipótese da pressão hidrostática pode ser compreendida pelas seguintes etapas:

1. A glucose sintetizada nas folhas é convertida em sacarose.
2. A sacarose é encaminhada para as células companheiras e os elementos de tubo crivados por meio de transporte ativo.
3. Por esse motivo, é formado um meio hipertônico no floema.
4. Por osmose, a água presente no xilema adentra as células do floema.
5. Surge uma pressão osmótica no floema que proporciona o deslocamento dos solutos da região de maior pressão osmótica para a região de menor pressão osmótica dentro do floema.
6. A pressão osmótica é baixa na região de ralo (raiz).
7. Na raiz, o transporte ativo é acionado para movimentar o açúcar para fora do floema, em direção às células que dele necessitam para o processo de respiração.

Em períodos de ausência das folhas na planta, o estoque de solutos fotossintéticos nas raízes gera uma pressão hidrostática inversa da inicial, causando um fluxo contrário no floema. Dessa maneira, o transporte de solutos (água e nutrientes) realizado no floema é bidirecional (raiz-folhas e folhas-raiz) (White, 2017).

Porém, o transporte de íons no feixe vascular em um sentido não ocupa o mesmo elemento crivado para a realização do transporte em sentido inverso (Wegner, 2014).

Em caso de ausência de água no solo e sua disponibilização na atmosfera em forma de vapor de água, o transporte ocorre de maneira inversa, e a relação fonte-ralo na planta é invertida. A disponibilidade de água passa a ser feita pelas folhas em direção ao restante da planta. Plantas sujeitas à neblina reidratam seus tecidos vegetais e realizam uma redistribuição da água das folhas em direção à raiz (Eller; Lima; Oliveira, 2013). Todavia, o ajuste de mecanismos hidráulicos da planta a ambientes secos pode não acontecer, e esta pode se enquadrar em risco futuro de mortalidade (Bittencourt et al., 2020).

Assim, as condições ambientais claramente determinam o metabolismo da planta e afetam os processos de transporte de água, difusão do oxigênio, fotossíntese e respiração. Acompanhe, no próximo capítulo, a abordagem detalhada desses processos sujeitos às condições ambientais e seu mecanismo de funcionamento nos diferentes grupos biológicos.

Síntese

Neste capítulo, abordamos os diferentes tipos de tecidos vegetais presentes em uma planta. Características como origem de formação, tipos de células, local de ocorrência e substância de transporte ou estoque são informações importantes para a identificação do tipo de tecido vegetal.

A seguir, destacamos informações essenciais deste capítulo, das quais você precisa se lembrar.

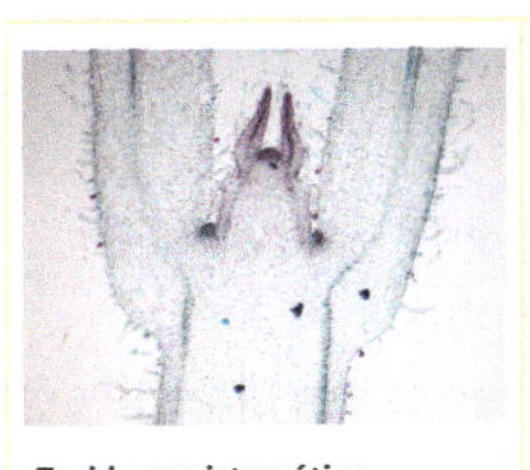

Tecido meristemático
Origina outros tecidos por meio de células não diferenciadas

Tecido de preenchimento
Protege e auxilia na absorção de água e nutrientes
Crescimento primário = epiderme
Crescimento secundário = periderme
Tipos: clorofiliano (fotossíntese); de reserva (reserva de substâncias = parênquima); fundamental (suporte = colênquima e esclerênquima)

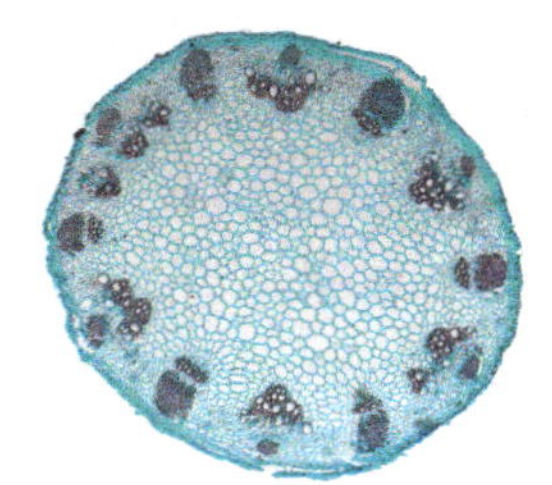

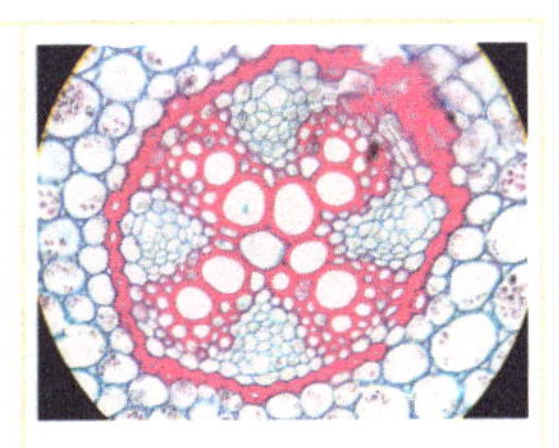

Tecido de condução
Transporta água, minerais e seiva bruta (xilema) e elaborada (floema)

Atividades de autoavaliação

1. Com relação ao tecido de preenchimento de uma planta, assinale a alternativa correta:

   A As células desse tecido são de tamanho igual, com parede celular delgada e alta atividade metabólica.

   B O parênquima clorofiliano é um tecido de condução, visto que contém a presença do sistema vascular floema-xilema.

   C O tecido de preenchimento ocorre apenas em plantas que sofreram alguma injúria como resposta, como a herbivoria.

   D As células do tecido de preenchimento não têm atividade metabólica, pois sua função é apenas de preenchimento no corpo da planta.

   E Existem três diferentes tipos de tecidos de preenchimento: clorofiliano, de reserva e de preenchimento.

2. Assinale a alternativa que explica o motivo pelo qual o movimento de substâncias no xilema e no floema é bidirecional:

A A transpiração de solutos orgânicos ocorre da região do ralo em direção à fonte, ou seja, no sentido raiz-folha.

B O transporte de água é realizado das raízes em direção às folhas, mas o inverso pode ocorrer no caso de escassez de água no solo e disponibilidade na atmosfera.

C A concentração de solutos não varia ao longo da vida da planta: o movimento é bidirecional entre fonte-ralo.

D A translocação de solutos orgânicos ocorre da região do ralo em direção à fonte, ou seja, no sentido raiz-folha.

E A água e o carboidrato nela dissolvido a ser transportado movem-se por fluxo de massa ao longo de um gradiente de temperatura na direção do dreno de fotoassimilados.

3. Sobre a diferença entre difusão e translocação nas plantas, analise as afirmativas a seguir.

I) A difusão é a passagem de substâncias da região de maior concentração para a região de menor concentração de soluto. A translocação, por sua vez, é um transporte ativo de solutos em uma direção específica.

II) A difusão e a translocação são diferentes em relação às substâncias que cada um transporta, e ambas ocorrem em todas as direções no corpo da planta.

III) A difusão é o processo de transporte ativo de solutos, ao passo que a translocação é o processo de transporte passivo.

IV) A diferenciação entre difusão e translocação se dá em razão do sentido e do tipo de soluto transportado.

Agora, marque a alternativa correta:

A Apenas a afirmativa I é verdadeira.
B Apenas a afirmativa III é verdadeira.
C As afirmativas I e III são verdadeiras.
D As afirmativas II e IV são verdadeiras.
E Todas as afirmativas são verdadeiras.

4. Com relação às células que compõem o tecido vascular xilema, assinale a alternativa correta:

A O xilema é composto de elementos traqueais (traqueídes e elementos de vaso), fibras e células parenquimáticas.
B O xilema é composto de elementos crivados (traqueídes e elementos de vaso), fibras e células parenquimáticas.
C O xilema é composto de elementos traqueais (células crivadas e elementos de tubo), fibras e células parenquimáticas.
D O xilema é composto de elementos crivados (células crivadas e elementos de tubo), fibras e células parenquimáticas.
E O xilema é composto de elementos traqueais (traqueídes e elementos de vaso), fibras e células companheiras.

5. Com relação à hipótese formulada por Ernst Münch, assinale V para as alternativas verdadeiras e F para as falsas.

( ) A hipótese da pressão hidrostática foi proposta por Ernst Münch e explica o transporte e o fluxo de solutos em direção à folha.
( ) A pressão gerada pelo abastecimento de solutos no floema na região da folha é considerada fonte do tecido.

( ) Pelo fato de as folhas realizarem a fotossíntese, elas são consideradas fontes de alimento, ao passo que as raízes, ao consumirem e/ou estocarem os produtos fotossintéticos, são consideradas ralo ou destino de alimento, por isso a expressão *fonte-ralo*.

Agora, assinale a alterativa que indica a sequência correta:

A F, V, V.
B V, F, V.
C F, F, V.
D F, V, F.
E V, V, V.

Atividades de aprendizagem

Questões para reflexão

1. A epiderme tem a finalidade de revestir as plantas por meio de uma camada de cera denominada *cutícula*. Sabendo-se que plantas do Cerrado são sazonalmente submetidas a queimadas naturais, qual é a contribuição da epiderme, além do revestimento, para essas plantas?
2. O crescimento vegetal é caracterizado como aberto ou indeterminado, ou seja, o número de órgãos não é predeterminado durante o processo embrionário. Dessa forma, em razão de um crescimento modular (porções que se repetem) das plantas, a quantidade de órgãos é definida conforme as condições ambientais a que cada planta é submetida. Tendo isso em vista, relacione a capacidade meristemática com o crescimento aberto das plantas.

Atividade aplicada: prática

1. A floricultura engloba ações voltadas para o cultivo e a comercialização de espécies vegetais com fins ornamentais. Entre as inúmeras plantas, as orquídeas ganham atenção especial na floricultura por sua beleza e cuidados específicos de cultivo. Esse grupo de plantas tem representantes de diferentes tamanhos e cores, o que repercute em valores monetários bem diferentes. Em geral, fatores como raridade, dificuldade de cultivo, tamanho e cor da flor ditam o preço de um exemplar. Ao tratarmos especificamente de cor, observamos que o azul não ocorre naturalmente na natureza. Por esse motivo, com o intuito de garantir uma flor diferenciada das demais orquídeas, muitos floricultores utilizam a técnica de tingimento de flores brancas, de modo a obter um tom de azul específico. O corante é o mesmo empregado em alimentos e, portanto, não tóxico para a planta.

   Dessa forma, faça uma pesquisa sobre orquídeas azuis e sobre o processo utilizado para a obtenção dessa cor na flor. Relate o caminho fisiológico percorrido dentro da planta para que essa coloração seja obtida de modo uniforme.

CAPÍTULO 3

FISIOLOGIA VEGETAL

Neste capítulo, trataremos da fisiologia dos organismos fotossintetizantes. Apresentaremos informações referentes à captação de água e minerais pelas raízes, ao seu transporte dentro do corpo da planta e à sua perda na forma líquida ou gasosa. Abordaremos o processo fotossintético, assim como todas as etapas e condições necessárias para que ocorra, seguido da função e das formas de detecção de carência ou excesso de certos hormônios vegetais. Por fim, enfocaremos as condições que limitam o processo fotossintético e barram a planta de assimilar água ou transformar a energia luminosa em energia química.

3.1 A água e os nutrientes nos vegetais

A água é essencial para a vida dos vegetais, sendo o principal constituinte para o crescimento e o funcionamento destes. A proporção de água na planta varia de acordo com o tipo e a idade do órgão vegetal em questão: raízes podem apresentar em torno de 70% a 90% de água; caules, de 50% a 80%; frutos, de 80% a 95% (no caso dos suculentos); e sementes, de 5% a 15%. Além disso, a água participa de todas as fases de crescimento da planta, tendo grande importância fisiológica para o organismo vegetal. Nesse sentido, podemos destacar os seguintes aspectos:

- Constitui-se em reagente e produto da atividade fotossintética como fonte de elétrons após a ativação da clorofila pela luz para a produção de energia química (NADPH e ATP) – Fórmula da fotossíntese: $12H_2O + CO_2$ + energia luminosa → $C_6H_{12}O_6 + 6O_2 + 6H_2O$.

- Atua como reagente básico nas reações de hidrólise e ionização (por exemplo, a quebra de proteína em aminoácidos e de lipídios em ácidos graxos).
- É meio de transporte de solutos e gases.
- Atua na divisão celular.
- Afeta o crescimento celular (expansão do vacúolo) e, consequentemente, o crescimento do vegetal.
- Promove a turgescência de flores e frutos, afetando diretamente sua beleza.
- Atua na abertura e no fechamento dos estômatos.
- É o produto final do processo de respiração.
- Reduz a temperatura.
- Atua na translocação da seiva elaborada (floema).

A água é uma molécula polar constituída por um átomo de oxigênio e dois átomos de hidrogênio ligados covalentemente (compartilhamento de elétrons). As moléculas de água unem-se por uma ligação química denominada *ponte de hidrogênio*, que estabelece um ângulo de 104,45° entre os átomos de hidrogênio, garantindo coesão e atração entre as moléculas. Em razão dessa intensa atração entre as moléculas de água, esta apresenta uma forte atração para estruturas sólidas, como uma parede celular, caracterizando o efeito de coesão.

A alta coesão das moléculas de água em uma superfície líquida a faz desenvolver uma caraterística denominada *tensão superficial*, que, de modo geral, indica a força de atração entre as moléculas da superfície líquida a ponto de formar uma fina barreira elástica nessa área. Essa é a razão pela qual pequenos insetos podem se deslocar na superfície da água. Observe a Figura 3.1, a seguir.

Figura 3.1 – Estrutura molecular da água

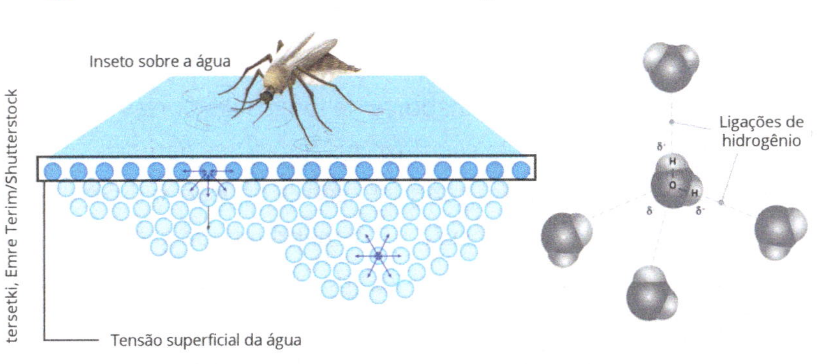

As ligações de pontes de hidrogênio entre as moléculas de água resultam em sua tensão superficial, o que permite que insetos possam permanecer sobre a água sem afundar.

Coesão e tensão superficial garantem o processo de **capilaridade**, que é a força exercida pela adesão das moléculas sobre a coluna de água no xilema. A capilaridade garante à água a capacidade de subir em forma de coluna dentro de um tubo. A água presente dentro dos tubos do xilema sobe das raízes até as folhas pelas forças de coesão e tensão entre suas moléculas, resultando em um fluxo contra a força da gravidade, ou seja, uma pressão negativa. O transporte de água no interior da planta pode ocorrer por meio de três vias distintas:

1. **Difusão**: movimento das moléculas por agitação térmica aleatória. As moléculas de água em uma solução estão em constante movimento, colidindo umas com as outras e trocando energia. Desde que outras forças não atuem, a difusão causa o movimento das moléculas das regiões de alta concentração para as regiões de baixas concentrações de soluto. Portanto, é um transporte não ativo, ou seja, sem gasto de energia. A difusão é movida por um gradiente de concentração e atua em pequenas distâncias.

2. **Fluxo em massa**: movimento conjunto de grupos de moléculas em massa comumente em resposta a um gradiente de pressão. O fluxo de massa de água movido por pressão é responsável pelo seu transporte de longas distâncias no xilema, assim como pelo seu fluxo no solo e nas paredes celulares das plantas. Em contraste com a difusão, o fluxo de massa governado por pressão é independente de gradientes de concentração de soluto, desde que a mudança na viscosidade seja desprezível.
3. **Osmose**: movimento espontâneo da água em resposta a uma força propulsora, que é um gradiente de concentração e de pressão. A direção e a taxa de fluxo de água através de uma membrana não são determinadas somente por seu gradiente de concentração ou pela pressão, mas pela soma de ambos.

Segundo a teoria da coesão-tensão no transporte de água no xilema, a água no topo de uma árvore desenvolve grande tensão (pressão negativa), a qual a puxa pelo xilema da raiz até o topo. Para que isso aconteça, são requeridas propriedades de coesão para suportar grandes tensões nas colunas de água nas paredes das células do xilema. A pressão negativa que causa a ascensão da água através do xilema desenvolve-se na superfície das paredes celulares da folha. À medida que a água é perdida para a atmosfera, a superfície de água que permanece é sugada para dentro dos interstícios da parede celular, na qual forma interfaces ar-água encurvadas. Em virtude da alta tensão superficial da água, a curvatura dessas interfaces induz uma tensão nela. À proporção que mais água é removida da parede, a curvatura dessas interfaces aumenta e a pressão da água fica negativa dentro da planta.

A perda de água da planta para o meio ambiente altera seu estado, passando de líquido para vapor pelo processo de **transpiração**. Juntamente com a água em estado de vapor proveniente das plantas, a água do solo ou de superfícies aquáticas também sofre mudança em seu estado de matéria, passando para o estado de vapor pelo processo de **evaporação**. Transpiração e evaporação passam a formar a **evapotranspiração**, uma etapa importantíssima no ciclo da água, que garante seu estado **gasoso** na atmosfera (Figura 3.2).

Figura 3.2 – Ciclo da água no ambiente

Jacky Brown/Shutterstock

A transpiração (setas vermelhas) é a perda de água das plantas para o ar, ao passo que a evaporação (setas roxas) é a perda de água do ambiente para o ar. Juntos, esses processos formam a evapotranspiração no ciclo da água.

3.2 Absorção e transpiração

A presença de água na célula vegetal acontece por meio de processos específicos de assimilação e liberação. Para assimilar água, a planta realiza a absorção; para liberar água, a transpiração (Figura 3.3). Esses processos podem ocorrer nas folhas, nos caules e nas raízes, dependendo da planta em questão. A **absorção** é feita especialmente nas raízes, célula a célula, por um processo celular ativo (o qual necessita de energia, ou seja, a molécula ATP – adenina trifosfato), chamado *transporte ativo*, ou pelo processo passivo da osmose, o qual não requer gasto de energia, pois ocorre a favor do gradiente do soluto, no caso, a seiva. É importante destacar que o processo de absorção envolve água e nutrientes presentes no solo, mas o conteúdo de maior proporção é a água.

A partir do momento em que a água e os nutrientes têm acesso ao tecido condutor xilema, recebe o nome de *seiva bruta*. Em torno de 97% de toda a água absorvida pela planta é liberada para a atmosfera pela **transpiração**. Essa liberação é feita principalmente sob a forma de vapor, mas pode ser realizada pela forma líquida: no primeiro caso, ocorre a transpiração e, no segundo, a gutação. Para obter CO_2 pelo processo de fotossíntese (detalhado nos próximos tópicos deste capítulo), a perda de água tornou-se inevitável, pois as plantas não produziram um aparato específico equivalente e com permeabilidade diferenciada para o CO_2 e a água. Dessa maneira, a mesma porta de entrada do CO_2 é a porta de entrada e saída da água.

Figura 3.3 – Absorção radicular da água

Esquema representando o processo de absorção de água (2 átomos de hidrogênio, em branco, e 1 de oxigênio, em vermelho) pelas raízes e sua condução pelo caule até atingir a folha, por onde é liberada pelo processo de transpiração.

A absorção da água do solo para o interior das raízes acontece mediante um gradiente de pressão, ou seja, regiões de maior pressão hidrostática cedem água para regiões de menor pressão hidrostática. A água, ao ser absorvida pelas raízes, faz com que a região radicular apresente menor pressão hidrostática comparada com a do solo ao redor. Essa pressão negativa é ocasionada pela tensão no interior das células do xilema. Essa diferença promove um gradiente de pressão hidrostático no solo, o que contribui para a absorção da água por meio das raízes. Assim, a água do solo tende a ser atraída por pressão para o interior das raízes (Antunes Junior, 2015).

Um contato íntimo entre a superfície das raízes e o solo é essencial para a absorção efetiva da água pelas raízes. Esse contato proporciona a área de superfície necessária para a absorção da água, maximizada pelo crescimento das raízes e da zona pilífera (da qual trataremos no Capítulo 5). Essa zona apresenta pelos radiculares, que são projeções microscópicas das células epidérmicas que aumentam a superfície de contato, possibilitando maior absorção de água.

Como mencionado anteriormente, a planta apresenta um mecanismo para liberar a água não utilizada, a transpiração, na qual dois fatores são considerados:

1. diferença de concentração de vapor de água entre os espaços intercelulares das folhas e da atmosfera externa, pois a água sai passivelmente por difusão;
2. resistência à difusão dessa rota, que compreende: (a) a resistência associada à difusão pela fenda estomática – resistência estomática foliar; (b) a resistência causada pela camada de ar parada junto à superfície foliar, por meio da qual o vapor tem de se difundir para alcançar o ar turbulento da atmosfera – resistência da camada limítrofe (Gráfico 3.1).

Em outras palavras, caso haja muito ar parado (camada limítrofe espessa) ao redor da folha, ocorrerá a perda de vapor de água. Estruturas celulares como tricomas e estômatos em depressão ao longo da epiderme proporcionam a "quebra" do vento com o intuito de promover a otimização da difusão.

Gráfico 3.1 – Resistência da difusão na região estomática causada pela camada de ar limítrofe

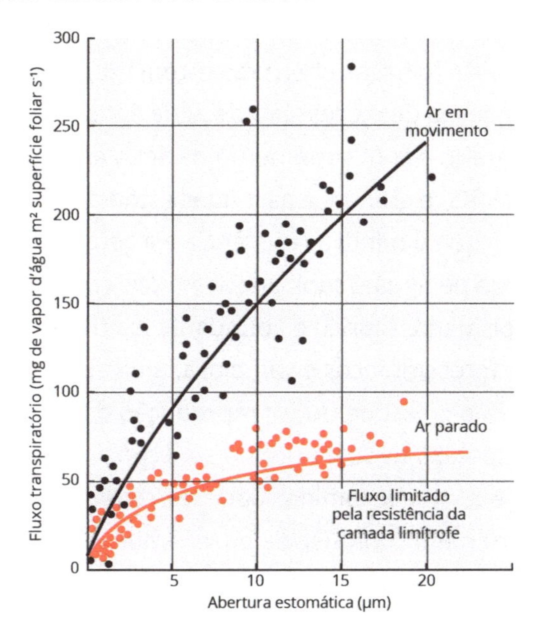

Fonte: Holbrook, 2017, p. 112.

Grande parte da transpiração foliar resulta da difusão de vapor de água através da fenda estomática, pois ela reduz a resistência à difusão para a perda de água pelas folhas. As mudanças na resistência estomática são importantes para a regulação da perda de água pela planta e para o controle da taxa de absorção de CO_2 necessária à fixação continuada de CO_2 durante a fotossíntese.

As plantas não podem impedir a difusão de água para fora sem absorver CO_2 pela fenda estomática ao mesmo tempo. O problema é acentuado pelo fato de o gradiente de concentração de absorção de CO_2 ser muito menor do que o gradiente de concentração de perda de água. Quando a água é abundante, a solução funcional é a regulação temporal das aberturas dos estômatos – abertos de dia e fechados durante a noite. À noite, sem a atividade fotossintética e com quantidade suficiente de CO_2 no interior da folha, as aberturas estomáticas são poucas e, portanto, a perda desnecessária de água é impedida. Em um dia ensolarado e com suprimento de água em abundância, a demanda de CO_2 é grande, e as fendas estomáticas permanecem abertas, o que diminui a resistência estomática à difusão de CO_2. A perda de água é substancial em tais condições, uma vez que o suprimento hídrico é abundante e a troca de água por produtos fotossintéticos é vantajosa, uma vez que eles são essenciais para o crescimento e a reprodução da planta.

A baixa disponibilidade hídrica no solo conciliada à alta temperatura e à intensa luminosidade faz com que os estômatos abram com menor frequência ou, em muitos casos, permaneçam fechados. Nessa circunstância, a perda de água é muito mais desastrosa para a planta do que a assimilação de CO_2 para a realização de fotossíntese. Portanto, entre água e CO_2, a planta prefere manter a água a arriscar perdê-la para assimilar CO_2. A eficiência do uso da água e da assimilação de CO_2 para fins de fixação de carbono remete a três diferentes estratégias fotossintéticas: C3, C4 e CAM. Comparativamente, plantas do tipo C3 perdem mais água por CO_2 absorvido do que plantas do tipo C4 e CAM. Esse assunto será abordado mais adiante neste capítulo.

3.3 Condução de seiva

Entende-se por *seiva* a substância presente nos tecidos vasculares dos vegetais. A substância presente no interior do floema recebe o nome de *seiva elaborada*, e aquela presente no interior do xilema, o nome de *seiva bruta* (Figura 3.4).

Figura 3.4 – Esquema representando a organização celular dos tecidos epidérmicos, vasculares e de preenchimento de uma planta na raiz, no caule e na folha

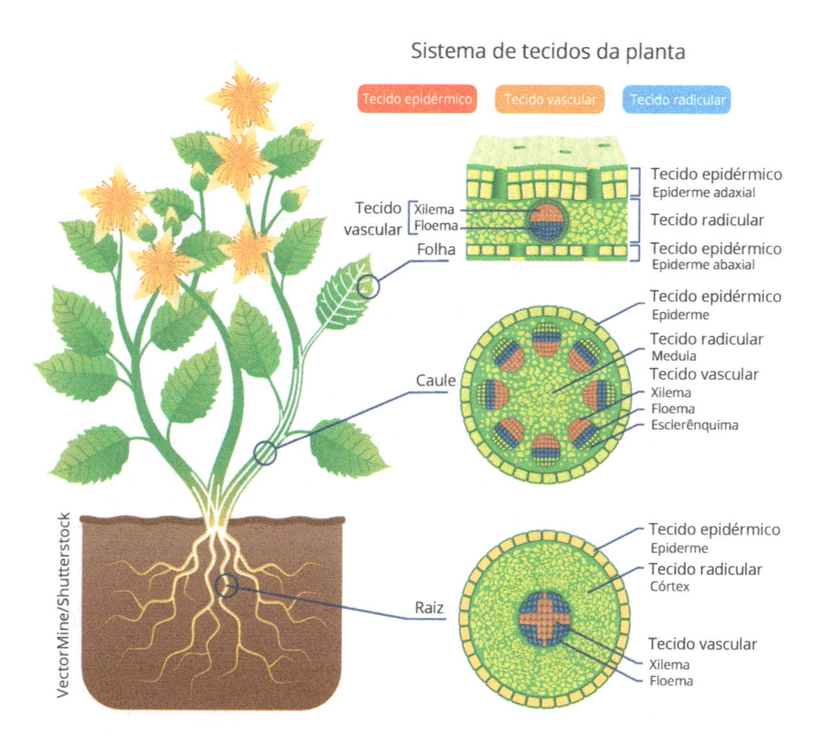

Destaque para a organização do xilema e do floema encontrados em toda a extensão da planta para a condução da seiva.

3.3.1 Condução da seiva bruta

A água e os nutrientes minerais são transportados dentro das plantas vasculares por meio do xilema. Na região do ápice da raiz, ocorre a maior absorção de água e nutrientes, visto que as porções mais velhas da raiz apresentam paredes celulares sube-rizadas e protegidas com um tecido subepidérmico denominado *exoderme*, que confere impermeabilidade a essas regiões radiculares. Contudo, para a formação de raízes secundárias, nota-se a formação de rachaduras nos tecidos externos, o que permite a entrada de água pelas regiões mais velhas da raiz; tão logo acontece o rompimento da parede celular para a formação das raízes secundárias, essas regiões precisam ser prontamente seladas para evitar a quebra da força propulsora de absorção de água pelo ápice radicular.

A eficiência na absorção de água e nutrientes não depende apenas das condições anatômicas da raiz, mas também do contato solo-raiz. A superfície de contato entre o solo e a raiz precisa ser coesa para evitar bolhas de ar. Por esse motivo, ao plantarmos, é importante apertar o solo ao redor da região da raiz para contribuir com o rápido estabelecimento de coesão da superfície solo-raiz. Em momentos de transplante da planta, é necessário preservar intacta a região ao redor das raízes, de modo a evitar um estresse hídrico.

Quando a água entra em contato com a raiz, é transportada por três formas distintas:

1. **Apoplástica**: a água permeia os espaços celulares, mas não tem acesso ao interior da.
2. **Simplástica**: a água tem acesso ao interior celular e passa de célula em célula pelos plasmodesmos.
3. **Transmembrana**: a água tem acesso ao interior celular e passa de célula em célula via proteínas presentes na membrana plasmática da célula vegetal.

Confira as Figura 3.5 e 3.6, a seguir.

Figura 3.5 – Esquema representando a estrutura de uma raiz e as rotas simplástica (em azul) e apoplástica (em vermelho)

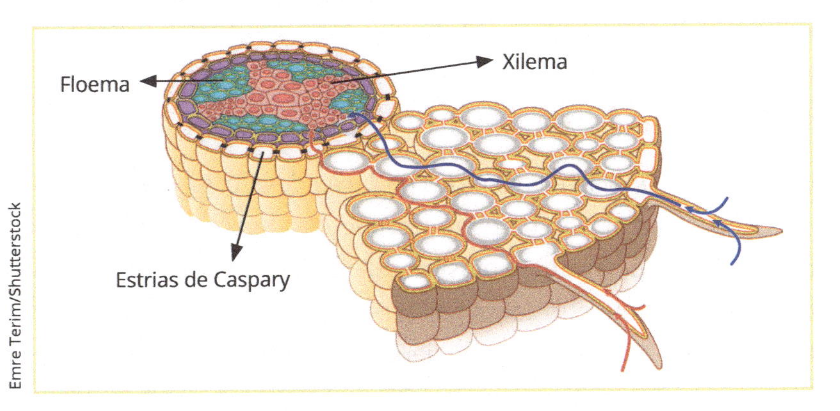

Figura 3.6 – Esquema representando a trajetória da água do solo para dentro do xilema pelas rotas apoplástica e simplástica

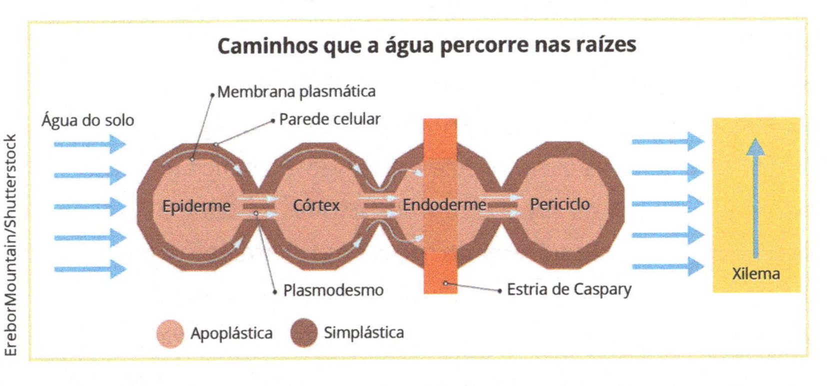

Vale destacar que a rota apoplástica cessa assim que a água encontra as estrias de Caspary (uma parede celular suberizada que envolve o sistema vascular e impede o avanço da água entre as células). A partir das estrias de Caspary, a condução de água e minerais ocorre por rota simplástica ou transmembrana.

A absorção de água decresce quando as raízes são submetidas a baixas temperaturas ou a condições anaeróbicas, situações presentes em solos compactados ou encharcados. Raízes submersas logo ficam sem oxigênio – normalmente provido pela difusão no espaço de ar no solo – e são denominadas *raízes anaeróbicas*.

3.3.2 Condução da seiva elaborada

O floema é o principal tecido de condução de substâncias orgânicas, ou seja, o produto do processo fotossintético (detalhado no próximo tópico) em plantas vasculares. Além disso, o floema desempenha um importante papel na distribuição de açúcares, aminoácidos, lipídios, micronutrientes, hormônios, proteínas, RNA e vírus. Todos esses compostos orgânicos são conduzidos dentro dos elementos crivados (Células crivadas e Elementos de tubo crivados presentes no floema).

Existem duas formas pelas quais a seiva elaborada pode atingir todas as células da planta: (1) gravidade e (2) fluxo em massa. Por **gravidade** entende-se a tendência de todo corpo ou substância de sair de determinada altura e atingir o solo. Entretanto, apenas essa característica não é o suficiente para garantir o acesso da seiva elaborada a todas as células da planta. Dessa forma, existe o **fluxo de massa**, que caracteriza o órgão fonte, ou seja, aquele que produziu a seiva elaborada, e o órgão dreno, aquele para onde a seiva é encaminhada. Nesse processo, ocorre o consumo de energia, mas apenas na quantidade necessária. Caso a produção aconteça em excesso, a energia é armazenada nas raízes em forma de amido.

Figura 3.7 – Representação do movimento da seiva elaborada no interior dos elementos de tubo crivado

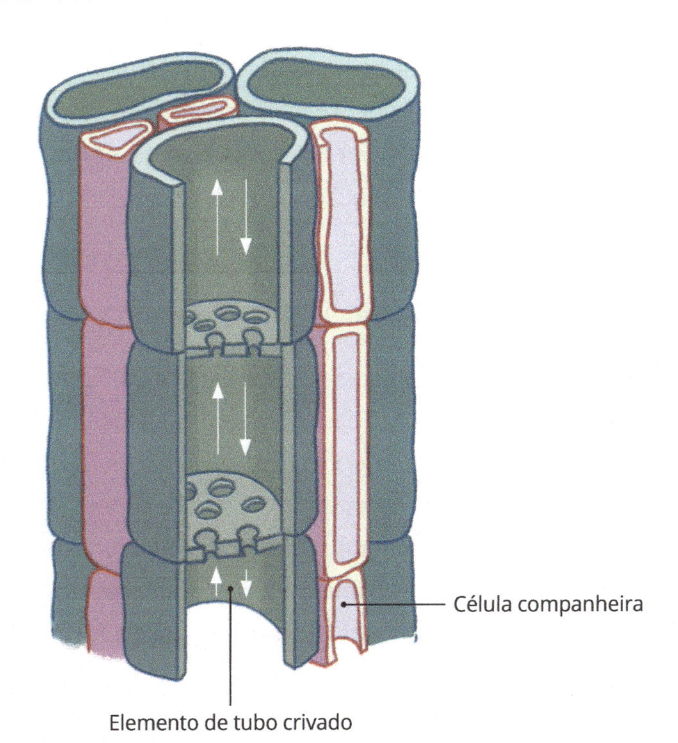

O transporte ocorre em via dupla, no sentido folha-raiz e no sentido raiz-folha.

Em gimnospermas, as substâncias orgânicas são conduzidas apenas dentro das células crivadas, ao passo que, em angiospermas, isso ocorre apenas nos elementos de tubo crivado. No entanto, independentemente de qual seja o elemento crivado, ele deve permanecer vivo e, ao mesmo tempo, fornecer um caminho desobstruído para o movimento da água e das substâncias nela dissolvidas, motivo pelo qual, em casos de contaminação por vírus, este é transportado no interior do floema, sendo distribuído por toda a planta.

3.4 Fotossíntese

A fotossíntese é um processo que envolve a transformação da energia solar, juntamente com gás carbônico e água, em energia química para a planta. Essa energia mantém todos os níveis das cadeias tróficas nos mais diversos ecossistemas, sejam terrestres, sejam aquáticos. A equação química balanceada da fotossíntese é:

$$12H_2O + 6CO_2 + \text{energia luminosa} \longrightarrow C_6H_{12}O_6 + 6O_2 + 6H_2O$$

A fim de que a reação ocorra, são necessárias 12 moléculas de água, 6 moléculas de gás carbônico e a presença de energia luminosa para a obtenção de 1 molécula de glicose, 6 moléculas de gás oxigênio e 6 moléculas de água. Nesse processo, a molécula de água torna-se fonte de hidrogênio e elétrons mediante a fotólise, da qual o gás oxigênio resulta como resíduo. O gás carbônico, por sua vez, é fonte de carbono para a formação do composto orgânico glicose.

Em todos os organismos fotossintetizantes, a luz é absorvida em uma organela celular denominada *cloroplasto*. O **cloroplasto** é constituído de uma porção líquida (estroma) e um conjunto de membranas organizadas em estruturas achatadas em forma de moedas, os tilacoides. A disposição dos tilacoides em coluna é denominado *granum*, local de ocorrência de reações fotossintéticas luminosas (Figura 3.8).

A luz é absorvida mais especificamente nos tilacoides pelo pigmento **clorofila**, que reflete, em especial, a cor verde presente na maioria das espécies que observamos (Figura 3.8). Esse pigmento pode apresentar diferentes estruturas moleculares, assim como diferentes vertentes de comprimentos de onda;

por esse motivo, é decomposto em clorofila *a*, *b* e *c*. A clorofila *a* é o pigmento de maior importância no processo fotossintético, porém conta com o auxílio de outros pigmentos ditos acessórios, como a clorofila *b*, a clorofila *c*, carotenoides e ficobilinas. A energia luminosa absorvida por esses pigmentos é transferida para a clorofila *a*, que, então, transforma a energia luminosa em energia química ao longo do processo fotossintético. A clorofila *c* substitui a clorofila *b* em alguns grupos de algas pardas e diatomáceas (Capítulo 4).

Em razão de suas características químicas, os pigmentos acessórios são encontrados em regiões distintas dentro do cloroplasto. As clorofilas *a*, *b* e *c* e os carotenoides são hidrofóbicos e, portanto, estão inseridos nas membranas dos tilacoides; já as ficobilinas têm caráter hidrofílico e ficam dispostas no estroma do cloroplasto. Assim, diz-se que a absorção de luz ocorre principalmente nos tilacoides dos cloroplastos.

Figura 3.8 – (A) Cloroplasto e sua estrutura interna; (B) Absorção da luz pela clorofila e reflexão da luz verde

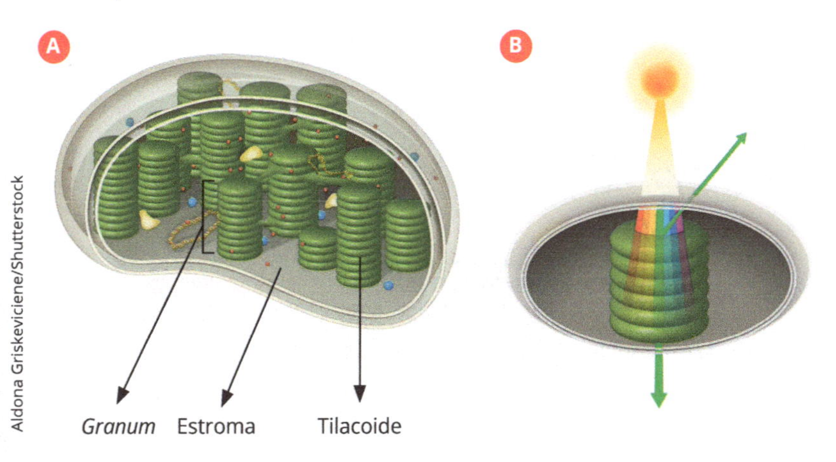

Cada pigmento fotossintético apresenta capacidade de absorver a luz em diferentes comprimentos. A maioria absorve certos comprimentos de luz e reflete outros que não absorve. O padrão de absorção de luz por um pigmento é conhecido por *espectro de absorção* (Figura 3.9). A clorofila, por exemplo, é um pigmento que absorve comprimentos de onda do violeta/azul e do vermelho e reflete o verde na faixa de 500 nm a 600 nm.

Um espectro de ação demonstra a eficiência relativa dos diferentes comprimentos de onda da luz para um processo específico que necessite dela, como a fotossíntese. Para a fotossíntese, apenas fótons de comprimento de onda de 400 nm a 700 nm são utilizados, e cerca de 80% a 100% dessa radiação fotossintética ativa (*Photosynthetic Active Radiation* – PAR) é absorvida pela folha. Acima de 700 nm a luz não é absorvida, conforme pode ser observado na Figura 3.9.

Gráfico 3.2 – Correlação entre o espectro de absorção da radiação solar pelos pigmentos clorofila *a*, clorofila *b* e carotenoides e o comprimento de onda da luz

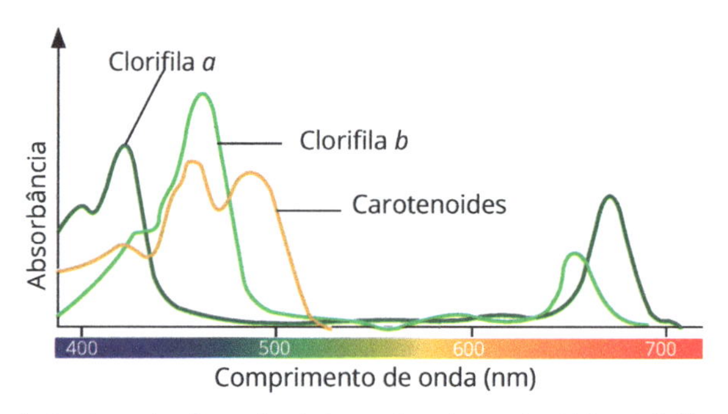

Absorbância é a taxa de absorção da luz pelos pigmentos fotossintetizantes.

Fonte: PlantingScience, 2017, p. 34.

A fotossíntese é um processo no qual as plantas utilizam a energia luminosa para reduzir a molécula de dióxido de carbono (CO_2) em açúcar, que, subsequentemente, é convertido em uma variedade de compostos orgânicos que constituem aproximadamente 95% da massa seca da planta. É um processo que ocorre em duas fases: uma delas é a de transdução de energia (transformação de um tipo de energia em outra), conhecida como *fase luminosa*, que acontece nos tilacoides dos cloroplastos; a outra é a de fixação do carbono, conhecida como *ciclo de Calvin* ou *fase escura*, que acontece no estroma dos cloroplastos (Figura 3.9).

Figura 3.9 – Fases e locais de ocorrência da fotossíntese

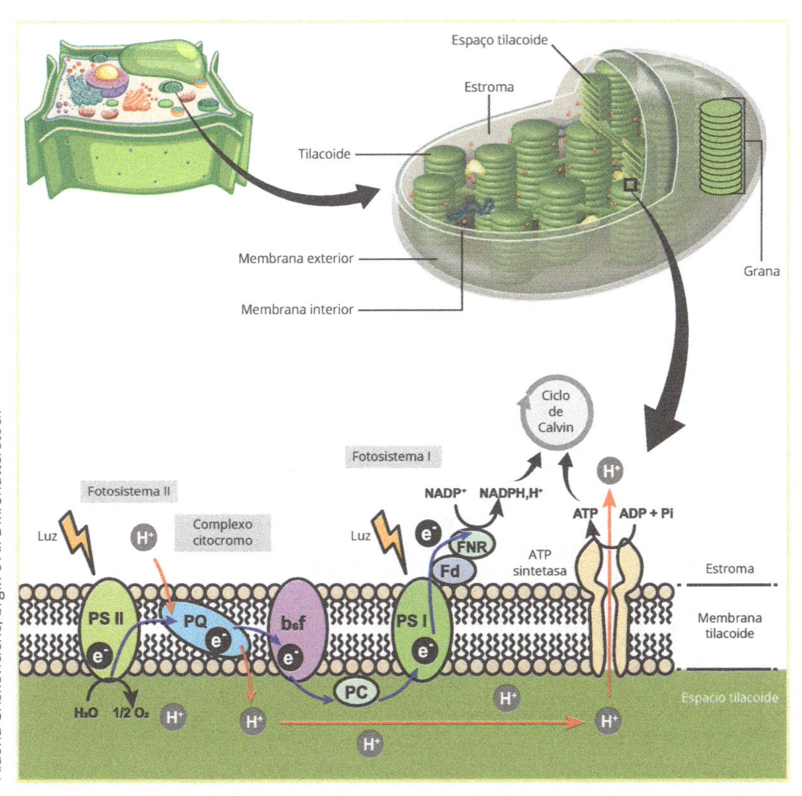

Aldona Griskeviciene, brgfx e Ali DM/Shutterstock

Fonte: Elaborado com base em Apuntes de Bioquímica, 2014.

3.4.1 Fase luminosa

A primeira fase da fotossíntese ocorre apenas na presença de luz. A transformação de energia luminosa em energia química acontece nos tilacoides dos cloroplastos mediante a produção de ATP, conhecida como *fotofosforilação* (cíclica e acíclica), e pela quebra da molécula de água, conhecida como *fotólise*.

Na membrana dos tilacoides, moléculas de clorofila *a*, *b* e carotenoides agrupam-se em regiões específicas denominadas *fotossistemas*. Cada fotossistema inclui dois componentes distintos: (1) aquele cujas moléculas de pigmento capturam a energia luminosa, o **complexo antena**; e (2) aquele constituído por um par de moléculas especiais de clorofila *a* para onde a energia luminosa é afunilada/concentrada, o **centro de reação proteína pigmento** (Figura 3.10).

Figura 3.10 – Complexo antena e centro de reação proteína pigmento do tilacoide no cloroplasto

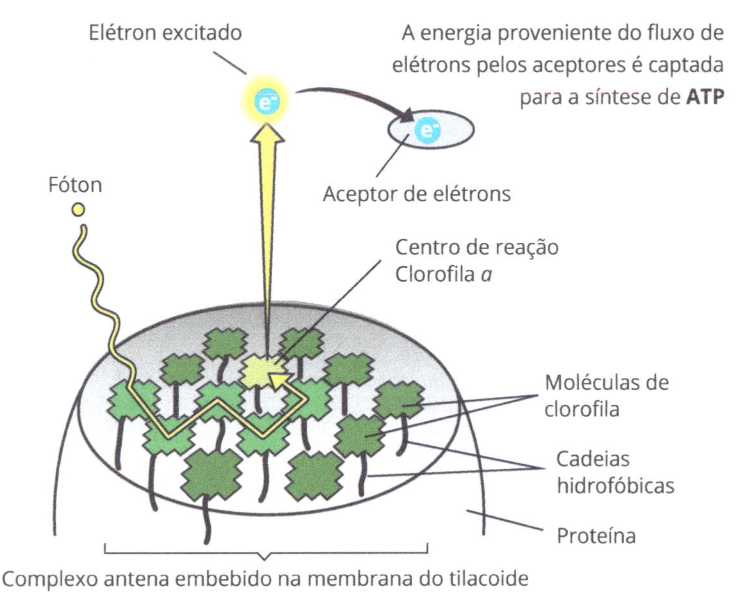

Fonte: Oliveira, 2017, p. 12.

As moléculas de pigmento encontradas no complexo antena são denominadas *pigmentos da antena* e funcionam como células fotovoltaicas, pois coletam a energia luminosa. As moléculas do complexo antena são excitadas pela luz e perdem um elétron, que é encaminhado para o centro de reação proteína-pigmento. Uma vez que esses elétrons chegam até o centro de reação, um par de moléculas especiais de clorofila *a* é responsável por encaminhá-los para receptores em dois fotossistemas distintos: fotossistema I e fotossistema II. A terminologia I e II foi adotada em razão da ordem de suas descobertas, além da diferença quanto ao pico de absorção de onda de luz. Dessa forma, a luz que ativa a fase luminosa é proveniente do comprimento de onda 680 nm ou P_{680} (fotossistema II) e do comprimento de onda 700 nm ou P_{700} (fotossistema I). A letra *P* significa "pigmento", e o número que a acompanha refere-se ao pico de absorção de luz.

Como mencionado anteriormente, a fase luminosa é caracterizada pela fotofosforilação (cíclica e acíclica) e pela fotólise. Ambas ocorrem com o objetivo de suprir a energia perdida pelos elétrons que transitam pelos fotossistemas I e II por meio de receptores de elétrons (Figura 3.11). Essa transição pelos fotossistemas contribui para a síntese de ATP mediante a adição de fosfato à molécula de ADP, mas faz com que os elétrons percam energia. A reposição de energia desses elétrons pelos fotossistemas pode ocorrer de forma cíclica ou acíclica.

Figura 3.11 – Esquema representando os fotossistemas II e I e o transporte de elétrons durante a fase luminosa da fotossíntese

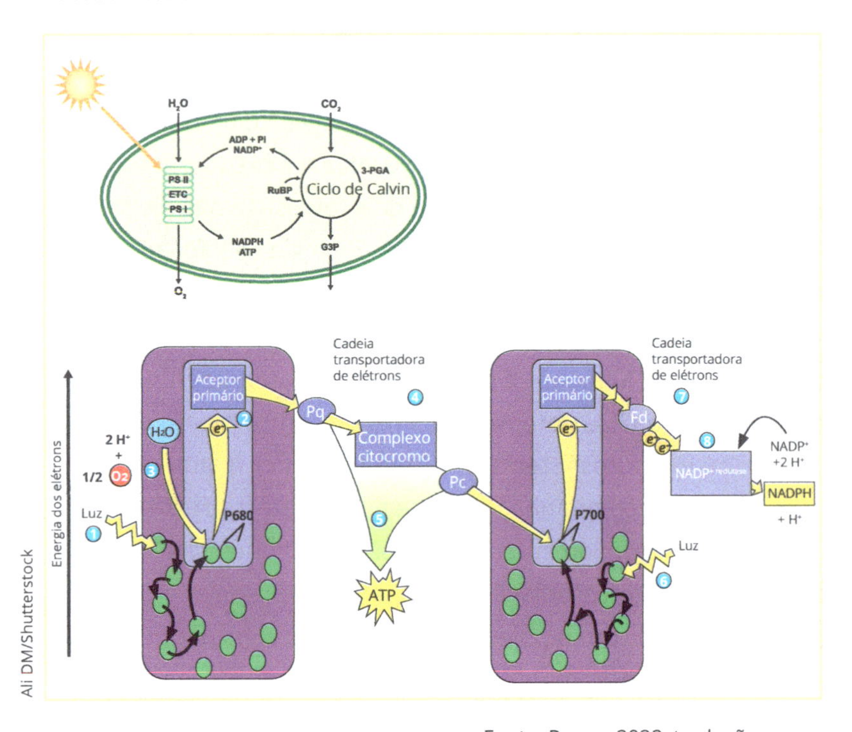

Ali DM/Shutterstock

Fonte: Payne, 2022, tradução nossa.

A **fotofosforilação acíclica** revela o trajeto que o elétron faz pelo fotossistema II por uma cadeia transportadora de elétrons, contendo feoftinina, plastoquinonas *a*, plastoquinonas *b*, complexo citocromo b6/f e plastocianina, sem retornar ao complexo antena de onde partiu P_{680}. As plastoquinonas são proteínas transportadoras de elétrons móveis e solúveis em lipídios, ao passo que os citocromos são proteínas transmembranas

(Figura 3.12). Mesmo enfraquecido, o elétron passa para o fotossistema I, integrando parte do complexo antena P_{700} de onde ele não saiu.

A **fotofosforilação cíclica** ocorre nos elétrons que transitam pela cadeia transportadora de elétrons do fotossistema I, constituída por proteínas filoquinona, ferro-enxofre, ferrodoxina e flavoproteína, formando ATP e retornando ao complexo antena de onde saíram. Todavia, alguns elétrons podem ser capturados ao longo dessa cadeia por uma molécula transportadora de hidrogênio denominada NADP. Essa captura de elétrons supre a necessidade de energia do NADP para sua ligação com átomos de hidrogênio e a formação de $NADPH_2$. Visto que os elétrons envolvidos nessa reação não retornam ao centro de reação de onde saíram, ocorre, também, uma fotofosforilação acíclica. Esses elétrons capturados pelo NADP no fotossistema I são repostos pelos elétrons do fotossistema II, permitindo que ele apresente um equilíbrio energético.

Para que o fotossistema II não fique desequilibrado energeticamente, ocorre a fotólise da molécula de água, que, quando na presença de luz, é decomposta em moléculas de gás oxigênio e hidrogênio, liberando energia e elétrons. Os elétrons liberados repõem os elétrons que saíram excitados do complexo antena do comprimento de onda P_{680}. O complexo antena passa, então, a ficar energeticamente equilibrado. O gás oxigênio é liberado na atmosfera, e o hidrogênio é ligado ao NADP para formar $NADPH_2$. O ATP e o NADPH produzidos nessa etapa fotoquímica são essenciais à próxima etapa – etapa química/ciclo de Calvin/fixação do carbono, também conhecida como *ciclo das pentoses*.

Figura 3.12 – Esquema representando os processos acíclico e cíclico que ocorrem nos fotossistemas I e II na membrana do tilacoide do cloroplasto

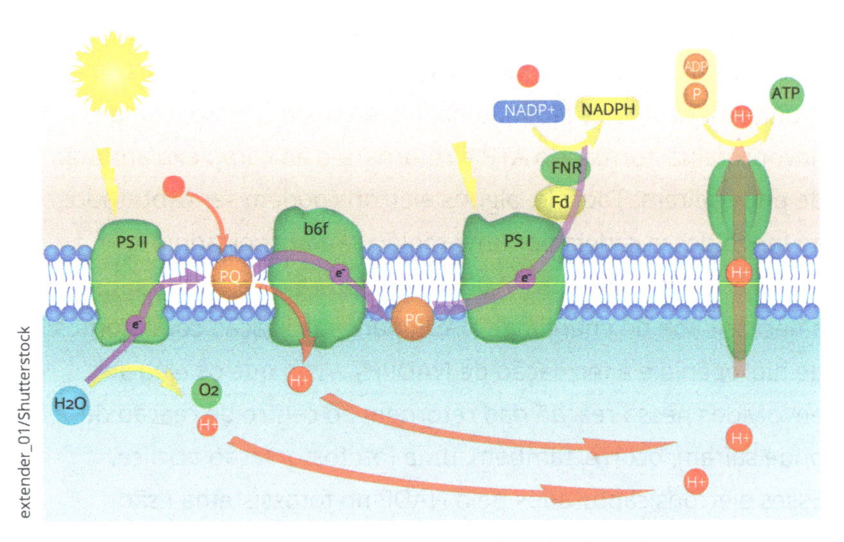

A utilização do elétron proveniente da quebra da molécula de água no fotossistema II e, em seguida, no I para a produção de NADPH é o processo acíclico. A utilização do elétron para a formação do ATP com retorno do elétron ao fotossistema II é o processo cíclico. B6f – complexo citocromo bc/f; Fd – ferredoxina; FNR – cadeia transportadora de elétrons; PQ – plastoquinonas; PC – plastocianina.

3.4.2 Fixação do carbono/ciclo de Calvin/fase química/fase escura

A segunda fase da fotossíntese não necessita da presença de energia luminosa para acontecer, podendo, portanto, ser observada em momentos de presença ou não de luz. Contudo, para que essa etapa ocorra, são necessários os produtos provenientes da **fase química** ou da **fase luminosa da fotossíntese**. Caracterizada por uma série de reações químicas que se estabelecem de maneira cíclica no estroma do cloroplasto, a segunda etapa recebe o nome de *ciclo de Calvin* ou *ciclo de Calvin-Benson* em homenagem a seus descobridores, Melvin Calvin (1911-1997) e Andrew Benson (1917-2015).

A principal enzima envolvida é constituída por cinco átomos de carbono e denominada *ribulose 1,5-bifosfato* (também conhecida como *RuBP* ou *rubisco*). A rubisco tem atividade carboxiladora e de oxigenação, ou seja, é capaz de fixar em seu sítio ativo o CO_2 e o O_2 ao mesmo tempo. Como a estrutura química da rubisco apresenta cinco carbonos e ela pode retornar à fase inicial do ciclo na íntegra, essa etapa é também conhecida como *ciclo das pentoses*. Esse ciclo pode ser organizado em três etapas: (1) fixação, (2) redução e (3) regeneração, conforme pode ser observado na Figura 3.13, a seguir.

Figura 3.13 – Ciclo de Calvin, composto de três etapas

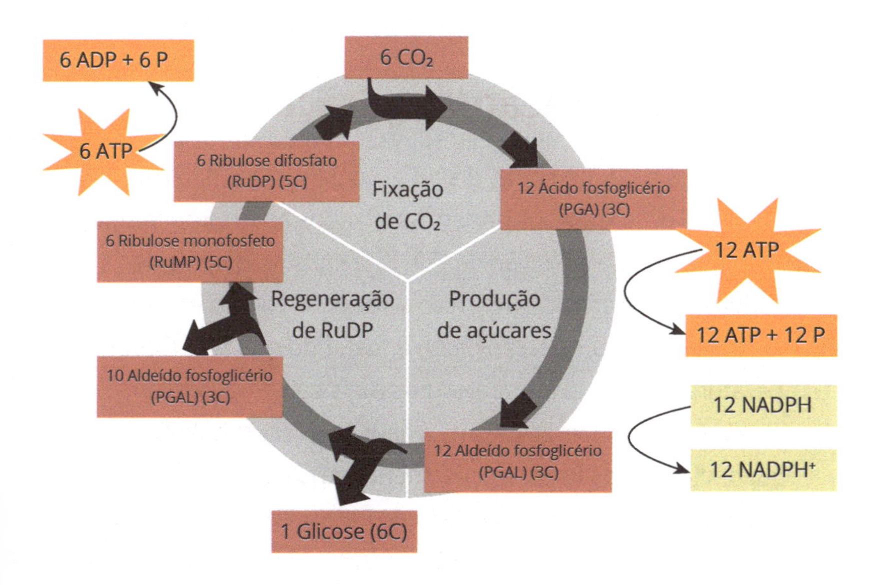

Fonte: Santos, 2019.

Na etapa de **fixação**, três moléculas de CO_2 entram no ciclo e ligam-se a três moléculas de RuBP, resultando em seis moléculas de fosfoglicerato (PGA). Como o PGA tem três carbonos, o ciclo de Calvin é classificado como via de três carbonos, via C3 ou metabolismo C3.

Na etapa de **redução**, o PGA incorpora hidrogênios provenientes da fase luminosa trazidos pelo NADP e forma seis moléculas de gliceraldeído-fosfato (PGAL). Nessa incorporação de hidrogênios, ocorre o consumo de energia, por isso a necessidade de seis moléculas de ATP.

Por fim, a etapa de **regeneração** utiliza cinco moléculas de PGAL para formar a pentose RuBP e, assim, permitir o reinício do ciclo. A regeneração da RuBP no ciclo resulta da perda de três moléculas de água e do consumo de três moléculas de ATP. A molécula restante do PGAL é considerada o ganho líquido do ciclo de Calvin e liga-se a outra molécula de PGAL resultante de outro ciclo de Calvin para formar uma molécula de glicose 6-fosfato.

3.5 Fotorrespiração/respiração

Como citamos anteriormente, o sítio ativo da rubisco não é específico para CO_2 e O_2, e ambos podem ser fixados ao mesmo tempo. Não é incomum que a fixação de CO_2 seja substituída pela de O_2, invertendo-se a relação CO_2/O_2. Isso se deve às condições atmosféricas (nas quais a proporção de O_2 é maior do que a de CO_2) e à temperatura ambiental (temperaturas mais baixas favorecem a fixação de CO_2 e temperaturas mais altas favorecem a de O_2).

Quando as folhas fotossinteticamente ativas passam a fixar O_2 e este entra no lugar do CO_2 no ciclo de Calvin, denominamos o processo de *fotorrespiração* ou *ciclo oxidativo C2 do carbono*. Nesse processo, quando o O_2 se liga à RuBP, observamos a primeira etapa da fotorrespiração, que converte esses reagentes em uma molécula de 3-fosfoglicerato e CO_2. Tal processo ocorre na presença de luz consumindo O_2 e liberando CO_2 sem produzir ATP e NADH. Logo, a fotorrespiração desperdiça energia e diminui a síntese de açúcar previamente formado pelo processo de fotossíntese.

Figura 3.14 – Fotorrespiração

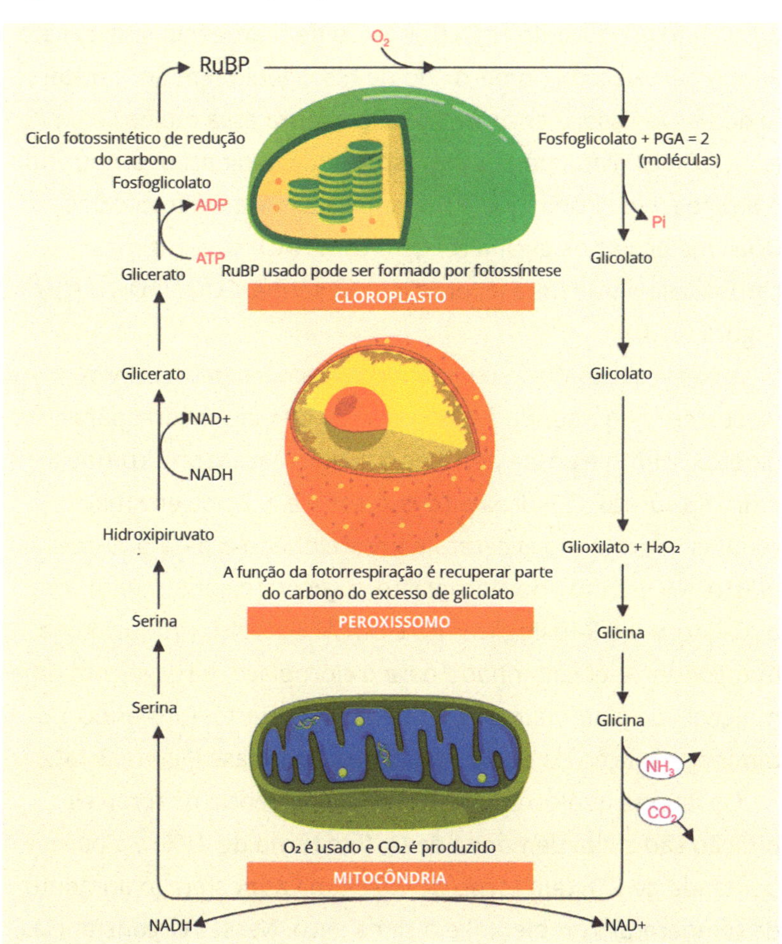

Via de recuperação do fosfoglicolato acontecendo no estroma do cloroplasto, no peroxissomo e na mitocôndria da célula vegetal. O O_2 é consumido e, como produto da reação, é liberado o CO_2.

Diferentemente do que acontece no ciclo de Calvin, a fotorrespiração não ocorre apenas no estroma do cloroplasto, mas também no peroxissomo e na mitocôndria da célula vegetal. Em um cenário de oxigenação no estroma do cloroplasto, a rubisco liga-se ao O_2 formando 2-fosfoglicolato, que sofre um processo de hidrólise e transforma-se em glicolato, que é encaminhado para o peroxissomo. A enzima glicolato oxidase oxida o glicolato produzindo H_2O_2 (peróxido de hidrogênio) e glioxilato. Para o peroxissomo, o peróxido de hidrogênio tem um caráter tóxico e, por isso, a enzima catalase quebra essa molécula em O_2 e H_2O. O glioxilato, por sua vez, sofre transaminação, produzindo o aminoácido glicina, que é transportado para a mitocôndria. Duas moléculas de glicina reagem com NAD^+ e as enzimas descarboxilase e transferase, produzindo serina, CO_2, NADH e NH_4^+ (Figura 3.14).

A partir daí, inicia-se o caminho de retorno para o cloroplasto, em que a serina é transportada da mitocôndria para o peroxissomo e passa por uma transaminação, produzindo hidroxipiruvato. O hidroxipiruvato sofre a ação da enzima redutase, formando glicerato e encaminhado-o para o cloroplasto. No estroma do cloroplasto, o glicerato, juntamente com o ATP, forma o 3-fosfoglicerato e um ADP. O NH_4 produzido na mitocôndria é encaminhado para o cloroplasto e reage com uma molécula de glutamato, presente no cloroplasto, formando glutamina pela ação da enzima glutamina sintetase (Figura 3.14).

Os fatores que contribuem para a ocorrência da fotorrespiração são a alta demanda de O_2 (em torno de 21%) e a baixa demanda de CO_2 (em torno de 0,04%) na atmosfera, o aumento da temperatura ambiental e o clima seco. Nessas circunstâncias, as constantes cinéticas da rubisco aumentam mais a taxa de oxigenação do que a de carboxilação. Os estômatos abrem com menor frequência, a entrada do CO_2 diminui e o O_2 produzido pela fotossíntese se acumula. O acúmulo de O_2 no interior da célula favorece a formação de radicais livres, que são prejudiciais para a planta.

Esse cenário favorece a fotorrespiração e diminuiu a eficiência da taxa fotossintética. Portanto, existe uma clara relação entre a fotossíntese e a respiração (ou fotorrespiração), uma vez que ambas são reações inversas. Em plantas com metabolismo C3, a fotorrespiração repercute um prejuízo de 30% a 40% de energia para que a fotorrespiração não ocorra.

No entanto, a fotorrespiração ainda é um processo que ocorre em pouca quantidade ou, para muitas plantas, não ocorre, visto que muitas delas desenvolveram estratégias de assimilação de CO_2. Para que a concentração de CO_2 seja sempre maior ao redor da rubisco, plantas como gramíneas, principalmente, armazenam esse gás no parênquima clorofiliano lacunoso (Capítulo 2). O armazenamento do CO_2 pode ser observado nas plantas com o objetivo de garantir a fixação do C e não do O pela rubisco. Na sequência, veremos o metabolismo C4 e o metabolismo CAM.

3.5.1 Metabolismo C4

Com o objetivo de evitar a fotorrespiração, o metabolismo C4 foi uma estratégia desenvolvida por muitas espécies de gramíneas, em especial da família Poaceae. Esse comportamento causou uma mudança anatômica nessas plantas, a ponto de um grupo de células do mesofilo se organizar ao redor do feixe vascular para garantir o fornecimento de CO_2 em maior quantidade do que O_2 para a rubisco. A essa anatomia denominamos *anatomia kranz*, nome derivado do alemão que significa "coroa" (Oxford Languages, 2022). Os tecidos vasculares dessas plantas apresentam um anel interno de células da bainha do feixe circundado por um anel externo de células do mesofilo (Figura 3.15).

Figura 3.15 – Comparação da organização anatômica de plantas com metabolismo C3 e C4

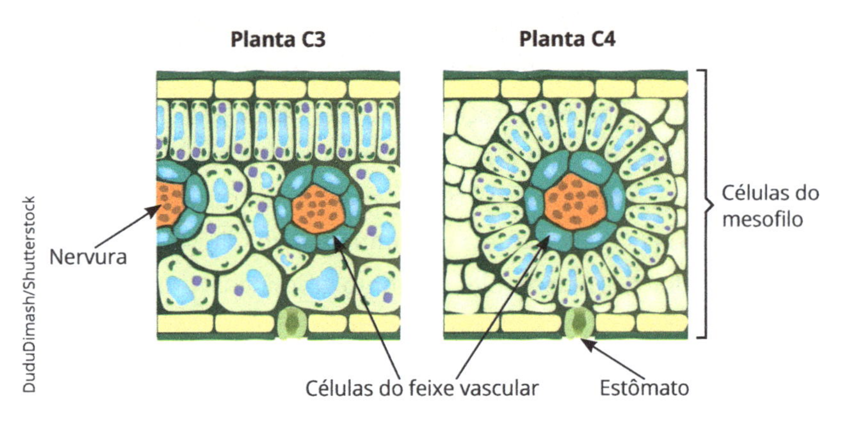

Nas células da bainha, há cloroplastos arranjados centrifugamente com grandes grãos de amido e tilacoides não empilhados. Já nas células do mesofilo, observam-se cloroplastos arranjados aleatoriamente com tilacoides empilhados e pouco ou nenhum amido. O resultado da ligação entre o CO_2 e o fosfoenolpiruvato (PEP) é o oxalacetato, produzido mediante a ação da enzima PEP carboxilase. O oxalacetato é transformado em malato em uma reação que ocorre nas células do mesofilo da folha. Em virtude da anatomia *kranz*, o ciclo C4 e o ciclo de Calvin são separados espacialmente. Desse modo, o malato é transferido das células do mesofilo para as células da bainha do feixe que circundam os tecidos vasculares. Nessa região, o malato é descarboxilado para a produção do CO_2 e do piruvato. O CO_2 é encaminhado para o ciclo de Calvin, no qual reage com a RuBP e forma o 3-fosfoglicerato. O piruvato, por sua vez, retorna à região das células do mesofilo e reage com o ATP para formar o fosfoenolpiruvato.

Plantas que realizam esse processo fotossintético contam com maior custo energético do que plantas que realizam o metabolismo C3, pois necessitam de cinco moléculas de ATP para fixar uma molécula de CO_2. Em contrapartida, plantas do tipo C3 necessitam apenas de três moléculas de ATP para essa mesma atividade (Figura 3.16).

Figura 3.16 – Anatomia *kranz* e ciclo C4

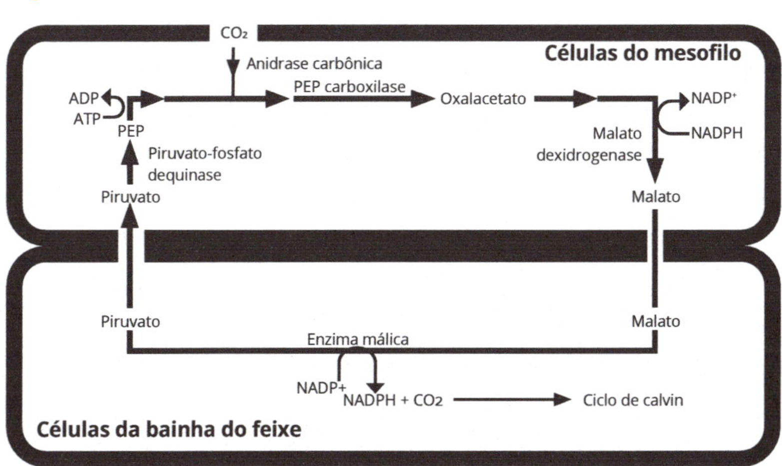

O malato é produzido nas células do mesofilo e transferido para as células da bainha do feixe para a formação do piruvato.

3.5.2 Metabolismo CAM

O metabolismo ácido das crassuláceas ou apenas metabolismo CAM caracteriza-se como uma estratégia de plantas para minimizar a fotorrespiração e armazenar água, etapas separadas temporalmente entre noite e dia (Figura 3.17). Plantas com esse metabolismo são de ambientes áridos e, por isso, apresentam certas características peculiares, como cutícula espessa, baixa razão de superfície/volume, vacúolos grandes, redução da frequência e tamanho da abertura dos estômatos. Plantas com metabolismo CAM perdem de 50 g a 100 g de H_2O por CO_2 fixado, enquanto uma C4 perde de 250 g a 300 g e uma C3, de 400 g a 500 g em virtude de seu sistema de abertura estomática.

A fixação do carbono em plantas CAM ocorre mediante a via C4 e o ciclo de Calvin (via C3), mas em períodos distintos. Durante o período de luz, ocorre a realização do ciclo de Calvin (via C3) com a produção do oxalacetato, que, em seguida, é convertido em malato (Figura 3.17). O malato é estocado nos vacúolos (grandes em todas as plantas CAM) em forma de ácido málico e, na presença da luz, é descarboxilado para que o CO_2 seja transferido para a RuBP. Durante a noite, ocorre a fixação inicial do CO_2, pois é nesse momento que as plantas CAM abrem seus estômatos para absorver o CO_2 atmosférico, que é combinado com o fosfoenolpiruvato e convertido em malato para a produção do piruvato (Figura 3.17).

Figura 3.17 – Comparação entre os metabolismos C3, C4 e CAM

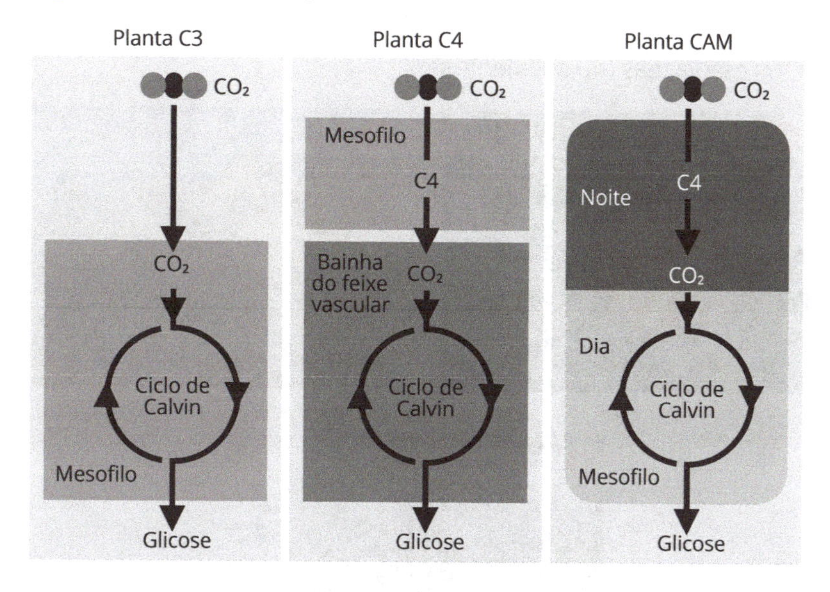

Fonte: BioNinja, 2022, tradução nossa.

O déficit hídrico é um fator abiótico que, frequentemente, causa estresse no metabolismo das plantas. Em epífitas como bromélias, a falta de água pode selecionar significativamente espécies quanto à sobrevivência e induzir a expressão de genes do metabolismo CAM (Gobara, 2015). Plantas com metabolismo CAM desenvolveram especializações em virtude da alta eficiência no uso de água, como no caso dos cactos e das suculentas (Figura 3.18). Algumas plantas aquáticas também desenvolvem o metabolismo CAM, pois melhoram a aquisição de carbono, já que, em ambiente aquático, as concentrações de CO_2 são muito baixas.

Figura 3.18 – Exemplos de plantas com metabolismo CAM: (A) bromélia *Guzmania lingulata*; (B) cactos *Cholla* sp; (C) crassuláceas (ou suculentas)

Thanakharn Pathomkasikul, Lebid Volodymyr, Elisa Salguero/Shutterstock

3.6 Fatores que afetam a fotossíntese

A energia química proveniente da fotossíntese mantém todos os níveis energéticos das cadeias tróficas nos diversos ecossistemas, tanto terrestres quanto aquáticos. Em razão da relevância da fotossíntese para os seres vivos, é imprescindível conhecer os fatores que afetam seu perfeito funcionamento e, consequentemente, colocam em risco a produção de energia. A indisponibilidade de água e nutrientes é fator importante para a manutenção e a sobrevivência de uma planta, mas seus efeitos são mais indiretos sobre o processo fotossintético; por sua vez, a luz, a concentração de CO_2 e a temperatura são os principais fatores ambientais que afetam a fotossíntese, conforme veremos na sequência.

3.6.1 Luz

Apenas 20% de toda a energia luminosa que chega até uma planta é utilizada em seu metabolismo. A fotossíntese líquida das plantas responde de maneira hiperbólica à densidade de fluxo fotônico. Algumas plantas C3 podem saturar com baixos níveis de radiação; plantas C4 são mais eficientes no uso de radiação e não saturam tão facilmente. Quando comparadas as taxas fotossintéticas de plantas C3 e C4 sob o mesmo nível de radiação, observa-se que a taxa de fotossíntese da C4 é maior do que a da C3 (Larcher, 2006).

Conforme sua exigência em relação à luz, as plantas podem ser classificadas como plantas de sol ou plantas de sombra. As **plantas de sol** são mais eficientes no uso da luz, ou seja, respondem melhor aos incrementos da radiação; em contrapartida, as **plantas de sombra** otimizam o processo fotossintético em baixa disponibilidade de radiação luminosa (Larcher, 2006). A fotossíntese é otimizada mediante o aumento da radiação luminosa até o ponto de compensação, no qual a velocidade do processo fotossintético passa a ser constante. Observe o Gráfico 3.3, a seguir.

Gráfico 3.3 – Relação entre a taxa fotossintética e a intensidade luminosa (*Photosynthetic Photon Flux Density* – PPFD)

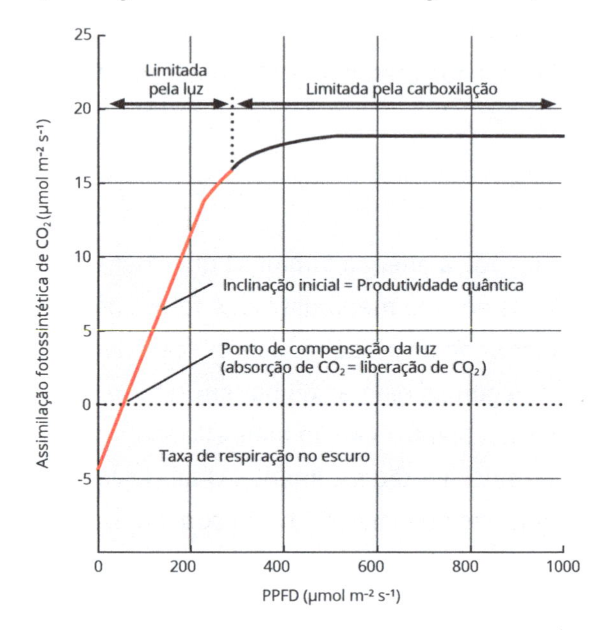

Fonte: Taiz et al., 2017, p. 256.

A intensidade luminosa em demasia pode causar a fotoinibição, ou seja, a proteção seguida da redução da fixação do carbono, resultando em uma queda na biomassa da planta. Quando a energia luminosa em excesso é dissipada em forma de calor, podendo ser absorvida quando estiver em menor intensidade, trata-se da chamada *fotoinibição dinâmica*; já quando a intensidade luminosa é intensa a ponto de danificar o centro de reação no cloroplasto e diminuir a taxa fotossintética, ocorre a denominada *fotoinibição crônica* (Araújo; Deminicis, 2009).

3.6.2 Concentração de CO_2

A concentração de CO_2 atmosférico tem aumentado ano a ano, sendo considerada 50% maior se comparada ao início da Revolução Industrial (Betts, 2021). Observe o Gráfico 3.4, a seguir, que compara dados, a partir de 1958, da concentração de CO_2 em amostras de gelo e da atmosfera de um observatório no Havaí.

Gráfico 3.4 – Aumento da concentração de CO_2 atmosférico nos últimos 270 anos

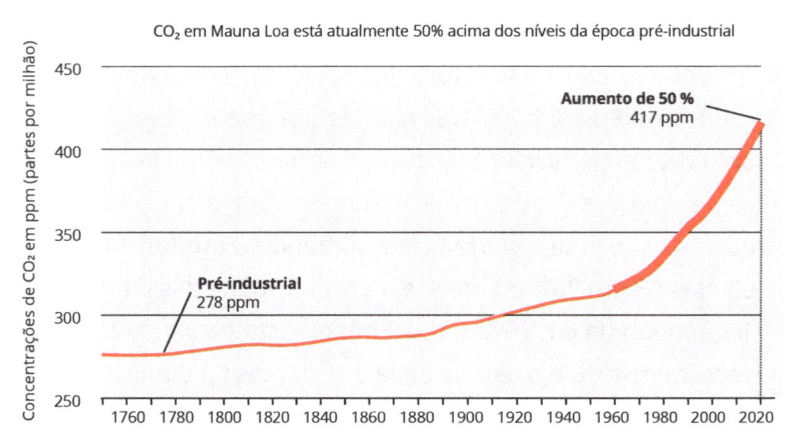

Neste caso, ppm significa a quantidade de partes de CO_2 presente em 1 milhão de partes do ar atmosférico.

Na era pré-industrial, a concentração estava em 278 ppm.

Atualmente, está em 417 ppm, indicando um aumento de 50% em comparação com o destaque anterior.

Fonte: Betts, 2021, tradução nossa.

O **carbono** é o substrato para o processo fotossintético e para a produtividade primária. O aumento da concentração de CO_2 na atmosfera estimula a fotossíntese por meio do incremento da biomassa nas plantas, da proporção de C:N e da concentração de metabólitos secundários, como terpenos e taninos (Silva; Ghini; Velini, 2012; Cornelissen, 2011). Além disso, o elevado nível de CO_2 atmosférico aumenta a eficiência no uso da água pelas plantas e o incremento em biomassa pelo aumento da taxa fotossintética (Bordignon et al., 2019).

Dessa forma, a fotossíntese atua na retroalimentação negativa sobre o aumento da concentração de CO_2, sendo as plantas capazes de sequestrar o excesso de dióxido de carbono e aumentar a taxa fotossintética (Evert; Eichhorn, 2014). Todavia, a fotossíntese é potencializada até o ponto de compensação de CO_2 e, a partir daí, satura quando a concentração de CO_2 aumenta (Figura 3.22). Nas plantas com metabolismo C3, o ponto de compensação é alcançado entre 30 e 70 μL-1 de CO_2 e, nas plantas C4, entre 0 e 10 μL-1de CO_2 (Larcher, 2006). Acredita-se que esse cenário possa aumentar a produtividade de plantas C3 em 30% ou mais, e a produtividade das C4 poderia ser incrementada em 10%. A condutância estomática poderia decrescer em 40%, e o uso da água em plantas C3 diminuiria em pelo menos 10%. A eficiência do uso da água em plantas C3 aumentaria mais pela elevação da taxa fotossintética do que pelo decréscimo da taxa transpiratória. Por fim, o efeito interativo das altas temperaturas com o CO_2 a altas concentrações levaria a um aumento da fotossíntese e do crescimento vegetativo, mas não necessariamente do reprodutivo (Larcher, 2006).

Gráfico 3.5 – Relação entre a concentração de CO_2 e a taxa de fotossíntese

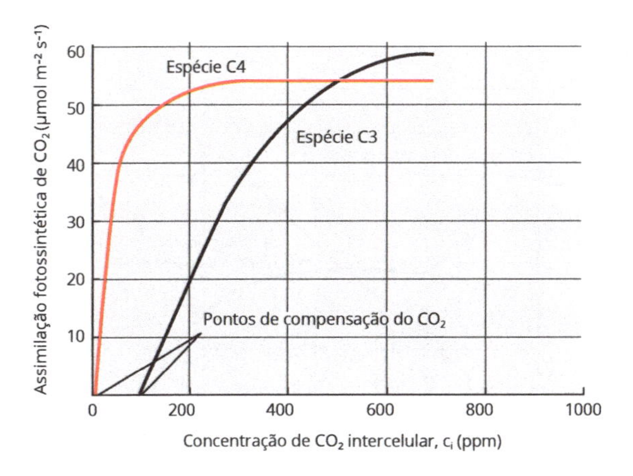

Fonte: Taiz et al., 2017, p. 256.

3.6.3 Temperatura

O aquecimento global tem evidenciado situações alarmantes quando o assunto é fotossíntese. Estudos têm mostrado que a resposta ao aumento de temperatura conciliada ao aumento da concentração atmosférica de CO_2 causa respostas diferenciadas entre as espécies vegetais (Bordignon et al., 2016).

Nesse sentido, a taxa fotossintética pode ser severamente afetada pelo fator temperatura, pois temperaturas elevadas (acima de 35-40 °C) podem desnaturar as enzimas responsáveis pela fotossíntese e alterar as reações químicas. Temperaturas baixas, por sua vez, fazem com que as energias cinéticas de moléculas reagentes, como CO_2 e H_2O, sejam insuficientes para conseguir um bom rendimento químico, o que reduz o processo fotossintético (Gráfico 3.6).

Gráfico 3.6 – Relação entre a temperatura e a taxa fotossintética em concentrações normais de CO_2 atmosférico para uma espécie C3 e uma espécie C4 em seus hábitats naturais

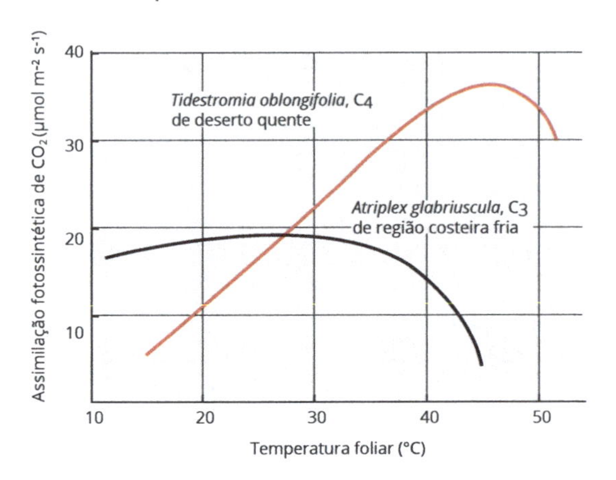

Fonte: Taiz et al., 2017, p. 256.

É importante ressaltar que condições extremas de temperatura podem não causar danos em espécies que se adaptaram a seu hábitat como resposta evolutiva, conseguindo manter sua atividade fotossintética e, inclusive, garantir descendentes. No entanto, 35-40 °C é a média das condições ótimas de temperatura para a maioria das espécies vegetais.

3.7 Hormônios vegetais

Os hormônios vegetais, também conhecidos como *fitormônios*, são compostos orgânicos sintetizados em uma região da planta e translocados para outra região específica com a finalidade de causar uma resposta fisiológica, seja promoção, seja inibição. Logo, o mecanismo geral de atuação de um hormônio vegetal gera uma resposta fisiológica ao ligar-se a um receptor celular específico. Esse receptor, junto com o hormônio, forma um complexo ativo que garante uma cascata de reações bioquímico/moleculares no interior da célula, possibilitando uma resposta fisiológica final (Kerbauy, 2008). Os principais hormônios vegetais são auxina, citocinina, giberelina, ácido abscísico e gás etileno, os quais abordaremos detalhadamente a seguir.

3.7.1 Auxina

As auxinas abarcam os hormônios responsáveis pelo crescimento e alongamento celular, sendo o principal deles o ácido indolilacético (AIA). Entre outros efeitos, essa classe de hormônios atua também no desenvolvimento de frutos e raízes da planta ao longo de todo o seu histórico de vida. O local de formação da auxina é nos ápices caulinares, em sementes e folhas jovens. Visto que a produção ocorre nos ápices caulinares, isso gera um efeito de dominância apical nos caules e inibe o crescimento de caules laterais, conhecidos como *ramos*. A alta concentração de auxina na região apical favorece a alta concentração de ácido abscísico nos ramos laterais, resultando na dominância apical.

Uma estratégia para favorecer o crescimento de ramos laterais em uma planta é podar as pontas dos caules (Kerbauy, 2008); a concentração de auxina nos ápices caulinares é interrompida, o que propicia o crescimento dos ramos. Essa técnica é desenvolvida em cultivares de bonsai (Figura 3.19) para impedir o alongamento das células e do desenvolvimento do ápice caulinar, além de favorecer o crescimento dos ramos laterais (Capítulo 1).

Figura 3.19 – Técnica milenar chinesa de cultivares de bonsai

Monika Wisniewska/Shutterstock

A poda dos ápices caulinares e radiculares impede a dominância apical e promove o crescimento das gemas laterais.

Como comentado anteriormente, a auxina está envolvida no alongamento celular. Um dos efeitos que esse alongamento pode causar na planta está relacionado com a disponibilidade da luz. Dada a necessidade de raios luminosos para o processo fotossintético da planta, a auxina a posiciona a favor da luminosidade pelo processo de alongamento celular (Figura 3.20). Essa movimentação da planta ocorre em virtude da movimentação de concentração de auxina em seu interior. Esse hormônio é afetado negativamente com a presença de luz, causando sua destruição. Por esse motivo, a auxina se direciona para o lado escuro da planta, e o aumento de sua concentração nessa região favorece o alongamento das células, promovendo o direcionamento do órgão em questão em direção à luz (Figura 3.20). Esse movimento é conhecido como *fototropismo positivo* e será tratado mais profundamente nos próximos tópicos.

Figura 3.20 – Atuação do hormônio auxina na presença de luz e sua contribuição para a movimentação da planta

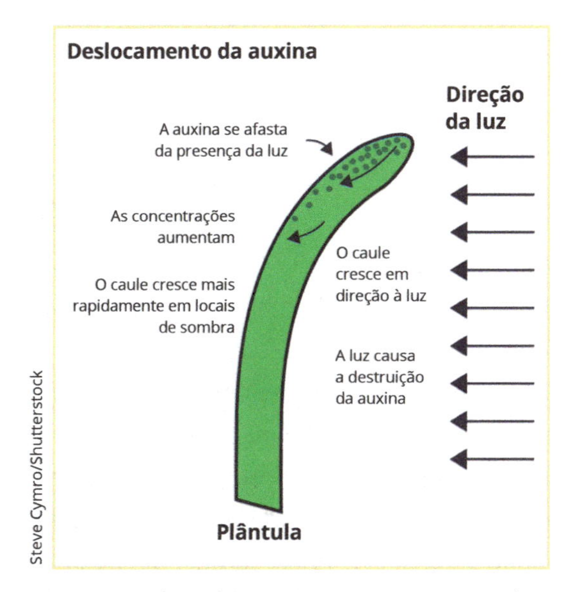

A imagem retrata como o hormônio auxina se comporta quando ocorre a presença de luz. Esse hormônio tem sua estrutura química danificada pela intensidade luminosa: ao se deslocar para outras regiões da planta, sua ausência permite o crescimento do órgão vegetal.

A atuação da auxina, promovendo o alongamento das células de caules e raízes, ocorre de forma antagônica. No caule, as altas concentrações favorecem o alongamento celular; em contrapartida, nas raízes, as baixas concentrações favorecem o alongamento das células e, consequente, o crescimento das raízes. A produção de raízes laterais é realizada por altas concentrações de auxina. A auxina AIA transportada no floema causa o início de uma divisão celular na região do câmbio vascular e a manutenção da viabilidade celular nas raízes laterais em desenvolvimento (Kerbauy, 2008).

3.7.2 Citocinina

Considerada o hormônio da juventude nas plantas, a citocinina é produzida nos ápices radiculares, nas sementes em germinação e nas folhas jovens. A expressão *hormônio da juventude* está atrelada ao fato de a citocina retardar o envelhecimento vegetal. Isso acontece porque a citocinina impede a degradação da clorofila e, consequentemente, a folha não envelhece e cai, processo este conhecido como *senescência*.

A citocinina atua estimulando o processo de divisão celular, a produção de proteínas e de RNA e, consequentemente, o crescimento da planta. Recebe esse nome por estimular a citocinese (divisão celular), e sua distribuição na planta ocorre principalmente pelo xilema, depois de ser produzido nos ápices radiculares. Esse hormônio, ao ser aplicado em ramos laterais, age na quebra da dominância apical, pois estimula o crescimento e a divisão das células desses ramos (Kerbauy, 2008).

3.7.3 Giberelina

A giberelina é um hormônio vegetal produzido nos meristemas apicais e nas sementes, mais especificamente nos plastídios das células. Seu efeito sobre a planta está associado ao desenvolvimento dos frutos, à dormência e à germinação de sementes, à floração e ao alongamento do caule, mas não é expresso nas raízes (Kerbauy, 2008).

O maior efeito desse hormônio (Figura 3.21) é o alongamento celular em folhas jovens, em gemas ativas e entre nós da parte aérea, resultando em um desenvolvimento de toda a planta quanto à distância entre os nós e os entrenós do caule (Zhang et al., 2016).

Figura 3.21 – Efeito do hormônio giberelina na planta

O alongamento celular resulta no distanciamento dos nós e entrenós em intervalos ótimos de concentração.

Fonte: Elaborado com base em Santos et al., 2010, p. 31.

A classificação das giberelinas é baseada na estrutura química e na função que exercem na planta. Todas as giberelinas apresentam um grupo carboxílico no carbono 7 e são diterpenos cíclicos com 19 ou 20 carbonos. A nomeação desse hormônio é feita pela sua ordem de descoberta: GA1, GA2, GA3 etc. Atualmente, cerca de 130 giberelinas são conhecidas e poucas delas são biologicamente ativas como o fitormônio (Hedden; Sponsel, 2015).

Giberelinas sintéticas são comumente utilizadas em plantações de uva com o objetivo de estimular o crescimento dessa fruta. A giberelina também atua no efeito da determinação do sexo de algumas espécies. Apesar de ser um processo geneticamente regulado, pode sofrer influência de fatores ambientais, como fotoperíodo, temperatura e estado nutricional, os quais também podem ser medidos pelas giberelinas (Kerbauy, 2008).

O desenvolvimento de inflorescências e botões florais é observado mediante a ação de giberelinas endógenas quando a planta está submetida a baixas temperaturas (Su et al., 2001).

Assim, a giberelina atua na suspensão do desenvolvimento do estame. Esse fitormônio também tem uma importante contribuição para a formação de frutos partenocárpicos (Capítulo 5), ou seja, frutos cujo óvulo não foi fecundado, portanto, frutos sem semente. A auxina é o principal hormônio que age nesse sentido; entretanto, em frutos como tangerina e uva, a auxina não tem tal efeito, sendo essa contribuição dada pela giberelina.

3.7.4 Ácido abscísico

Inicialmente, quando descoberto, o ácido abscísico foi relacionado à abscisão ou à queda das folhas, derivando desse efeito sua nomenclatura. Atualmente, sabe-se que esse hormônio atua de modo antagônico à auxina, à giberelina e à citocinina, causando a inibição do crescimento da planta.

É o hormônio responsável pela dormência de sementes e gemas apicais, ou seja, um período de cessar atividades relacionadas ao desenvolvimento desses órgãos. A planta passa por estagnação enquanto está em período de dormência, sem se desenvolver. O ácido abscísico atua no controle hídrico e influencia fortemente a abertura dos estômatos (células responsáveis pela entrada e saída de água, CO_2 e O_2 na planta), já que esse fitormônio provoca o fechamento estomático. Dessa forma, a produção de ácido abscísico ocorre principalmente em folhas, sementes e caules amadurecidos, e seu transporte dentro da planta ocorre tanto via floema quanto via xilema.

3.7.5 Gás etileno

Como o próprio nome sugere, o gás etileno é o único fitormônio que é um gás. Ele tem como função primordial o amadurecimento do fruto. Os tecidos vegetais, conforme amadurecem, liberam esse gás, que promove uma série de eventos no corpo da planta. O gás etileno causa a degradação da clorofila e a promoção de pigmentos coloridos, que, aos poucos, sobrepõem a clorofila. Logo, um fruto verde, ou imaturo, ao iniciar sua produção de gás etileno, vai perdendo a coloração verde e adquirindo sua coloração madura. Ao promover o amadurecimento do fruto, esse fitormônio também contribui para a hidrólise do amido (um polissacarídeo constituído de diversas moléculas de glicose). Isso resulta na alteração do sabor do fruto de adstringente (marrento) para doce. Por fim, o gás etileno atua na degradação da celulose da parede celular, contribuindo para o amolecimento do fruto.

Caso se queira causar o amadurecimento de determinado fruto, basta colocá-lo dentro de um saco plástico para que o gás etileno por ele liberado fique restrito e não se dissipe na atmosfera. Em contrapartida, caso exista a intenção de inibir o amadurecimento de um fruto, basta submetê-lo a baixas temperaturas e ao gás carbônico; esses dois fatores agirão contra a liberação do gás etileno, e não contra sua produção.

Além de atuar no processo de amadurecimento do fruto, esse fitormônio também age no envelhecimento das estruturas vegetais ao promover a senescência. Um dos indícios de que a senescência está atuando na planta é a queda das folhas, por exemplo. O local de produção do gás etileno é principalmente no fruto, mas pode ser encontrado também nas folhas. Visto que é um gás, seu transporte dentro da planta ocorre via difusão entre os espaços das células, e não via floema ou via xilema.

A seguir, no Quadro 3.1, comparamos os hormônios vegetais e suas funções nas plantas.

Quadro 3.1 – Hormônios vegetais e suas funções

Fitormônios	Função geral
Auxina	Alongamento celular de caules e raízes
Citocinina	Divisões celulares (citocinese) dos órgãos da planta
Giberelina	Alongamento celular e germinação de sementes
Ácido abscísico	Inibição da germinação de sementes
Gás etileno	Promoção do amadurecimento dos frutos

Fonte: Elaborado com base em Kerbauy, 2008.

3.8 Movimentos vegetais

A movimentação vegetal está atrelada ao abrir e fechar dos estômatos e ao crescimento com estímulos específicos de luz, água, solo, substâncias químicas e toque. Com relação aos movimentos vegetais, é possível observar três classes diferentes de estímulos:

1. **Tropismo**: movimento direcional a certo estímulo ou contrário a ele.
   - Fototropismo: movimento relacionado à presença ou à ausência de luz.
   - Gravitropismo: movimento relacionado à presença da gravidade.
   - Quimiotropismo: movimento relacionado à presença de alguma substância química.
   - Tigmotropismo: movimento relacionado ao toque.

   Desses tropismos, os mais observados nos vegetais são o fototropismo e o gravitropismo. Os caules apresentam fototropismo positivo, visto que crescem em direção à luz, mas também apresentam gravitropismo negativo, pois, ao crescerem, realizam um movimento contrário ao da força da gravidade. As raízes têm comportamento contrário ao dos caules, ou seja, fototropismo negativo e gravitropismo positivo. O fototropismo positivo dos caules está atrelado à produção de auxina, que é um hormônio fotofóbico, isto é, que evita a presença de luz. Na tentativa de evitar o ápice do caule em razão da presença intensa de luz, a auxina se concentra em células mais abaixo do ápice, causando seu alongamento. Caso a ocorrência da luz seja lateral ao caule, a auxina se comportará da mesma forma, ou seja, fugindo da luz e causando o alongamento das células nas quais ela se acumular (Figura 3.22).

Figura 3.22 – Comportamento da auxina com a presença de luz lateral ao caule

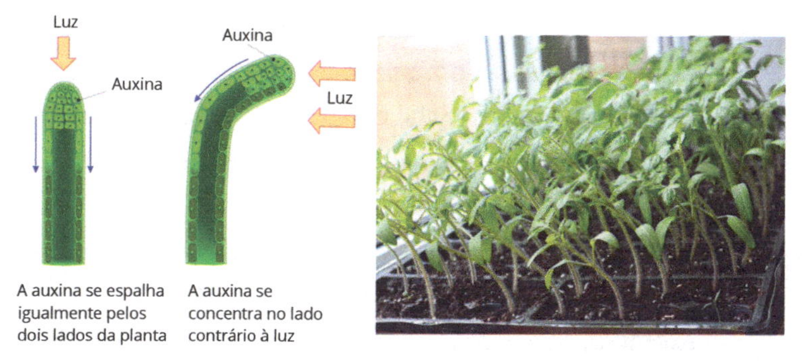

A presença de luz no ápice caulinar faz com que a auxina se concentre nas camadas mais abaixo das células. Sua presença causa o alongamento das células, o que proporciona o crescimento dessa porção da planta.

2. **Nastismo**: movimento dependente de estímulo; não é orientado (Figura 3.23).
   - Fotonastismo: movimentos da planta, em geral, relacionados aos ciclos circadianos, ou seja, que duram cerca de um dia. Muitas flores grandes e brancas, polinizadas por morcegos, apresentam um ciclo circadiano em que desabrocham no final da tarde e fecham nas primeiras horas da manhã.
   - Tigmonastismo/sismonastismo: movimento relacionado ao toque. Um exemplo é a planta *Dionaea* sp., que, ao perceber o toque em suas folhas modificadas, prontamente realiza o movimento de fechamento delas com a intenção de capturar o provável causador do toque. Outro exemplo comum é a planta dormideira, também conhecida como *sensitiva*. Na base de suas folhas existem estruturas denominadas *pulvinos*, que são sensíveis ao toque. Essas estruturas criam um processo de polarização nas células e bombeiam o potássio para fora delas. A diferença de potencial faz com que a água de dentro da célula saia, causando seu murchamento e, consequentemente, o fechamento das folhas.
   - Quimionastismo: movimentos vegetais orientados na presença de substâncias químicas liberadas por insetos, por exemplo.

Figura 3.23 – Plantas que apresentam natismo

GDCpics/Shutterstock

Hylocereus undatus – apresenta fotonastismo, pois abre sua corola no período noturno em resposta ao hábito dos polinizadores.

AjayTvm/Shutterstock

Mimosa pudica – fecha suas folhas diante do estímulo por toque.

EsHanPhot/Shutterstock

Dionaea sp. – planta carnívora que, após o estímulo por toque e a liberação de substâncias químicas pela mosca, realiza o movimento de fechamento instantâneo de suas folhas.

3. **Tactismo**: deslocamento total do organismo ou de alguma célula em resposta a um estímulo. Esse movimento ocorre em briófitas, samambaias e licófitas, mais especificamente nos anterozoides que nadam em direção à oosfera.

O movimento de uma planta e o processo fotossintético são atividades presentes em todo organismo vegetal fotossintetizante. No próximo capítulo, abordaremos os diferentes organismos vegetais, como algas, briófitas, samambaias e licófitas, apresentaremos sua classificação taxonômica e seus ciclos de vida. No Capítulo 5, essa abordagem será ampliada com as gimnospermas e as angiospermas.

Síntese

Neste capítulo, tratamos da importância da água para o crescimento, o amadurecimento, a reprodução e a sobrevivência das plantas. A presença da água é imprescindível no metabolismo da planta, em especial no processo fotossintético. Tais informações complementam o que trabalhamos no Capítulo 1 sobre tecidos vegetais e fluxo de seiva no interior da planta. Também verificamos que uma planta pode ser estimulada ou inibida mediante a ação de hormônios vegetais, conhecidos como *fitormônios*.

A seguir, destacamos informações essenciais deste capítulo, das quais você precisa se lembrar.

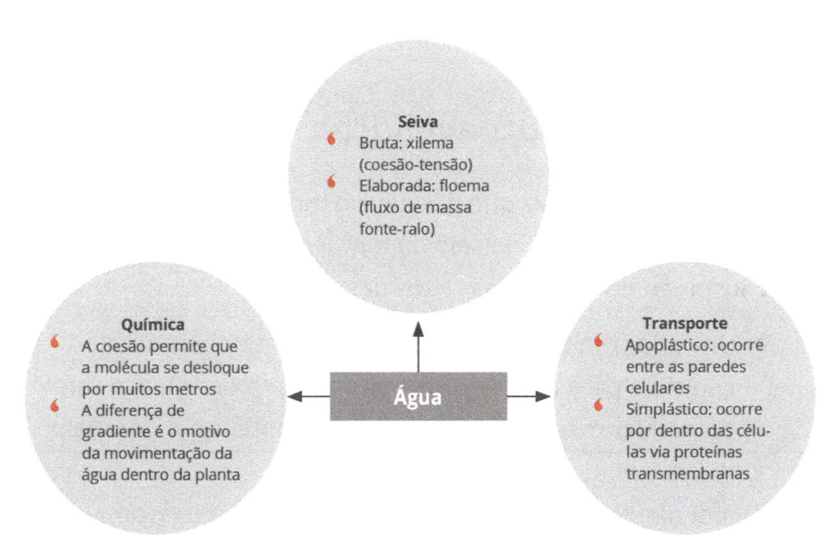

FOTOSSÍNTESE
Conversão de energia luminosa em energia química
Necessita de água e gás carbônico para formar glicose e gás oxigênio

Fase luminosa
Energia luminosa captada pela clorofila e convertida em energia química

Fixação do C
A energia química produzida na primeira etapa é utilizada para produzir açúcares simples

Rubisco
Fixa sem especificidade O_2 e CO_2

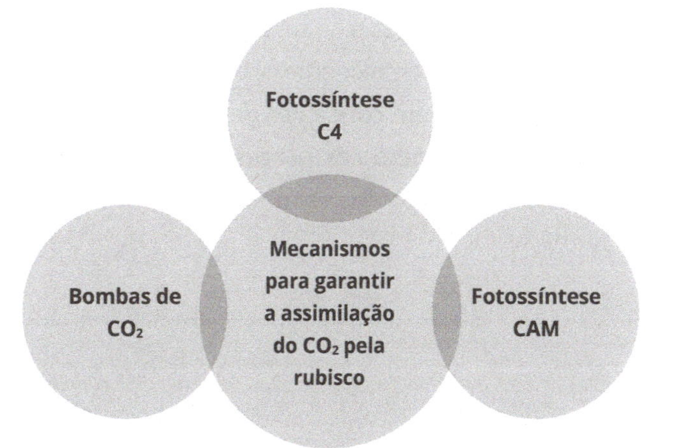

Atividades de autoavaliação

1. Assinale a alternativa que descreve o motivo pelo qual a falta de gás oxigênio no solo ou temperaturas baixas afetam a absorção de água pelas raízes das plantas:

   A Um solo com falta de oxigênio e baixas temperaturas contribui para o aumento do processo fotossintético sem demandar oxigênio e, consequentemente, água por meio das raízes.

   B A diminuição na absorção de água pelas raízes ocorre por causa dos constantes eventos de cavitação nas células das traqueídes.

   C Baixa temperatura e oxigênio causam o decréscimo na absorção de água pelas raízes, pois o provimento de oxigênio para a planta depende dos espaços com ar presentes no solo ou na água. Por um processo de difusão, as moléculas de gás oxigênio são transportadas pelo solo e, em seguida, pela planta.

   D O transporte das moléculas de oxigênio dentro da planta ocorre por difusão ativa. Em casos de baixa temperatura e oxigênio, todo o metabolismo da planta sofre um decréscimo e, por isso, a absorção de água também cai.

   E Um solo com falta de oxigênio e, consequentemente, de água e nutrientes em condições de baixas temperaturas contribui para o retardo do processo fotossintético em razão do fechamento dos estômatos.

2. Sobre a fonte da pressão negativa da água nas folhas, marque V para as afirmativas verdadeiras e F para as falsas.

( ) A pressão negativa que causa a ascensão da água através do xilema desenvolve-se na superfície das paredes celulares da folha.

( ) A parede celular age como uma rede ou mecha de capilares muito finos, repleta de oxigênio, que se adere à superfície das microfibrilas de celulose e a outros componentes da parede celular.

( ) À medida que a água é perdida para a atmosfera, a superfície da água que permanece é sugada para dentro dos interstícios da parede celular, onde forma uma interface ar-água encurvada.

( ) A curvatura das interfaces ar-água induz uma tensão ou pressão negativa na água. As paredes lignificadas das traqueídes e os elementos de vaso são uma resposta para essas células não colapsarem em razão dessa alta tensão.

Agora, assinale a alternativa que corresponde à sequência correta:

A V, V, V, F.
B V, F, F, V.
C V, F, V, V.
D F, V, V, V.
E F, F, V, V.

3. Durante a noite, a planta consome oxigênio. Sobre isso, analise as afirmativas a seguir.

I) A presença de uma planta dentro do quarto pode acarretar disputa pelo gás oxigênio entre planta e ser humano.

II) A planta não cessa seu processo de fotossíntese durante a noite e inicia, ao mesmo tempo, o processo de respiração, fixando CO_2 e liberando O_2.

III) A planta cessa seu processo de fotossíntese durante a noite e inicia o processo de respiração, fixando O_2 e liberando CO_2.

IV) Ter uma planta dentro do quarto não causa mal algum, pois o consumo de O_2 pela planta é pequeno e não compete com a quantia de O_2 necessária para um ser humano.

Agora, marque a alternativa correta:

A Apenas a afirmativa I é verdadeira.

B Apenas a afirmativa II é verdadeira.

C As afirmativas I e III são verdadeiras.

D As afirmativas II e IV são verdadeiras.

E As afirmativas III e IV são verdadeiras.

4. Sobre o processo de fotossíntese e respiração, assinale V para as afirmativas verdadeiras e F para as falsas.

( ) Luz, gás carbônico e temperatura são fatores de igual importância e ação durante o processo fotossintético.

( ) Temperaturas mais baixas favorecem a fixação de CO_2, e temperaturas mais altas favorecem a fixação de O_2. Esse cenário contribui para o processo de fotorrespiração.

( ) A fotossíntese é marcada por duas fases: (1) luminosa, que ocorre nos tilacoides dos cloroplastos; e (2) escura, que ocorre no estroma dos cloroplastos.

( ) O processo de fotossíntese é o inverso do processo de respiração.

Agora, assinale a alternativa que corresponde à sequência correta:

A V, V, V, V.
B V, V, V, F.
C V, F, F, V.
D V, V, F, V.
E F, V, V, V.

5. O fitormônio giberelina atua nos processos de crescimento do caule e na determinação do sexo da planta. Sobre esse assunto, assinale a alternativa correta:

A Fatores ambientais não influenciam na produção do fitormônio giberelina e, portanto, esse hormônio não tem ação na determinação do sexo da planta.
B O processo de determinação do sexo pela atuação da giberelina ocorre por meio da ação de fatores ambientais e das concentrações de giberelinas.
C Em caules, a aplicação exógena desse fitormônio causa o alargamento do caule e, em raízes, seu estreitamento.
D A giberelina tem ação em folha, caule e raiz mediante aplicação exógena.
E O fitormônio giberelina tem ação direta nas divisões celulares (citocinese) dos órgãos da planta, motivo pelo qual contribui para o crescimento do caule e a determinação do sexo da planta.

Atividades de aprendizagem

Questões para reflexão

1. A presença do gás oxigênio na atmosfera terrestre e em seus oceanos só foi obtida há 2,4 bilhões de anos. Desde então, a porcentagem desse gás foi aumentando até ocupar 21% da atmosfera (Mediavilla, 2019).

   Com relação à concentração de gás oxigênio na atmosfera terrestre, consulte o seguinte artigo:

MEDIAVILLA, D. Como a atmosfera da Terra se encheu de oxigênio. **El País**, 14 dez. 2019. Disponível em: <https://brasil.elpais.com/ciencia/2019-12-14/como-a-atmosfera-da-terra-se-encheu-de-oxigenio.html>. Acesso em: 13 jul. 2022.

   Por qual motivo essa concentração não ultrapassa 21%? Caso isso ocorresse, o que acarretaria para a biodiversidade terrestre?

2. Os hormônios vegetais são importantes compostos orgânicos que têm a finalidade de promover uma resposta fisiológica na planta, sendo transportados de um ponto a outro. Avalie a importância dos reguladores de crescimento vegetal na realização de uma função análoga à de um hormônio vegetal.

Atividade aplicada: prática

1. Com o auxílio de uma caixa de papelão e de uma fonte de luz, comprove a ação do hormônio vegetal auxina. Para isso, coloque uma planta dentro da caixa e feche-a por completo. Em seguida, faça uma pequena abertura na lateral da caixa e posicione a fonte de luz nela. Após 7 dias, abra a caixa e observe a planta. Houve alguma modificação no posicionamento das folhas? O que você pode dizer acerca do comportamento da planta em face desse experimento? Quais hormônios vegetais podem estar envolvidos no comportamento da planta?

CAPÍTULO 4

ALGAS, BRIÓFITAS, SAMAMBAIAS E LICÓFITAS

Neste capítulo, abordaremos a classificação das algas em um reino diferente do das briófitas e das samambaias e licófitas. Por muitos anos, o grupo das algas foi inserido no Reino Plantae, porém estudos moleculares e filogenéticos atuais têm revelado que esse grupo de seres pertence ao Reino Protoctista. Apresentaremos informações acerca dos grupos de algas, suas principais características e representantes mais marcantes. Características gerais, fisiologia, anatomia, morfologia e reprodução das briófitas e das samambaias e licófitas serão igualmente exploradas.

4.1 Características gerais

Os estudos filogenéticos contemporâneos que envolvem plantas têm procurado determinar uma classificação monofilética para as espécies, ou seja, apresentar um ancestral em comum. Dessa forma, além da característica de monofilia, definiu-se que o Reino Plantae deve incluir organismos eucariontes: que realizem fotossíntese usando os pigmentos *a* e *b* de clorofila presentes nos cloroplastos das células vegetais (as células vegetais armazenam seus produtos fotossintéticos em forma de amido); que tenham parede celular revestida com celulose; que sejam autotrófitos fotossintetizantes; cujo embrião dependa do organismo materno para nutrição; e cuja fecundação seja interna ao órgão feminino.

As **algas** contam com algumas dessas características, mas não apresentam vasos condutores de seiva, o embrião não depende do organismo materno para a nutrição, e o corpo é subdividido em talos. Logo, as algas não são classificadas no Reino Plantae, mas no Reino Protoctista.

Esse reino é caracterizado por abrigar seres com uma variedade impressionante de tipos estruturais e com uma origem filogenética ainda não esclarecida. Os protoctistas incluem organismos eucariontes que não apresentam as características que os distinguem dos organismos pertencentes aos reinos Archea/Bacteria, Fungi, Plantae ou Animalia. O Reino Protoctista comporta algas, protozoários e mixomicetos (associação de plantas com fungos com um hábito alimentar que inclui bactérias e microrganismos). Especificamente, o grupo das algas é constituído pelos seguintes filos: Euglenophyta (euglenas), Dinophyta (dinoflagelados), Baccilariophyta (diatomáceas), Chrysophyta (algas douradas), Phaeophyta (algas pardas), Rhodophyta (algas vermelhas) e Chlorophyta (algas verdes).

As **briófitas** representam as plantas avasculares e pertencentes ao Reino Plantae, que não têm vasos condutores de seiva – xilema e floema. Entretanto, as briófitas utilizam a osmose (passagem de água célula a célula) para a distribuição de água e nutrientes em seu interior, o que inviabiliza a lignificação de suas células. Assim como nas plantas vasculares, as células das briófitas apresentam plastídios em forma de discos (alguns antóceros têm apenas um) e estão interligadas por plasmodesmos. Como o processo de osmose é lento, o crescimento das briófitas é limitado, pois, em média, essas plantas medem 2 cm de altura (Figura 4.1).

O ciclo de vida das briófitas é caracterizado por duas fases: (1) esporófito (produção de esporos) e (2) gametófito (produção de gametas). O gametófito é maior e tem vida livre, ao passo que o esporófito é menor e permanece fixo ao gametófito por questões nutricionais. Assim, o esporófito tem curta duração no ciclo de vida, surgindo apenas durante o momento de reprodução; já o gametófito é duradouro. Contudo, mesmo com a curta duração, é possível observar a presença de cutícula e estômatos na superfície do esporófito de algumas briófitas, com o objetivo de garantir regulação gasosa e hídrica (Evert; Eichhorn, 2014). Essas plantas não apresentam tecidos verdadeiros, portanto não têm raiz, caule e folhas, mas estruturas simples com funções análogas às desses tecidos, denominadas *rizoide*, *cauloide* e *filoide*, respectivamente.

As **samambaias e licófitas** fazem parte do primeiro grupo de plantas na escala evolutiva a apresentar vasos condutores de seiva, sendo, pois, classificadas como plantas vasculares ou traqueófitas. A presença de xilema e floema foi garantida pela capacidade de síntese da lignina. Esse composto é visto depositado na parede dos elementos traqueais do xilema e das células do esclerênquima. A presença da lignina na parede das células assegurou que os esporófitos de samambaias e licófitas se tornassem a geração duradoura dentro do ciclo de vida dessas plantas. Por esse motivo, esse grupo adquiriu estaturas mais elevadas em relação às briófitas (Figura 4.1) e com maior capacidade de explorar ambientes diversos (Evert; Eichhorn, 2014).

Figura 4.1 – Briófitas e representante do grupo das samambaias e licófitas

Anest, LiteHeavy/Shutterstock

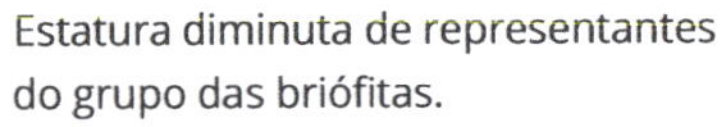

Estatura diminuta de representantes do grupo das briófitas.

Representante do grupo das samambaias e licófitas, de estatura mediana a grande, em razão da presença de vasos condutores de seiva.

No entanto, assim como as briófitas, as samambaias e licófitas não têm sementes, e sim esporos. Os gametas são totalmente dependentes da água, pois o masculino precisa dela para "nadar" até o encontro do gameta feminino. São plantas que apreciam ambientes úmidos e claros, e muitos de seus representantes têm o hábito de se apoiar em outras plantas ou em substratos, denotando um comportamento epífito. Samambaias e licófitas são o primeiro grupo a apresentar caule, raiz e folha verdadeiros, motivo pelo qual são classificadas como cormófitas. Na face abaxial das folhas, é possível encontrar estruturas arredondadas denominadas *soros*, as quais contêm os esporângios, que, por meiose, produzem os esporos (n).

Algas, briófitas, samambaias, licófitas e, como veremos no Capítulo 5, gimnospermas e angiospermas são plantas cujo ciclo de vida é do tipo haplodiplobionte. Isso significa que, no mesmo ciclo de vida, a planta apresenta uma fase haploide (n), com a produção de gametas – gametófito –, e uma fase diploide (2n), com a produção de esporos – esporófito.

4.2 Classificação das algas

As algas são seres eucariontes fotossintetizantes e consideradas responsáveis pela maior produção de gás oxigênio no planeta. Existe uma grande variedade de algas, de seres unicelulares (uma única célula, como a alga *Chlorella* sp.) a multicelulares (algas marinhas com cerca de 60 metros de comprimento). Como mencionado anteriormente, os embriões das algas não dependem do organismo materno para sua nutrição, e elas são seres avasculares, ou seja, não apresentam tecido condutor de seiva (xilema e floema) nem tecidos verdadeiros, mas estruturas denominadas *talos*; tais características garantem que as algas não sejam inclusas no Reino Plantae.

A ocorrência das algas pode se dar em ambiente de água doce (dulcícola), marinho ou associada a outros organismos, como fungos, caso em que a associação origina liquens. As algas são classificadas de acordo com seu local de ocorrência ou seu pigmento. Se presentes no fundo do corpo hídrico e aderidas a algum substrato, são denominadas *bentônicas*; caso estejam na superfície ou na coluna de água, são chamadas *planctônicas*. Todas as algas apresentam clorofila como pigmento principal, mas algumas podem contar com pigmentos de cores diferentes que se sobreponham ao verde, fazendo com que sejam reconhecidas pela cor do pigmento predominante. Por exemplo, o pigmento xantofila faz com que as algas apresentem uma coloração vermelha, como a alga Rhodophyta.

4.2.1 Filo Charophyta

O Filo Charophyta é subdividido em duas classes: (1) Coleochaetales e (2) Zygnematales. Apesar de ainda não ser totalmente possível determinar relações definitivas, um estudo de análise filogenética utilizando 160 genes suportou que a Classe Zygnematales é a mais próxima das plantas terrestres (Timme; Bachvaroff; Delwiche, 2012). Confira a Figura 4.2, a seguir.

Figura 4.2 – Relação filogenética de Viridiplantae baseada em 160 genes

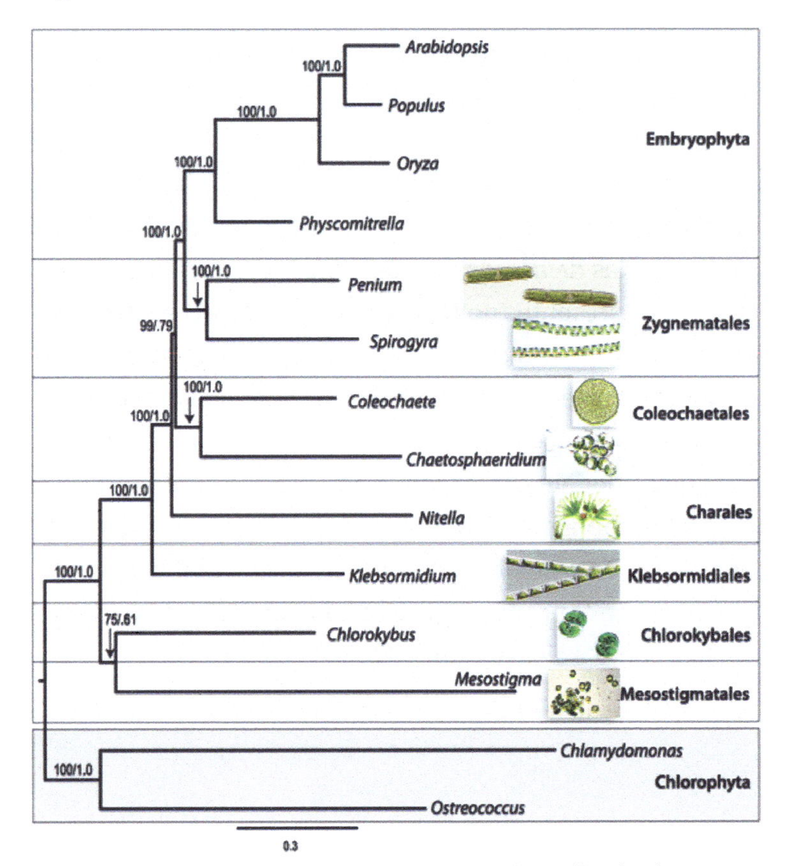

Fonte: Timme; Bachvaroff; Delwiche, 2012, p. 5.

4.2.2 Filo Chlorophyta

O Filo Chlorophyta (do grego *chloro*, que significa "verde", e *phyto*, que significa "planta") compreende as algas conhecidas como *algas verdes*. Esse grupo é considerado ancestral das plantas terrestres e apresenta grande desenvolvimento e plasticidade metabólica, ou seja, seus organismos são resilientes e sobrevivem com facilidade a ambientes com distúrbios ecológicos. Dados moleculares indicam que algas verdes e plantas terrestres formam um grupo monofilético denominado Viridiplantae (cladograma apresentado na seção "Introdução" – Figura A). O Filo Chlorophyta é constituído por três classes: (1) Chlorophyceae (com formas coloniais complexas, como *Volvox*), (2) Trebouxiophyceae (formas pequenas, arredondadas e sem locomoção) e (3) Ulvophyceae (formas com multinúcleos, como *Acetabularia*) (Figura 4.3).

É o maior filo de algas, representando cerca de 90% das espécies, com grande diversidade morfológica. Pertencem predominantemente ao ambiente de água doce, mas contam com importantes representantes em ambiente marinho.

Figura 4.3 – (A) *Volvox* sp. com uma complexa estrutura colonial, representante do Clado Chlorophyceae; (B) *Acetabularia* sp., representante do Clado Ulvophyceae

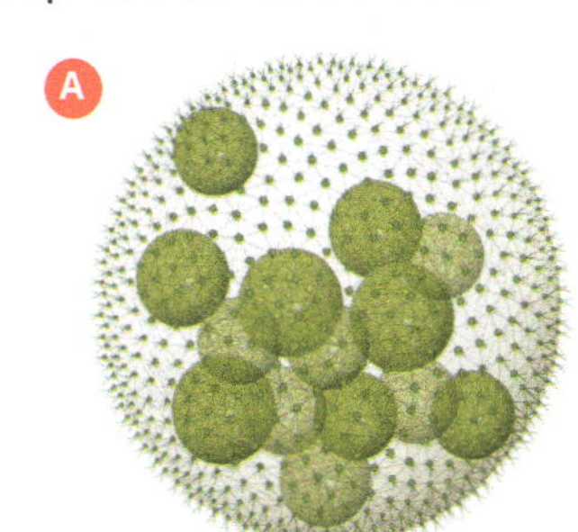

Shutterstock

As algas associam-se em forma de colônias, que podem ser:

- **Colônias móveis**: as células são iguais, não há uma diferente ou especializada. As células se aderem a uma matriz gelatinosa, e seus flagelos garantem o movimento da colônia (Figura 4.4).
- **Colônias imóveis**: as células perderam seus flagelos ou nunca os desenvolveram e, por isso, são conhecidas como *aflageladas*. São mais simples do que as flageladas, e os botânicos acreditam que são também mais primitivas (Figura 4.4).

Figura 4.4 – (A) Algas de colônias móveis; (B) algas de colônias imóveis

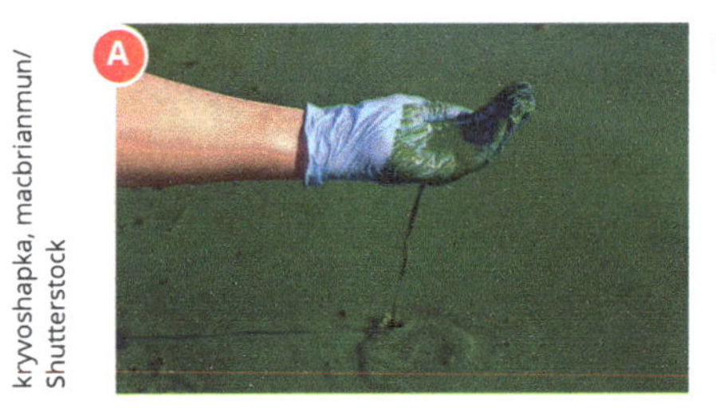

kryvoshapka, macbrianmun/
Shutterstock

Além de colônias, existem também diferentes estruturas de corpo das algas, a saber:

- **Corpo filamentoso**: caso a divisão celular ocorra de forma transversal, todas as células são mantidas unidas por uma lamela média e acontece um crescimento retilíneo; caso essa divisão ocorra longitudinalmente, o filamento de célula sofre um processo de ramificação.
- **Corpo membranoso**: é típico do caso em que a divisão celular ocorre em dois planos, formando uma folha delgada e longa de células.

- **Corpo parenquimático**: é típico do caso em que a divisão celular ocorre em três planos, formando células interconectadas por plasmodesmos.
- **Corpo cenocítico**: é o corpo com múltiplos núcleos; nesse caso, não existe uma separação dos núcleos por paredes ou membranas.

Figura 4.5 – Estrutura do corpo das algas: (A) corpo filamentoso; (B) corpo membranoso; (C) corpo parenquimático

4.2.3 Filo Euglenophyta

O Filo Euglenophyta compreende as algas conhecidas como *euglenas*, que são unicelulares e de água doce. Uma característica importante das euglenas é a presença de uma organela citoplasmática do tipo vacúolo com alta capacidade de contração. Ao contrair, esse vacúolo gera uma pressão interna à alga que favorece a saída de água de seu interior. Portanto, a euglena apresenta uma diferença de pressão em relação ao ambiente externo, o que resulta em seu deslocamento. Além do Vacúolo contráctil, a euglena também tem dois flagelos (um mais longo e outro mais curto) que atuam na locomoção dessa alga. Esse grande aparato em locomoção foi ocasionado pela ausência de parede celular, o que garante maior mobilidade e rapidez da euglena.

O estigma é a estrutura responsável por realizar o reconhecimento de condições de luminosidade do ambiente externo. Em condições de ausência de luz, o Estigma aciona o metabolismo heterotrófico da euglena, que passa a adquirir nutrientes do ambiente ao seu redor. Em condições de luz, o estigma aciona o metabolismo autotrófico da euglena, que passa a desenvolver o processo fotossintético. Essa dupla capacidade de obtenção de nutrientes permite que as euglenas sejam denominadas *seres mixotróficos*, que realizam tanto fotossíntese quanto heterotrofia (Figura 4.6).

Figura 4.6 – Representação de uma euglena e sua estrutura celular

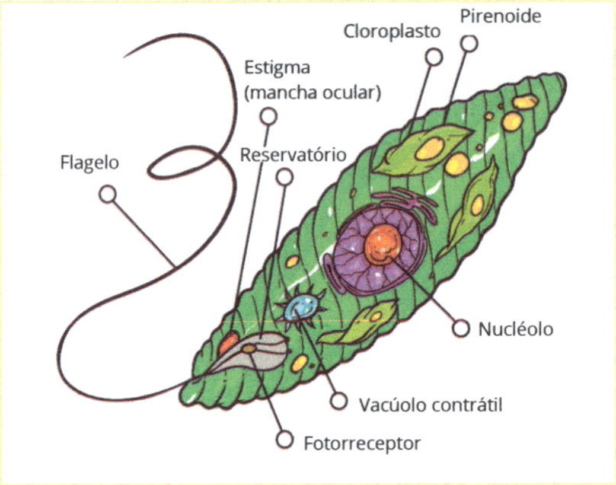

Drp8/Shutterstock

4.2.4 Filo Dinophyta

O Filo Dinophyta compreende organismos unicelulares denominados *dinoflagelados*, nome dado em razão dos dois flagelos que partem dos sulcos celulares (Figura 4.7). O movimento desses flagelos garante uma locomoção rodopiante, visto que um dos flagelos se movimenta de forma longitudinal à célula, e o outro, de modo circulatório (Figura 4.7). Esse grupo constitui a maior parte do plâncton dos corpos hídricos, e sua principal fonte de nutriente é a fotossíntese; contudo, assim como as euglenas, apresenta um comportamento mixotrófico em condições de ausência de luz.

Figura 4.7 – (A) Dinoflagelado *Gymnodinium* sp. com efeito bioluminescente; (B) e (C) exemplos de formas de dinoflagelados; (D) efeito de bioluminescência no mar com o movimento da maré

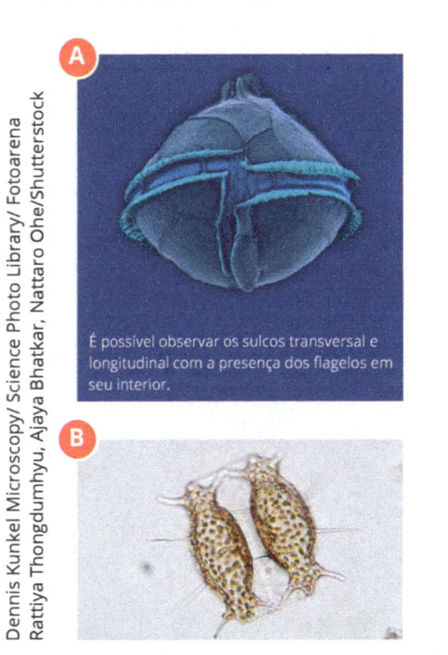

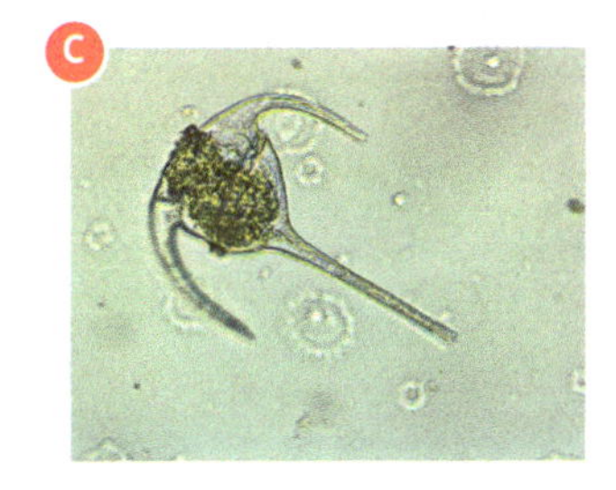

Dennis Kunkel Microscopy/ Science Photo Library/ Fotoarena
Rattiya Thongdumhyu, Ajaya Bhatkar, Nattaro Ohe/Shutterstock

Existem aproximadamente 3 mil espécies de dinoflagelados, e cerca de 600 delas são produtoras de neurotoxinas. Em casos de acúmulo de nutrientes no corpo hídrico (poluição ou aumento da matéria orgânica), os dinoflagelados apresentam um crescimento intenso, e espécies com o pigmento xantofila causam o fenômeno da maré vermelha. O grande problema relacionado às marés vermelhas é justamente o acúmulo de diversos organismos produtores de neurotoxina. Essa neurotoxina presente na água causa problemas neurológicos no zooplâncton, em peixes e no próprio ser humano, gerando, assim, um desequilíbrio ambiental (Figura 4.8).

Os dinoflagelados realizam uma endossimbiose (relação ecológica em que um organismo vive dentro do outro) com espécies de corais, formando estruturas denominadas *zooxantelas*, e com algumas espécies de águas-vivas (Figura 4.8). Essa associação garante que os dinoflagelados realizem fotossíntese e obtenham nutrientes, que são cedidos aos corais ou às águas-vivas, os quais, por sua vez, os recompensam com proteção.

Figura 4.8 – Diferentes formas de atuação dos dinoflagelados

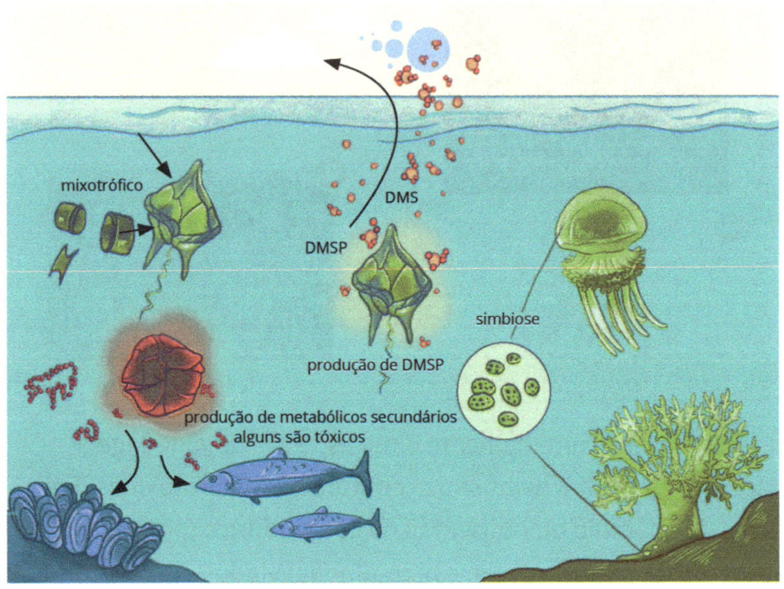

Endossimbiose com corais e águas-vivas; produção de metabólico secundário em grande quantidade, causando o efeito das marés vermelhas e ação tóxica para a fauna; comportamento mixotrófico e o maior produtor marinho de dimetilsulfonioproprionato (DMS), um metabólito transformado em importantes traços gasosos dos ciclos biogeoquímicos do carbono e do oxigênio.

Fonte: Murray et al., 2016, p. 41, tradução nossa.

No caso dos corais, os pigmentos dos dinoflagelados lhes conferem diferentes cores. O aumento da temperatura dos oceanos tem causado um desequilíbrio ambiental, e isso tem levado à morte dos dinoflagelados e, consequentemente, à exposição dos corais. Esse efeito causa a perda de cor dos corais e é denominado *branqueamento dos corais*.

A característica mais marcante dos dinoflagelados, no entanto, está atrelada às espécies com capacidade de bioluminescência. Esses organismos contam com o pigmento luciferina, que, quando oxidado por uma enzima (luciferase), produz energia luminosa da reação. Esse fenômeno é o mesmo que garante a bioluminescência dos vagalumes e de alguns fungos.

4.2.5 Filo Bacillariophyta

O Filo Bacillariophyta compreende os organismos conhecidos como *diatomáceas*, seres unicelulares famosos pela variedade de formas (Figura 4.9). Eles apresentam uma parede celular dupla, que constitui uma espécie de carapaça, e estruturas denominadas *tecas*, que se encaixam. A teca superior é chamada *epiteca*, e a inferior, *hipoteca*. A reprodução é normalmente assexuada, mas também pode ocorrer de forma sexuada.

Figura 4.9 – Microscopia revelando a diversidade de formas das diatomáceas

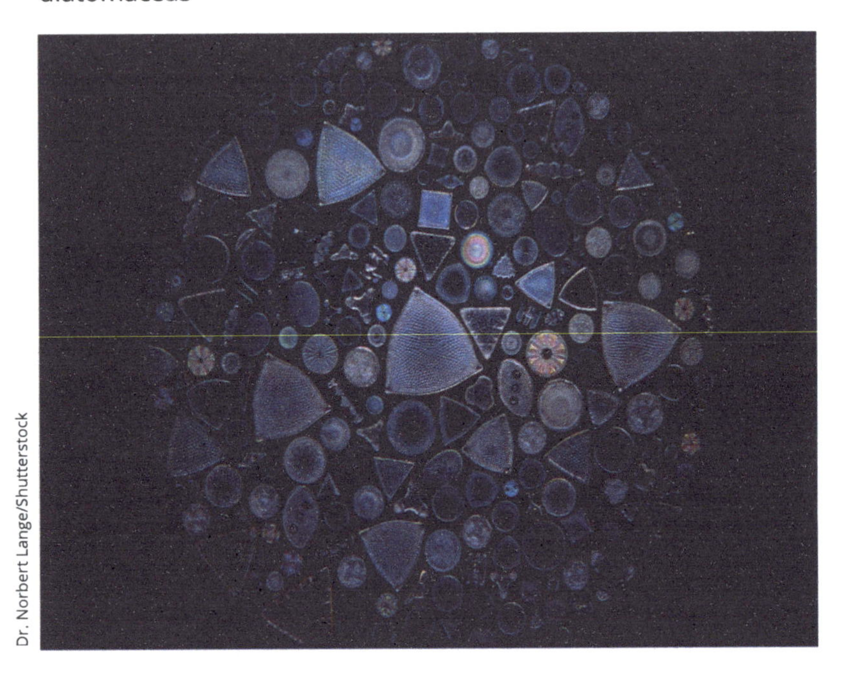

Dr. Norbert Lange/Shutterstock

4.2.6 Filo Chrysophyta

O Filo Chrysophyta engloba as algas douradas, seres unicelulares mixotróficos que podem viver em colônias. São organismos que apresentam mobilidade considerável em virtude da presença de flagelos em sua superfície (Figura 4.10) e que fazem parte do fitoplâncton dulcícola ou marinho. A coloração dourada se deve ao pigmento fucoxantina, um carotenoide cristalino castanho que fornece tal coloração a esses organismos (Figura 4.10).

Figura 4.10 – (A) Esquema de alga dourada; (B) microscopias de alga dourada em condição de colônia

sciencepics, Ekky Ilham, Lebendkulturen.de/Shutterstock

4.2.7 Filo Phaeophyta

O Filo Phaeophyta é composto das algas pardas, seres multicelulares típicos dos mares do Hemisfério Norte. Os talos dessas algas podem atingir em torno de 60 metros de comprimento, formando as famosas florestas de *kelps*. A flutuação dessas algas de forma perpendicular à coluna de água é garantida pela presença de bolsas de ar ao longo dos talos (Figura 4.11).

Figura 4.11 – Algas pardas do Hemisfério Norte

Ethan Daniels/Shutterstock

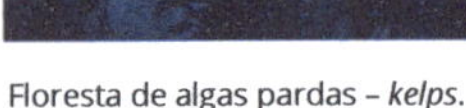

Floresta de algas pardas – *kelps*.

Bolsas de ar presentes ao longo dos talos da alga parda.

4.2.8 Filo Rhodophyta

O Filo Rhodophyta é caracterizado pelas algas vermelhas, organismos, em geral, multicelulares e marinhos, com alguns poucos representantes dulcícolas de ambiente raso, frio e com correnteza intensa. Apresentam o pigmento ficobilina, que lhes confere a coloração avermelhada. Em virtude de sua grande quantidade, esse pigmento se sobrepõe ao pigmento clorofila, geralmente presente. Algumas dessas algas vermelhas têm em sua parede celular um depósito de carbonato de cálcio, sendo chamadas de *algas coralináceas*, e normalmente são associadas aos corais (Figura 4.12).

Figura 4.12 – (A) Alga vermelha; (B) algas vermelhas associadas a coral

Damsea, Irina Markova/ Shutterstock

Fique atento!

Como mencionado anteriormente, a maior produção de gás oxigênio em nosso planeta é garantida por meio da fotossíntese realizada pelas algas. Essa informação, em razão de anos de divulgação errada, ainda não é bem aceita por muitas pessoas, que acreditam que o "pulmão do mundo" sejam as florestas tropicais, como a Amazônia ou a Floresta do Congo.

Além da contribuição do gás oxigênio, a algas constituem o fitoplâncton, uma das bases das cadeias alimentares.

As algas ainda são largamente utilizadas nas alimentações oriental, vegetariana e vegana; na indústria, como espessante de sorvetes, cremes dermatológicos e dentais; e como base para a cultura de bactérias e o cultivo *in vitro* vegetal em laboratório (ágar-ágar). Além disso, diversas tintas e corantes provêm de algumas algas, por meio da substância carragenina.

4.3 Classificação das briófitas

As briófitas são o mais antigo grupo de plantas hoje existentes que divergiram dentro da linhagem monofilética das plantas terrestres (Figura 4.13). Esse grupo é uma transição entre as algas verdes carofíceas e as plantas vasculares. Desse modo, fornecem informações sobre a natureza das primeiras plantas adaptadas ao ambiente terrestre e os processos pelos quais as plantas vasculares se desenvolveram.

As briófitas incluem organismos com ausência de vasos condutores de seiva; são, portanto, de pequeno porte e vivem em ambientes úmidos e sombreados. Apesar de serem organismos sensíveis à poluição, são espécies que conseguem suportar ambientes de extremo frio e calor e sobreviver expostos a pleno sol. Todavia, têm um comportamento típico de ambiente sombreado e úmido.

As briófitas apresentam a capacidade de armazenar carbono e, assim como os liquens (associação harmônica entre fungo e alga), colonizam novos ambientes, sendo consideradas, inclusive, colonizadoras primárias do processo de sucessão ecológica. Os esporos das briófitas estão envolvidos por uma parede com um biopolímero resistente à decomposição e a agentes químicos, denominado *esporopolenina*. Essa proteção garante o sucesso na colonização do ambiente terrestre (Evert; Eichhorn, 2014; Judd et al., 2009).

Figura 4.13 – Cladograma das embriófitas

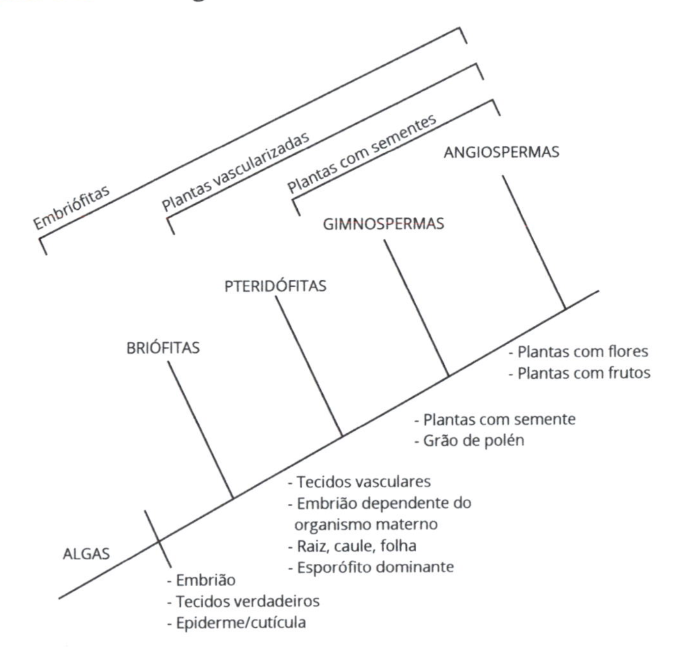

As características descritas abaixo da linha evolutiva são mantidas a cada grupo botânico novo que surge.

A divisão das briófitas apresenta uma classificação em três filos: (1) Bryophyta (exemplo: musgos), (2) Hepatophyta (exemplo: hepáticas) e (3) Antocerophyta (exemplo: antóceros) (Figura 4.14).

Figura 4.14 – (A) Hepáticas (indicadas pela ponta da seta); (B) musgos

ANGHI, Hanahstocks/Shutterstock

4.3.1 Filo Bryophyta

O Filo Bryophyta apresenta duas classes: (1) Sphagnidae (musgos de turfeira) e (2) Bryidae (musgos verdadeiros). Descreveremos mais detalhadamente cada uma delas a seguir.

Classe Sphagnidae (musgos de turfeira)

A Classe Sphagnidae tem um grande gênero, o *Sphagnum*. A reprodução sexuada envolve a produção de anterídios e arquegônios nas extremidades dos ramos e dos ápices dos gametófitos (Figura 4.15). Os esporos são liberados pelos esporângios de maneira explosiva, cuja cápsula (opérculo) apresenta coloração de avermelhada a enegrecida. A reprodução assexuada ocorre por fragmentação do talo, ou seja, caulídios ou filídios podem regenerar novos gametófitos. Por esse motivo, o gênero *Sphagnum* forma grandes agregados compactados onde quer que ocorra (semelhante a um tapete), contribuindo de modo importante para a retenção de água.

Figura 4.15 – Esquema representando o desenvolvimento celular (esquerda) e morfológico (direita) de *Sphagnum* sp.

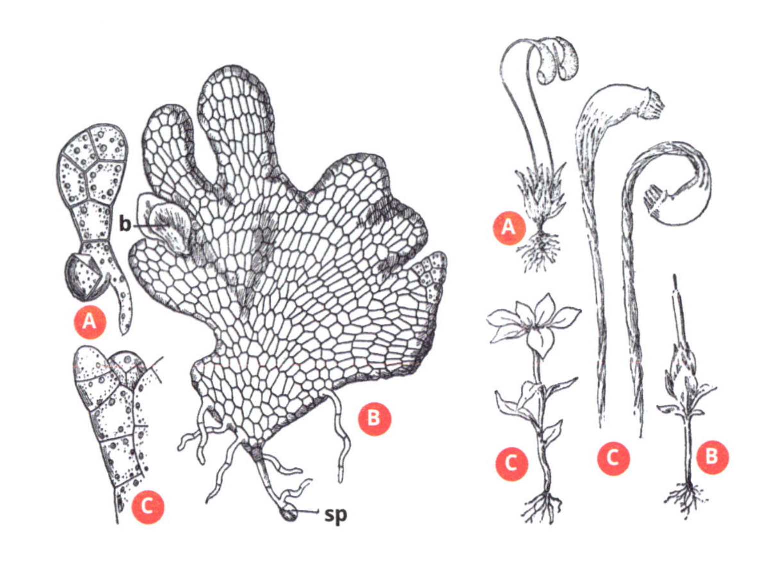

À esquerda: (A) desenvolvimento inicial do esporo para o surgimento do gametófito; (B) desenvolvimento completo do esporo e formação do musgo propriamente dito; (C) detalhe da região marginal do talo. À direita: (A) gametófito masculino com esporófito e caliptra na ponta; (B) gametófito feminino imaturo; (C) gametófito feminino maduro; (D) detalhe do esporófito.

As diferenças mais marcantes da Classe Sphagnidae em comparação às outras do filo são o protonema, primeiro estágio de desenvolvimento do gametófito – não muito comum –, e a morfologia peculiar do gametófito, que conta com um mecanismo único de abertura do opérculo: explosivo (Judd et al., 2009).

Outra característica importante desse grupo é que a intensa agregação contribui igualmente para a conservação de encostas, impedindo o processo de erosão. Além disso, seus representantes são a fonte base de muitas cadeias alimentares e indicadores de qualidade ambiental e, em tempos antigos, foram excelentes antissépticos.

Classe Bryidae (musgos verdadeiros)

A Classe Bryidae contém a maioria dos musgos ditos *verdadeiros*. Os filamentos ramificados dos protonemas são compostos de uma fileira de células que lembram algas verdes filamentosas. O gametófito se origina mediante pequenas estruturas semelhantes a gemas no protonema. Todos os gametófitos (Figura 4.16) apresentam rizoides multicelulares e filoides com uma camada de células de espessura. Nos caulídios dos gametófitos e nos esporófitos, é observado um cordão de células (hadroma) condutoras de água (hidroides), cuja função lembra os elementos de vaso (xilema) das plantas vasculares. Ao redor das hidroides, encontram-se células denominadas *leptoides*, que se assemelham aos elementos crivados das plantas vasculares e são responsáveis por conduzir substâncias orgânicas.

Figura 4.16 – Esquema representando a fase gametofítica e esporofítica dos musgos

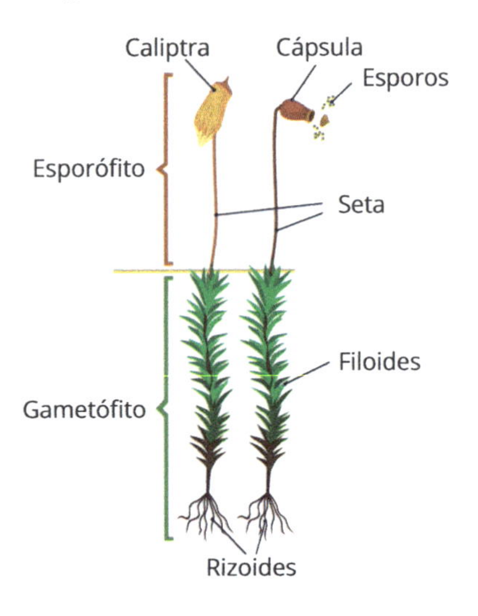

4.3.2 Filo Hepatophyta (hepáticas)

O Filo Hepatophyta engloba pequenos indivíduos cujo gametófito se desenvolve dos esporos e cujo crescimento é contínuo a partir do meristema apical. Existem diferentes tipos de hepáticas:

- **Hepáticas talosas complexas**: encontradas em ambientes úmidos. Apresentam talos extremamente finos e verdes na porção superior e espessos sem coloração na porção inferior. O termo *complexo* diz respeito aos tecidos internos, que contam com um grau de diferenciação entre si.
- **Hepáticas folhosas**: encontradas em ambientes de intensa umidade e eventos de chuva. Apresentam intensa ramificação, formando grandes tapetes verdes; suas folhas (filídios) têm uma camada simples de células indiferenciadas.

Anterídios ocorrem em um curto ramo lateral com filídios modificados conhecidos por *androécios*. O desenvolvimento do esporófito e do arquegônio é envolto pelo perianto (Judd et al., 2009).

Figura 4.17 – (A) Gametófito masculino; (B) gametófito feminino; (C) detalhe da elevação do gametófito acima da estrutura vegetativa para fins de reprodução

Alex K.L. Fleming, Evano, Eliot Holzworth/Shutterstock

4.3.3 Filo Anthocerophyta (antóceros)

O Filo Anthocerophyta engloba indivíduos cujo gametófito tem formato de roseta e cujo esporófito é verde com células fotossintetizantes e estômatos. O esporófito permanece enquanto existem condições favoráveis, o que ocorre em virtude da atuação de células em constante divisão celular, presentes na base do esporófito.

Hepáticas e antóceros são talosos, pois seus gametófitos são aplanados e dicotomicamente ramificados (semelhantes à letra Y), formando talos delgados que facilitam a absorção de água e gás carbônico. Algumas hepáticas apresentam gametófitos diferenciados em filídios (pequenas folhas) e caulídios (pequenos caules). O gametófito das talosas e folhosas é fixo ao solo pelo rizoide (pequena raiz), que, além de garantir a fixação, absorve água e íons para que sejam transportados célula a célula por todo o gametófito (Judd et al., 2009).

4.4 Classificação de samambaias e licófitas

Samambaias e licófitas, por muitos anos, foram consideradas próximas filogeneticamente, mas, de acordo com Gissi (2015), esse entendimento tem perdido espaço. As plantas vasculares estão classificadas em licófitas e eufilófitas, sendo estas subdivididas em samambaias (monilófitas) e espermatófitas (Figura 4.18).

Figura 4.18 – Cladograma das plantas vasculares, sendo licófitas e eufilófitas os dois principais grupos

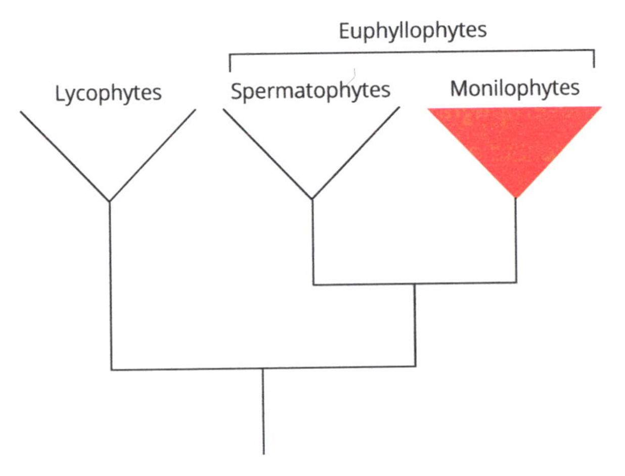

Fonte: Gissi, 2015, p. 48.

As **licófitas** são representadas por selaginelas, licopódios e isoetes (Figura 4.19), plantas de pequeno porte (até 20 cm para licopódios e, no máximo, 2 cm para selaginelas), terrestres ou epífitas. As folhas de selaginelas e licopódios são diminutas em disposição espiralada ao redor do caule. Os licopódios apresentam uma distribuição cosmopolita, ao passo que as selaginelas se encontram em regiões tropicais (Judd et al., 2009). As isóetes têm hábito aquático ou terrestre úmido; suas folhas são finas e alongadas, formando uma roseta, e fixas em um caule diminuto.

Figura 4.19 – (A) Folhas diminutas de *Selaginella* sp. e de (B) *Lycopodium* sp.

Viktorialvanets, Kotomiti Okuma/ Shutterstock

As **eufilófitas** compreendem as samambaias (monilófitas) e as espermatófitas, representadas pelas gimnospermas e pelas angiospermas (abordadas nos Capítulos 5 e 6). O grupo das samambaias é subdividido em Psilotopsida, Equisetopsida, Marattiopsida e Polypodiopsida. Observe a Figura 4.20, a seguir.

Figura 4.20 – Filogenia de samambaias

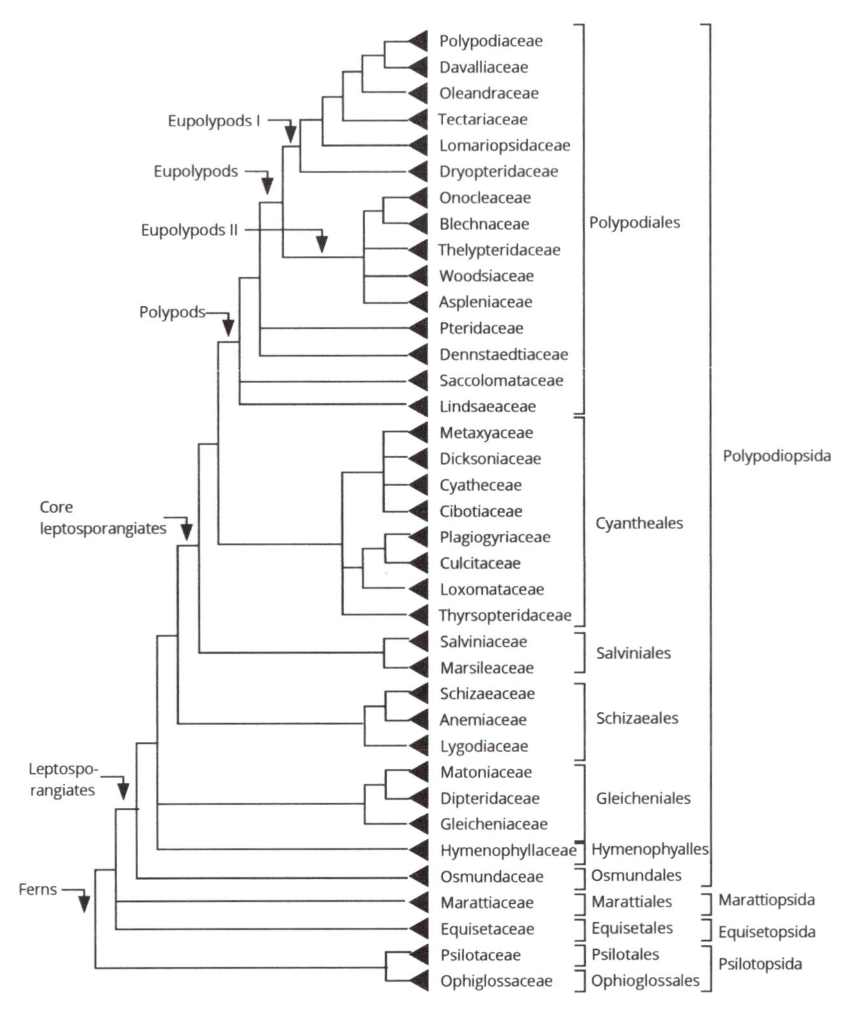

Fonte: Smith et al., 2006, p. 708.

A Classe Psilotopsida é constituída por plantas sem raízes e folhas, características ainda parecidas com as das briófitas. São organismos de hábito epífito (ficam apoiadas sobre outras plantas ou substratos), e o gênero mais conhecido é o *Psilotum*.

Os caules são aéreos eretos ou pêndulos e dicotomicamente ramificados. A estrutura cuja função seria a de uma folha tem um formato de escama em disposição espiralada ao redor do caule (Figura 4.21). A distribuição é tropical, subtropical e temperada, com exceção das regiões secas (Judd et al., 2009).

Figura 4.21 – Maior representante do gênero *Psilotum* – *Psilotum nudum*

A Classe Equisetopsida tem uma única família, a Equisetaceae, cujo maior representante é o *Equisetum* sp., popularmente conhecido como *cavalinha*, que apresenta microfolhas que crescem a partir dos nós do caule (Figura 4.22). São plantas principalmente terrestres, mas podem ocorrer em ambientes alagados e margens de rios e lagos. O caule pode atingir 8 metros de altura em algumas espécies, mas a maioria apresenta caule em torno de 1 metro de altura. A distribuição é cosmopolita (Judd et al., 2009).

Figura 4.22 – *Equisetum* sp. ou cavalinha

Teresa Otto/Shutterstock

A Classe Marattiopsida conta apenas com a Família Marattiaceae, constituída por 6 gêneros, que, juntos, somam em torno de 111 espécies oficialmente catalogadas. A Família Marattiaceae é considerada a mais primitiva das samambaias, com espécies que apresentam frondes que podem atingir até 9 metros de comprimento, como as espécies *Angiopteris teysmanniana* e *Angiopteris evecta* (Figura 4.23A), ambas do gênero *Angiopteris*. Uma caraterística marcante dos representantes dessa família são os esporângios fundidos formando uma estrutura denominada *sinângio* (Figura 4.23B).

Figura 4.23 – (A) *Angiopteris evecta* e suas grandes frondes; (B) detalhe do sinângio, tipo de esporângio característico da Família Marattiaceae

A Classe Polypodiopsida é representada majoritariamente por plantas terrestres ou epífitas cuja morfologia externa se resume a caule horizontal, denominado *rizoma*, raízes adventícias de pequeno a médio porte e folhas, conhecidas por *fronde*, que surgem a partir do rizoma e apresentam uma lâmina totalmente subdividida ou pinada (Figura 4.24). A distribuição dessas plantas ocorre principalmente em regiões tropicais e temperadas com características de ambientes úmidos; contudo, muitas espécies da Família Pteridaceae estão adaptadas a regiões áridas, mesmo que esse hábitat seja infrequente para as Polypodiopsidas (Judd et al., 2009).

Figura 4.24 – Esquema representando a estrutura morfológica de uma samambaia

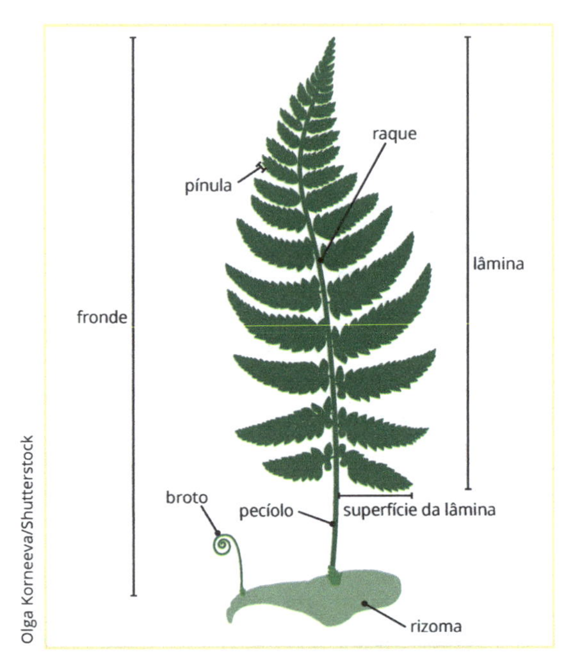

O rizoma tem um crescimento horizontal do qual surge, de forma vertical, a folha denominada *fronde*.

4.5 Tipos de reprodução de algas, briófitas, samambaias e licófitas

O sucesso reprodutivo de grupos de algas, briófitas, samambaias e licófitas se deve ao tipo de reprodução. Algas podem se reproduzir tanto de maneira assexuada quanto sexuada, podendo esta última ser haplobionte haploide, conjugação ou alternância de gerações. As briófitas, por sua vez, têm reprodução assexuada por fragmentação do gametófito ou por gemulação ou sexuada por gametófitos separados. Já samambaias e licófitas, por apresentarem vasos condutores de seiva, contam com um esporófito duradouro e uma estrutura complexa e ramificada com esporângios produtores de esporos.

4.5.1 Reprodução das algas

A reprodução das algas é tanto assexuada quanto sexuada. A reprodução assexuada ocorre tipicamente em espécies unicelulares pelo processo de mitose. Em espécies multicelulares, a reprodução assexuada ocorre por meio da fragmentação do talo, ou seja, um fragmento do talo-mãe é desprendido e passa a se desenvolver e crescer em outro local. Em algas filamentosas, como no caso de algumas algas verdes, a reprodução assexuada pode ocorrer por meio da zoosporia, também conhecida como *esporulação*. Ao longo dos diversos filamentos, algumas células se diferenciam, formando flagelos, os quais recebem o nome de *zoósporo*. A presença desses flagelos confere mobilidade às células, permitindo que elas nadem até um substrato propício e ideal para iniciar um intenso processo de mitoses e formação de um novo organismo.

Caso a reprodução se dê por via sexuada, há três diferentes formas: (1) ciclo haplobionte haploide, (2) conjugação e (3) alternância de gerações. No **ciclo haplobionte haploide**, realiza-se meiose para formar células zigotos (n). Os indivíduos adultos têm material genético haploide (n) e passam por um processo de fusão para a formação de uma célula diploide (2n). Essa célula (2n) fica envolta pela membrana zigósporo para fins de proteção. Isso se justifica pelo fato de essa célula (2n) passar por processo de meiose e formar quatro novas células haploides (n). Quando maduras, o zigósporo é rompido, e as quatro células haploides adultas e com flagelos são liberadas.

O processo de **conjugação** é típico de algas filamentosas e ocorre pela aproximação dos talos, processo no qual algumas células podem sofrer diferenciação e formar gametas. Uma célula se diferencia em gameta masculino e feminino. Entre essas células, a parede celular é fusionada permitindo uma ponte citoplasmática entre os talos. O gameta masculino é responsável por se encaminhar até o gameta feminino e proporcionar a fusão de ambos. A fusão desses gametas forma uma célula que se desprende dos talos e assume uma vida livre e natante até encontrar um substrato propício e ideal para iniciar um intenso processo de mitoses e formação de um novo organismo. A reprodução é considerada sexuada, pois existe a troca de informação genética entre dois talos de indivíduos diferentes.

A **alternância de gerações** é uma reprodução típica de algas verdes, multicelulares, em especial da espécie *Ulva lactuca* (alface-do-mar), que conta com indivíduos adultos haploides (n) e diploides (2n). Os talos adultos diploides (2n) são chamados de *esporófitos* pelo fato de darem origem aos esporos (ou zoósporos) (n) por meio do processo de meiose. Após a meiose, esses esporos (n) se desprendem do talo (2n) e, em condições adequadas, germinam por meio de diversas mitoses, formando um organismo adulto haploide (n). Visto que esse talo produzirá gametas (n) pelo processo de mitose, ele recebe o nome de *gametófito*. Esses gametas se desprendem do talo (n) e, em condições adequadas, fundem-se entre si, formando um zigoto diploide (2n) que, depois de seguidos eventos de mitose, origina um talo adulto diploide (2n) com esporófito, dando início, novamente, ao ciclo de alternância de gerações (Figura 4.25).

Figura 4.25 – Esquema representando a alternância de gerações da alga verde *Ulva lactuca*

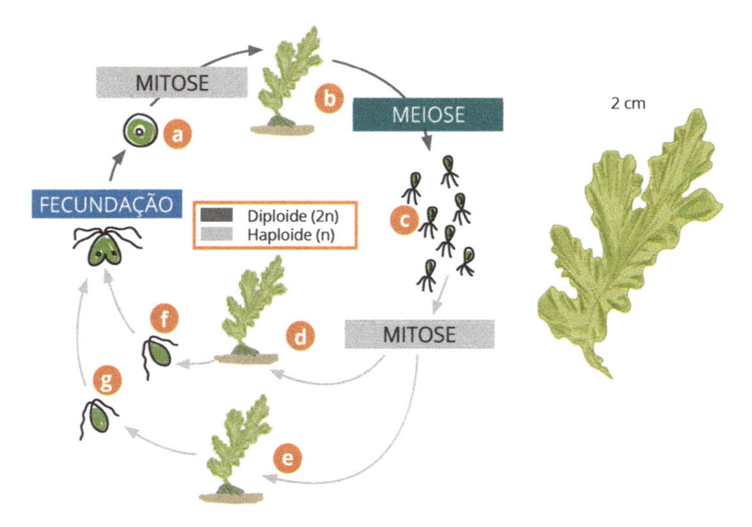

(a) Zigoto (2n) resultado de uma fecundação passa por seguidas divisões mitóticas; (b) após mitoses, forma-se o esporófito (2n); (c) esporos/zoósporos (n) são formados após divisões meióticas e liberados na água; (d) e (e) gameta feminino forma gametófito (n) feminino e gameta masculino forma gametófito masculino; (g) e (f) gametas (n) masculinos e femininos são liberados na coluna de água para a fecundação.

Fonte: Netxplica, 2015, p. 65.

4.5.2 Reprodução das briófitas

A reprodução das briófitas pode ocorrer por via assexuada ou sexuada. A reprodução assexuada ocorre por fragmentação do gametófito ou por gemulação (corpos multicelulares que originam novos gametófitos, como ocorre nas hepáticas e nos musgos). Tanto os propágulos da fragmentação quanto as gemas da gemulação desprendem-se da planta-mãe e são dispersos por gotas de água ou vento e, ao atingirem um substrato adequado, germinam, formando um gametófito idêntico à planta-mãe.

A reprodução sexuada é caracterizada por gametófitos separados. Dessa forma, existe o gametófito feminino haploide (n) e o gametófito masculino haploide (n). O feminino produz o arquegônio, que, em seu interior, produz o gameta feminino denominado *oosfera*. De modo similar, o masculino produz o anterídio, que, em seu interior, produz o gameta masculino denominado *anterozoide* – únicas células que contam com flagelos nas briófitas. Sendo a oosfera uma célula imóvel e o anterozoide uma célula móvel (por apresentar flagelo), a aproximação do anterozoide até a oosfera é feita pelo nado, com a presença obrigatória de água durante o processo de fecundação. O arquegônio apresenta um formato de garrafa e abriga em seu interior a oosfera. Quando o anterozoide nada até a oosfera e ocorre a fecundação desses gametas, surge o zigoto (Figura 4.26).

Figura 4.26 – Esquema geral simplificado representando o ciclo de vida das briófitas com base nas estruturas dos musgos (Filo Bryophyta)

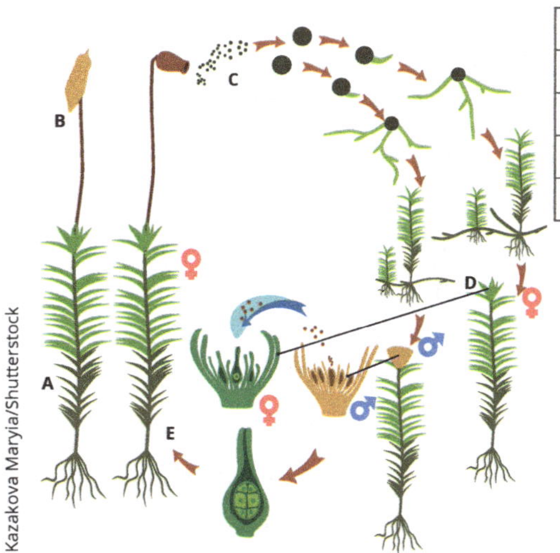

Gametófito	**Esporófito**
Haploide (n)	Diploide (2n)
Fase sexuada	Fase assexuada
Clorofilado	Aclorofilado
Fase duradoura	Fase temporária

Kazakova Maryia/Shutterstock

(A) Gametófito (n); (B) esporófito (2n); (C) liberação dos esporos (n) através da cápsula; (D) germinação dos esporos e formação dos gametófitos (n) femininos e masculinos; (E) fecundação do gametófito feminino seguido da formação do esporófito (2n).

Após a fecundação, o zigoto permanece dentro do arquegônio, onde ocorre a nutrição matrotrófica. Com o zigoto sendo nutrido, ele passa por diversas mitoses: de zigoto para embrião multicelular e, então, esporófito maduro diploide (2n). Com o crescimento do zigoto para esporófito, o tubo do arquegônio é alargado, formando uma cápsula com uma tampa denominada *caliptra* (Figura 4.26). A cápsula e a caliptra são comumente levadas para o alto, à medida que a seta – haste que sustenta a cápsula e a caliptra – se alonga (Figura 4.26). No interior da cápsula ocorrem diversos eventos de meiose que originam esporos haploides (n), os quais somente são liberados no ambiente mediante o amadurecimento seguido de queda da tampa protetora caliptra. Com a queda da caliptra, é possível observar, na abertura da cápsula, um anel de dentes chamado *peristômio*. Os dentes movimentam-se com as variações na umidade do ar, facilitando a dispersão dos esporos pelo vento no período de seca. A forma e o número de camadas dos dentes do peristômio são características utilizadas na identificação das classes, pois está presente na Classe Bryidae e ausente nas demais. Cada cápsula tem milhões de esporos (n), que, ao serem liberados no ambiente e encontrarem um substrato adequado, germinam, formando um novo gametófito (masculino ou feminino) haploide (n) (Figura 4.26) (Judd et al., 2009).

O ciclo de vida dos musgos é semelhante ao das hepáticas e dos antóceros no que se refere à formação de gametângios masculinos e femininos, ao esporófito matrotrófico (nutrido pela planta até atingir a maturidade) não ramificado e aos processos de dispersão de esporos. Os nutrientes são passados do gametângio para o esporófito pelo pé e, em seguida, pela seta, processo que se assemelha à placenta dos mamíferos. Alguns musgos produzem esporângios coloridos para fins de atração de insetos, porém a polinização desse grupo de planta é praticamente dependente de água e vento (Judd et al., 2009).

4.5.3 Reprodução de samambaias e licófitas

Como informado no início do capítulo, em samambaias e licófitas, o esporófito apresenta maior duração em comparação com o gametófito. O sucesso da reprodução desse grupo, comparado às briófitas, além da presença de vasos condutores, está relacionado à forma do esporófito, que, em geral, é ramificado com vários esporângios produtores de muitos esporos. Em época de reprodução, é possível observar, na face abaxial das folhas (frondes), pontos de coloração marrom escuro a avermelhado. Esses pontos são denominados *soros* (esporângios) e abrigam uma quantidade imensa de esporos haploides (n) (Figura 4.27).

Ainda muito dependentes de água, samambaias e licófitas necessitam da atuação da água e/ou do vento para encaminhar os esporos a outro local. Ao atingirem um substrato adequado, os esporos originam um gametófito haploide (n), que, após múltiplas divisões celulares, forma uma estrutura denominada *protalo*. O protalo tem capacidade de produzir gametas e, por isso, é nele que se inicia a fase sexuada do ciclo de vida de samambaias e licófitas. No protalo ocorre a formação do anterídio, contendo o anterozoide (gameta masculino), e do arquegônio, contendo a oosfera (gameta feminino). Para que haja sucesso no nado do anterozoide até a oosfera, existe água no interior do protalo. Contudo, essa reserva de água para o momento da fecundação só é possível em ambiente úmido. A partir da fecundação do anterozoide com a oosfera, o zigoto é nutrido pelo protalo (nutrição matrotrófica) até atingir a maturidade e a capacidade de se sustentar. Forma-se, então, um novo esporófito diploide (2n) (Figura 4.27).

Figura 4.27 – Esquema representando o ciclo de vida de uma samambaia

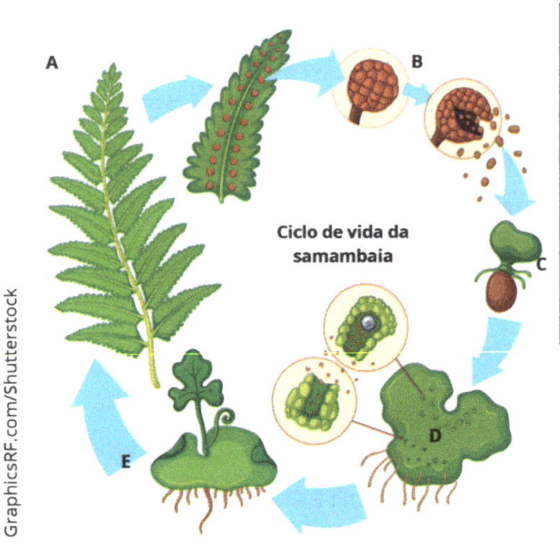

GraphicsRF.com/Shutterstock

Gametófito	Esporófito
Haploide (n)	Diploide (2n)
Fase sexuada	Fase assexuada
Clorofilado	Inicialmente aclorofilado, tornando-se clorofilado na sequência
Fase temporária	Fase duradoura

(A) Esporófito (2n); (B) liberação dos esporos pelo esporângio; (C) germinação do esporo e início de formação do protalo; (D) gametófito (n), denominado *protalo*, com gametas masculinos (abaixo) e femininos (acima); (E) início do desenvolvimento do esporófito (2n) após a fecundação dos gametas.

A reprodução é um importante processo durante o ciclo de vida de uma planta, pois um novo organismo contendo a informação genética da espécie surgirá. O investimento em proteção do embrião ao longo da evolução trouxe sucesso reprodutivo para as plantas que passaram a apresentar semente. No próximo capítulo, abordaremos esse tema com relação aos dois maiores grupos de plantas existentes de espermatófitas: gimnospermas e angiospermas.

Síntese

Neste capítulo, tratamos dos organismos fotossintetizantes pertencentes aos reinos Protoctista (algas) e Plantae (briófitas e samambaias). Apesar de todos realizarem fotossíntese, a distinção em escala de reino se deve à ausência de vasos condutores de seiva e à não dependência do embrião do organismo materno para sua nutrição. Portanto, taxonomicamente, as algas pertencem ao Reino Protoctista, e não ao Reino Plantae, como se acreditou por muitos anos.

CHLOROPHYTA
Algas verdes
Unicelulares/multicelulares
Marinhas e dulcícolas (água doce)
Pigmento clorofila
Móveis e imóveis
Filamentoso, membranoso, parenquimáticos e cenocítico
EUGLENOPHYTA
Euglenas
Unicelulares
Dulcícolas
Vacúolo contráctil
Dois flagelos
Ausência de parede celular
Mixotróficos
DINOPHYTA
Dinoflagelados
Dois flagelos
Mixotróficos
Marés vermelhas (neurotoxinas)
Associação ecológica – zooxantelas
Bioluminescência
BACCILARIOPHYTA
Diatomáceas
Unicelulares
Parede celular dupla
Epiteca (superior)
Hipoteca (inferior)
Assexuada/sexuada
CHRYSOPHYTA
Algas douradas
Unicelulares
Mixotróficos
Flagelos
PHAEOPHYTA
Algas pardas
Multicelulares
Marinhas
Pigmento fucoxantina
Floresta de kelps
Flutuação por bolsas de ar
RHODOPHYTA
Algas vermelhas
Multicelulares
Marinhas e dulcícolas
Pigmento ficobilina

A seguir, destacamos informações essenciais deste capítulo, das quais você precisa se lembrar.

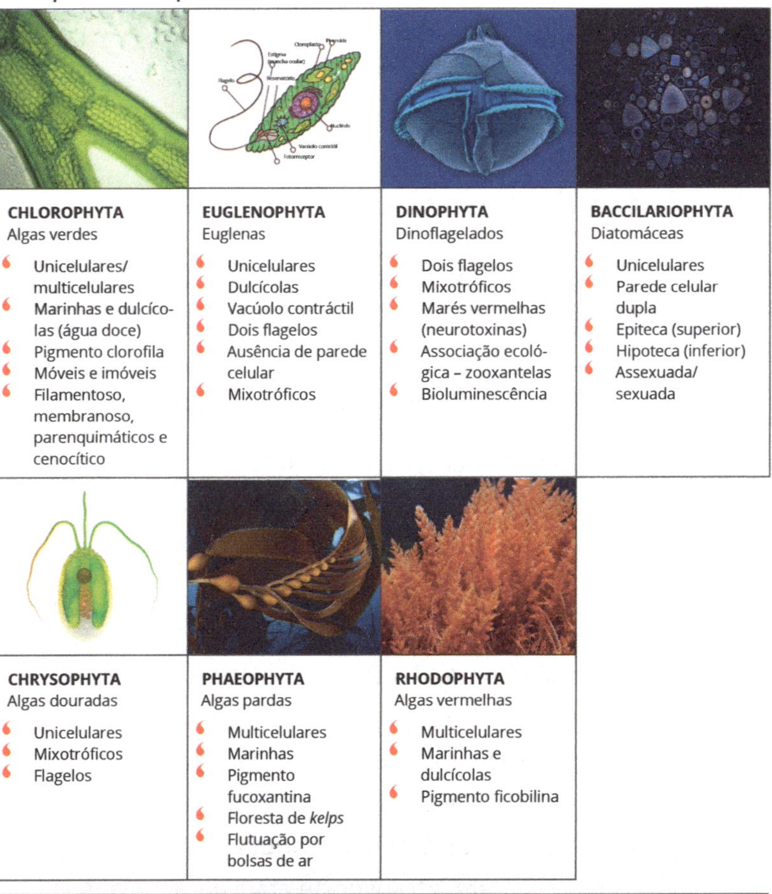

onair, Drp8, Dr. Norbert Lange, sciencepics, Ethan Daniels, Damsea/Shutterstock

Clorofila – pigmentos A e B	Armazenamento = amido	Revestimento celular = celulose
Autotróficos	Embrião dependente do organismo materno para nutrição	Vasos condutores de seiva

Hanahstocks, Anest, LiteHeavy/Shutterstock

BRYOPHYTA	SAMAMBAIAS E LICÓFITAS
Musgos • Multicelular • Gametófito (n) = duradouro • Esporófito (2n) = temporário • Reprodução assexuada (fragmentação/gemulação) • Reprodução sexuada (arquegônio e anterozoide)	• Vasos condutores de seiva • Soros = aglomerado de esporos (s) • Gametófito (n) = temporário • Esporófito (2n) = duradouro • Reprodução sexuada (arquegônio e anterozoide)

Atividades de autoavaliação

1. As briófitas compreendem um grupo de plantas de pequeno porte com ausência de vasos condutores de seiva (floema e xilema), importante característica dentro do Reino Plantae. Sobre essa condição, analise as afirmativas a seguir.

   I) O fato de as briófitas apresentarem clorofila dentro de seus cloroplastos e conseguirem realizar fotossíntese é o que garante sua inserção no Reino Plantae.

   II) Apesar de não apresentarem vasos condutores de seiva, as briófitas realizam osmose para nutrir suas células e utilizam os pigmentos A e B de clorofila presentes nos cloroplastos das células vegetais durante a fotossíntese.

   III) As briófitas apresentam uma origem polifilética, motivo pelo qual são classificadas dentro do Reino Plantae.

   IV) Apesar de apresentarem vasos condutores de seiva, as briófitas realizam o transporte ativo para nutrir suas células e utilizam os pigmentos A e B de clorofila presentes nos cloroplastos das células vegetais durante a fotossíntese.

Agora, marque a alternativa correta:

A Apenas a afirmativa I é verdadeira.
B Apenas a afirmativa II é verdadeira.
C As afirmativas I e III são verdadeiras.
D As afirmativas II e IV são verdadeiras.
E As afirmativas III e IV são verdadeiras.

2. Assinale a alternativa que descreve corretamente o motivo pelo qual as algas não são classificadas dentro do Reino Plantae:

A Ausência de vasos condutores de seiva e hábito de vida salgada.
B Ausência de vasos condutores de seiva.
C Os embriões das algas não dependem do organismo materno para sua nutrição.
D Não apresentam vasos condutores de seiva, o embrião não é dependente do organismo materno para nutrição e o corpo é subdividido em talos.
E Realizam fotossíntese usando os pigmentos A e B de clorofila presentes nos cloroplastos e armazenam seus produtos fotossintéticos em forma de amido.

3. As briófitas são taxonomicamente divididas em três filos. São eles:

A Bryophyta, Hepatophyta e Antocerophyta.
B Lycophyta, Sphenophyta e Bryophyta.
C Hepatophyta, Antocerophyta e Lycophyta.
D Bryophyta, Pterophyta e Lycophyta.
E Sphenophyta, Bryophyta e Hepatophyta.

4. As samambaias e licófitas compreendem o grupo das avencas, samambaias e xaxins, plantas que apresentam um crescimento característico de ambientes úmidos. Sobre as características responsáveis pelo sucesso da reprodução dessas plantas nesses ambientes, analise as afirmativas a seguir.

I) Ausência de vasos condutores de seiva, por isso a condução de água dentro dessas plantas é feita de célula a célula, o que justifica seu porte pequeno a médio.

II) Esporos com presença de “asas”, o que contribui para a propagação e a polinização.

III) Os esporos necessitam da atuação da água e/ou do vento para encaminhar os esporos para outro local. Ao atingirem um substrato adequado, originam um gametófito haploide (n) denominado *protalo*.

IV) A presença de vasos condutores de seiva e lignina é o que garante o sucesso na reprodução das samambaias e licófitas.

Agora, marque a alternativa correta:

A Apenas a afirmativa I é verdadeira.
B Apenas a afirmativa II é verdadeira.
C Apenas a afirmativa III é verdadeira.
D As afirmativas II e IV são verdadeiras.
E As afirmativas III e IV são verdadeiras.

5. Ao avaliarmos uma escala evolutiva dos organismos vegetais, percebemos que a partir das samambaias e licófitas algumas características importantes passam a ser observadas. Tais características contribuem para o sucesso de colonização das plantas superiores em diversos ambientes. Assinale a alternativa que apresenta uma dessas características:

   A A presença de um embrião não dependente do organismo materno para nutrição.
   B Vasos condutores de seiva.
   C Ausência de gametófito e esporófito dominante e duradouro.
   D Gametófito dominante e duradouro.
   E Dependência da água durante o processo de polinização e fecundação.

Atividades de aprendizagem

Questões para reflexão

1. A agricultura tem se modernizado ano após ano, tendo como principal objetivo tornar-se mais sustentável e, assim, impactar menos o meio ambiente. Um dos recursos de muito sucesso tem sido o uso de algas com compostos bioativos, como hormônios vegetais, carboidratos e vitaminas, como biofertilizantes. Avalie os benefícios dessa técnica comparada com o uso de agrotóxicos na agricultura. Como recurso de leitura e embasamento, leia o seguinte texto:

DENER, R. B. As algas na agricultura. **Aquaculture Brasil**, 10 abr. 2020. Disponível em: <https://www.aquaculturebrasil.com/coluna/115/as-algas-na-agricultura>. Acesso em: 18 jul. 2022.

2. O processo de sucessão ecológica envolve organismos com características estruturais e morfológicas mais simples até um estágio de maior complexidade, denominado *clímax*. Por quais motivos e em qual estágio musgos, samambaias e licófitas se enquadrariam nesse processo?

Atividade aplicada: prática

1. Faça uma busca na internet e construa uma linha do tempo do histórico de classificação das algas, anteriormente no Reino Plantae e, agora, no Reino Protoctista. Compare as características consideradas importantes para cada umas das classificações.

CAPÍTULO 5

ESPERMATÓFITAS

As espermatófitas englobam todas as plantas vasculares com sementes. Essa característica se aplica a dois grandes grupos: (1) gimnospermas e (2) angiospermas. Neste capítulo, apresentaremos a classificação taxonômica com os filos e as principais representantes de ambos os grupos. Em seguida, faremos uma abordagem organológica, subdividindo, de maneira comparativa, os grupos de gimnospermas e angiospermas e estas em monocotiledôneas e eudicotiledôneas. Você perceberá que a organologia dos diferentes grupos diferencia-se tanto na anatomia quanto na morfologia dos órgãos vegetativos e reprodutivos. Órgãos vegetativos são todos aqueles que constituem a planta durante seu ciclo de vida ou grande parte dele, ou seja, raiz, caule e folha; por sua vez, órgãos reprodutivos são aqueles que participam do processo de reprodução da planta ou dele resultam, isto é, flor, fruto e semente.

5.1 Classificação das espermatófitas

As espermatófitas são plantas vasculares, multicelulares, eucariontes e que produzem sementes, englobando o grupo das gimnospermas e o das angiospermas (Figura 5.1). Esses dois grupos de plantas apresentam um avanço evolutivo em relação aos demais pelo fato de não dependerem exclusiva e diretamente da água para a reprodução. Além disso, o sucesso para a germinação do embrião passa a ser maior a partir desses dois grupos de plantas, pois proteção e nutrição são dois fatores garantidos pela presença da semente.

Figura 5.1 – Cladograma das plantas terrestres (embriófitas) englobando o grupo das plantas vasculares (espermatófitas) – gimnospermas e angiospermas

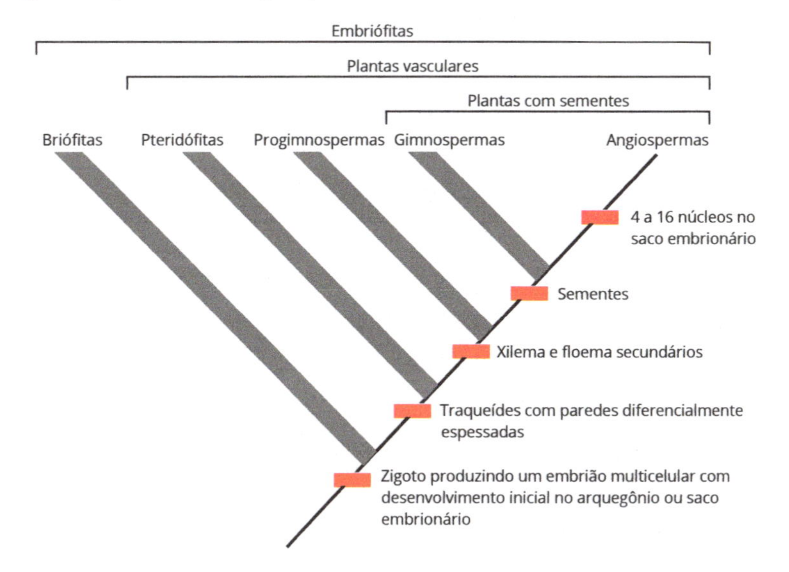

Fonte: Evert; Eichhorn, 2014, p. 819.

5.2 Classificação das gimnospermas

As gimnospermas são as primeiras plantas a apresentar sementes ao longo da história evolutiva desses organismos. Porém, suas sementes estão sempre expostas ao ambiente, sem qualquer estrutura protetora, motivo pelo qual esse grupo recebe o nome de *gimnospermas* (do grego *gymné*, que significa "nu/nudez", e *sperma*, que significa "semente") (Oxford Languages, 2022).

O vento é o maior responsável pelo transporte do gameta masculino até o feminino e, por isso, a polinização das gimnospermas é anemofílica. A reprodução é do tipo sifonogâmica, ou seja, a fecundação entre os gametas não ocorre dentro do ovário, mas no tubo polínico. O embrião é protegido por uma semente, que fica sujeita às intempéries do ambiente ao seu redor, visto que não é envolta por nenhum fruto.

As gimnospermas comportam representantes de médio a grande porte, e a maioria é típica de ambientes frios; pinheiros, sequoias e ciprestes são exemplos. Apesar de não produzirem flores, as gimnospermas apresentam folhas modificadas em estruturas reprodutivas denominadas *estróbilos*. Existem espécies que têm apenas estróbilos femininos (ou megasporângios) ou masculinos (ou microesporângios), portanto são espécies monoicas. Contudo, muitas apresentam ambos os sexos em apenas um indivíduo, sendo dioicas.

De acordo com a atual classificação taxonômica, as gimnospermas são representadas por cinco classes: (1) Cycadales, (2) Ginkgoales, (3) Cupressales, (4) Pinales e (5) Gnetales. Confira a Figura 5.2, a seguir.

Figura 5.2 – Filogenia das espermatófitas com destaque para as gimnospermas

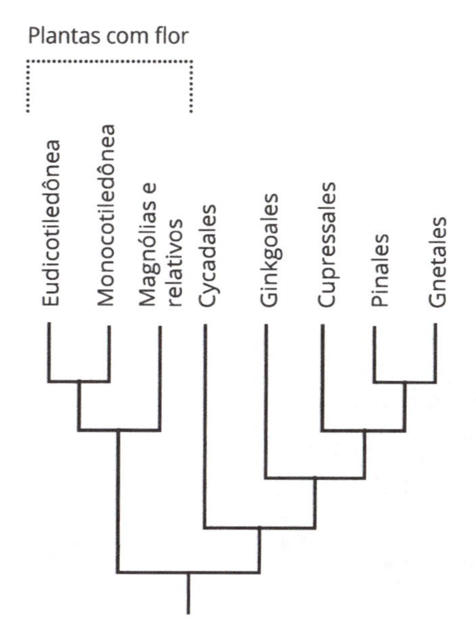

Fonte: Understanding Evolution, 2022, tradução nossa.

5.2.1 Classe Cycadales

A Classe Cycadales é constituída por 2 famílias – Cycadaceae e Zamiaceae – e 11 gêneros. Compreende espécies muito parecidas com as palmeiras (Monocotiledôneas) em virtude da concentração, em forma de coroa, de folhas alongadas, finas e rígidas no ápice do caule (Figura 5.3).

O caule é eventualmente subterrâneo e, na maioria dos casos, aéreo, lenhoso e não ramificado. São Plantas monoicas, ou seja, contam com apenas um sexo por planta. Folhas modificadas formam os estróbilos, que se concentram no ápice do caule, comportando os polens (microesporofilo) ou os óvulos (megaesporofilo) (Figura 5.3).

A planta de sexo masculino tem um estróbilo central ao ápice do caule em forma de cone alongado. A planta de sexo feminino apresenta o estróbilo arredondado central ao ápice do caule, sendo essa estrutura responsável pela formação das sementes quando fecundada. Os integrantes dessa classe habitam as regiões tropicais e subtropicais e são muito utilizados para paisagismo e ornamentação de jardins (Evert; Eichhorn, 2014).

Figura 5.3 – Cycadales

Folhas de *Cycas* sp. (assemelham-se a folhas de palmeira).

Hábito de *Cycas revoluta* (caule lenhoso, não ramificado e folhas no ápice).

Estróbilo masculino (microesporofilo).

Estróbilo masculino com grãos de pólen (amarelo).

Estróbilo feminino (megasporofilo).

Estróbilo feminino fecundado com sementes (laranja).

SARA.12, Natalya Chernyavskaya, IZZ HAZEL, canghai76, Dipson Hamal, Antonio Gravante/Shutterstock

5.2.2 Classe Ginkgoales

A Classe Ginkgoales comporta apenas uma espécie, a *Ginkgo biloba*, que pertencente a uma única família (Ginkgoaceae) e a um único gênero (*Ginkgo*), caracterizando-se como a única espécie sobrevivente da classe. É uma planta monoica, de hábito arbóreo, com folhas herbáceas em formato característico de leque, inseridas em ramos curtos. As folhas são decíduas, ou seja, mudam de coloração e, ao amarelarem, caem. O megasporofilo, depois de fecundado, forma sementes arredondadas semelhantes a amêndoas, cujo envoltório tem um odor fétido (Figura 5.4). É cultivada em todo o planeta, especialmente na China e no Japão (Evert; Eichhorn, 2014).

Figura 5.4 – *Ginkgo biloba*

Folha em formato de leque, característica marcante da espécie, e microsporofilo masculino.

Planta feminina contendo sementes e envoltório de odor fétido.

Hábito de *Ginkgo biloba* e folhas decíduas.

(continua)

Destaque dos estróbilos masculino e feminino.

5.2.3 Classe Gnetales

A Classe Gnetales conta com três famílias de um único gênero cada, sendo eles: *Ephedra*, *Welwitschia* e *Gnetum*.

As espécies do gênero *Ephedra* têm hábito arbustivo e porte médio; são monoicas, com polinização majoritária pelo vento, salvo algumas espécies polinizadas por insetos (Stevens, 2017). O caule é altamente ramificado e fotossintetizante pelo fato de as folhas serem reduzidas e aderidas a ele como escamas (Figura 5.5), lembrando muito a planta do gênero *Equisetum* ou cavalinha, da Classe Polypodiopsida (Figura 4.22) (Cavalcante, 1978).

Figura 5.5 – Gênero *Ephedra*

Hábito arbustivo com caule altamente ramificado.

Caule fotossintetizante lembrando *Equisetum* sp. e megasporofilo (em laranja).

Vinogradova Alyona, Isaeva Eleonora/Shutterstock

O gênero *Welwitschia* apresenta apenas uma espécie, a *Welwitschia mirabilis*, encontrada somente em regiões desérticas do sudoeste da África. Essa espécie é dioica e produz apenas duas folhas, que se fendem longitudinalmente em virtude do crescimento contínuo ao longo da vida da planta. Em média, as folhas podem medir 2 metros de comprimento, e a planta pode registrar 100 anos de idade. Tem um caule lenhoso, curto e não ramificado, e grande parte de sua estrutura é subterrânea (Figura 5.6) (Mundry; Stützel, 2004).

Figura 5.6 – *Welwitschia mirabilis*

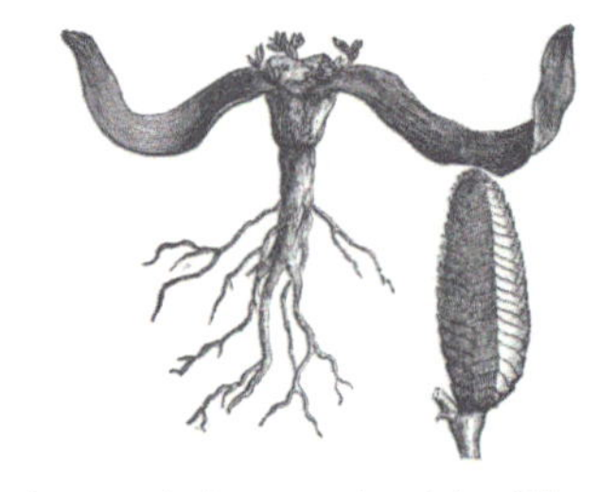

Caule curto e lenhoso e as duas únicas folhas.

Com o crescimento contínuo das duas folhas, elas se partem longitudinalmente, dando a impressão de que a planta tem várias folhas.

Cada folha pode chegar ao comprimento de 2 metros.

Estrutura reprodutiva.

Polens maduros em período de polinização.

Morphart Creation, mdd, Vladislav T. Jirousek, PURIPAT PENPUN, Travel Telly/Shutterstock

O gênero *Gnetum* tem em torno de 30 espécies, que podem ser encontradas em florestas tropicais e em grande parte da Ásia. A maioria delas são lianas (trepadeiras) e poucas têm o hábito arbóreo (Gifford, 2022). A novidade nesse grupo é a presença de elementos de vaso no xilema, o que facilita a movimentação da água no interior da planta. As folhas ocorrem aos pares na região do nó, de consistência herbácea e formato largo. A nervura central é bem marcada, assemelhando-se às espécies de angiospermas (Gifford, 2022). São plantas dioicas, e a semente tem um envoltório comestível que muda de cor quando maduro (Figura 5.7).

Figura 5.7 – Gênero *Gnetum*

Frengkie, Rattiya Thongdumhyu/Shutterstock

Hábito trepador, folhas herbáceas com nervura central marcada e sementes com coloração distinta do envoltório em razão do amadurecimento.

Estróbilos de *Gnetum* (inferior) e desenvolvimento da semente (superior).

5.2.4 Classe Pinales

A Classe Pinales comporta apenas a Família Pinaceae, que apresenta 12 gêneros, sendo o mais representativo deles o *Pinus*. É encontrada especialmente em regiões de clima frio, tanto no Hemisfério Norte quanto no Sul. As plantas são monoicas, com estróbilos masculinos em forma de cone e estróbilo feminino em formato arredondado de pinha. As folhas são alongadas, finas e concentradas em pequenos tufos, sendo conhecidas como *acículas*, uma vez que lembram uma agulha (Figura 5.8). As células do xilema contam com traqueídes, o que facilita o fluxo de água. Ductos resiníferos também são observados e visam bloquear uma rota de fluxo de água que eventualmente não tenha dado certo.

O crescimento secundário ocorre nos primeiros anos de vida da planta, sendo marcado pelo intenso investimento em lenho. As sementes apresentam asas e, por isso, são denominadas *sementes aladas*, o que favorece sua dispersão pelo vento (Figura 5.8).

Figura 5.8 – Gênero *Pinus*

Nikki Yancey, ForestSeasons/ Shutterstock

Estróbilo feminino e acículas reunidas em tufos.

Presença de casca indicando crescimento secundário.

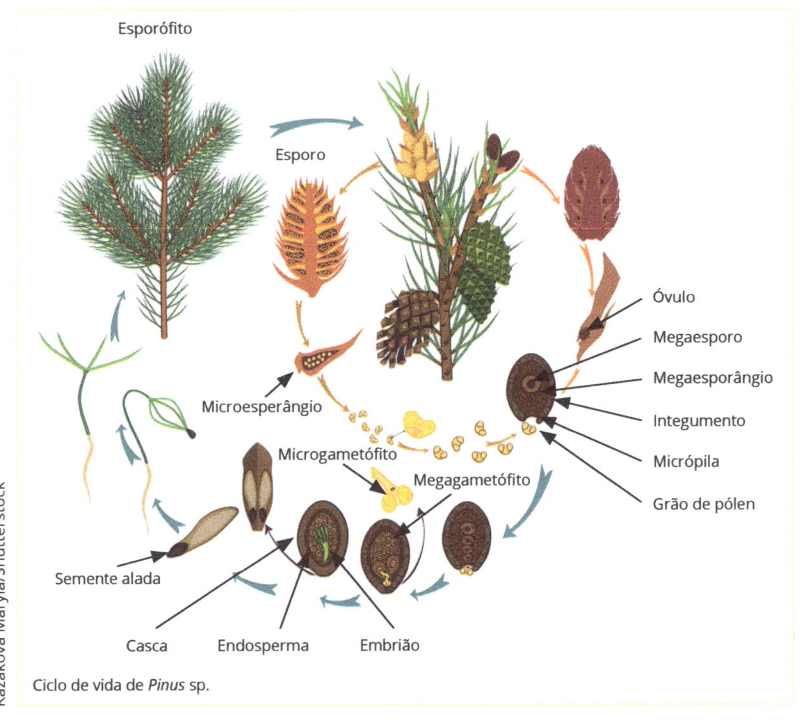

Ciclo de vida de *Pinus* sp.

Kazakova Maryia/Shutterstock

5.2.5 Classe Cupressales

A Classe Cupressales é constituída por 5 famílias e 58 gêneros. A maioria das espécies ocorre em ambientes frios com a presença de neve e vento. O porte é do tipo arbóreo, com representantes que podem passar de 100 metros de altura (*Sequoia sempervirens*); apresentam os maiores diâmetros já registrados em todas as espécies vegetais (*Sequoiadendron giganteum*). Os caules são eretos e com ramificação na parte superior. As folhas são pequenas, do tipo acículas, alongadas e finas, ou semelhantes a escamas ao redor do caule, como no caso da *Araucaria angustifolia*. São plantas monoicas, com estróbilos masculinos e femininos em formato de cone e/ou arredondados, respectivamente. A polinização é majoritariamente pelo vento (Figura 5.9).

Figura 5.9 – Representantes de Cupressales

Sequoia sempervirens com mais de 100 metros de altura no Parque Nacional das Sequoias, na Califórnia (EUA).

(*continua*)

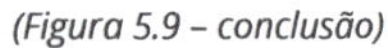
(Figura 5.9 – conclusão)

Diâmetro de uma sequoia.

Araucaria heterophylla e suas folhas em forma de escamas ao redor do caule com estróbilos masculinos.

Estróbilos femininos arredondados de *Araucaria angustifolia*.

Caule com ramificação apenas no topo, favorecendo a polinização pelo vento.

Lucky-photographer, AlessandraRC, ribeiroantonio, Ilona Lablaika, Adilson Sochodolak/Shutterstock

5.3 Classificação das angiospermas

As angiospermas, também conhecidas como Anthophytas, representam o maior grupo de plantas vasculares. A característica exclusiva e que demarca o sucesso reprodutivo desse grupo, comparado aos demais já citados, é a presença de flores e frutos. Tal característica permitiu que esse grupo de plantas conquistasse diferentes ambientes ao redor do mundo e, ao longo da evolução, estabelecesse relações ecológicas específicas de polinização com diferentes grupos de animais.

As angiospermas compreendem organismos diminutos, como *Wolffia brasiliensis*, com frondes de até 0,7 milímetro (Pereira; Pott; Temponi, 2016), ou arbóreos com mais de 100 metros de altura, como a árvore tropical *Shorea faguetiana*, encontrada na Malásia (Jackson et al., 2021). Além do tamanho dos indivíduos, a coloração é outra característica marcante do grupo, e isso se dá em virtude da presença de flores e frutos – o gameta feminino fica guardado dentro de um ovário envolto por um verticilo de pétalas e sépalas, geralmente de cores e tamanhos diferentes.

As flores e os frutos surgiram com o objetivo de atrair os polinizadores, caracterizando as angiospermas como o grupo que mais evoluiu nesse aspecto. As pétalas coloridas e, por vezes, grandes atraem a atenção dos polinizadores como verdadeiros sinalizadores em meio ao verde das folhas. Além das pétalas, a presença de néctar funciona como uma recompensa aos polinizadores toda vez que eles visitam a flor. Os frutos também seguem essa lógica de recompensa ao polinizador, visto que há um mesocarpo suculento e adocicado. Como consequência à escolha do fruto, a semente é carregada para outra localidade junto com o polinizador e, assim, as chances de propagação da espécie aumentam.

A origem monofilética das angiospermas foi confirmada por dados referentes à morfologia, à anatomia, à embriologia, à palinologia (estudos dos polens), à cariologia (estudo da estrutura dos cromossomos) e à fitoquímica, bem como por dados moleculares referentes às sequências do DNA de dois genes do cloroplasto (atpB e rbcL) e de um gene nuclear (18s). De acordo com a classificação taxonômica atual das angiospermas (APG), esse grupo é dividido em quatro clados, descritos a seguir: (1) angiospermas basais, (2) magnoliídeas, (3) monocotiledôneas e (4) eudicotiledôneas (Byng et al., 2016).

5.3.1 Angiospermas basais

As angiospermas basais são representadas por 8 ordens e 25 famílias. Em sua maioria (excetuando-se a Ordem Nymphaeales, que engloba plantas aquáticas), é um grupo de plantas lenhosas com porte pequeno a médio. Algumas espécies das ordens Austrobaileyales e Canellales apresentam metabólitos secundários (Capítulo 1) do tipo terpenoides aromáticos, como óleos essenciais. O anis-estrelado *Illicium verum* (Figura 5.10), representante das Austrobaileyales, é uma planta com grande quantidade de óleo essencial com propriedades inseticidas, bactericidas e fungicidas (Lima et al., 2008).

Figura 5.10 – Representantes das angiospermas basais

Wut_Moppie, LiskaM/Shutterstock

Nymphaea sp., pertencente à Ordem Nhymphaeales.

Illicium verum, popularmente conhecido como *anis-estrelado*.

5.3.2 Magnoliídeas

As magnoliídeas incluem as classes Magnoliales, Laurales, Piperales e Canellales, que totalizam 6 famílias e 3 mil espécies catalogadas. Da Classe Magnoliales, encontramos as famílias Magnoliaceae e Annonaceae, que são de hábito lenhoso e arbóreo, apresentam folhas simples e alternas e células produtoras de óleo que contribuem para a polinização. Cálice e corola são trímeros com muitos elementos espiralados. Gineceu e androceu são numerosos e bem evidentes. Para espécies da Família Magnoliaceae, a coloração é, geralmente, branca ou rosa claro (Figura 5.11). A Família Annonaceae é representada no Brasil por fruta-do-conde, araticum e graviola (Figura 5.11).

Figura 5.11 – Representantes das magnoliídeas

Flor *Magnolia grandiflora* com destaque para a corola trímera e numerosa de coloração branca.

Fruto de *Annona muricata* (graviola) com cálice e corola trímeros.

Fruto de graviola.

wasanajai/Shutterstock

5.3.3 Monocotiledôneas

O grupo das monocotiledôneas inclui 11 ordens e 58 famílias. São representadas por plantas com nervuras foliares paralelas, raízes fasciculadas, sementes com um único cotilédone, flores trímeras e feixes vasculares dispersos no caule do tipo atactostelo. São plantas com o hábito herbáceo ou trepadeiras, com exceção das Arecales – ordem das palmeiras (Figura 5.12).

Figura 5.12 – Representantes das monocotiledôneas

Nervura paralela da folha do milho – *Zea mays*.

Raiz fasciculada de uma bromélia.

Orquídea *Phalaenopsis* sp. com três pétalas (flor trímera).

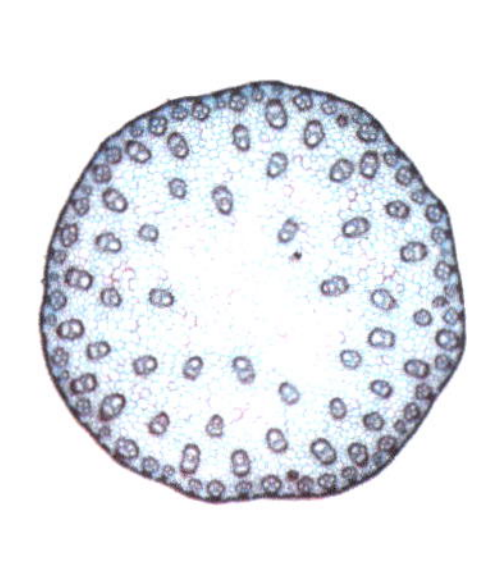

Corte transversal de caule de monocotiledônea com feixes vasculares dispersos.

Hábito herbáceo de *Spathiphyllum wallisii*, típico das monocotiledôneas.

Palmeira representante da Ordem Arecales.

Patrick Wolanowski, Lapis2380, Jee1999, Mike Rosecope, praneem79, CarlosHerrerosfotografia/Shutterstock

5.3.4 Eudicotiledôneas

Com 45 ordens e 254 famílias, o grupo das eudicotiledôneas é o maior entre as espermatófitas. São plantas que apresentam, em sua maioria, nervuras foliares reticuladas, raízes pivotantes, sementes com dois cotilédones, flores pentâmeras ou mais, feixes vasculares organizados e pólen tricolpado (Figura 5.13).

Figura 5.13 – Representantes das eudicotiledôneas

Folha de rosa com nervura reticulada.

Raiz pivotante de feijão – *Phaseolus vulgaris*.

Flor de *Hibiscus* sp. com cinco pétalas.

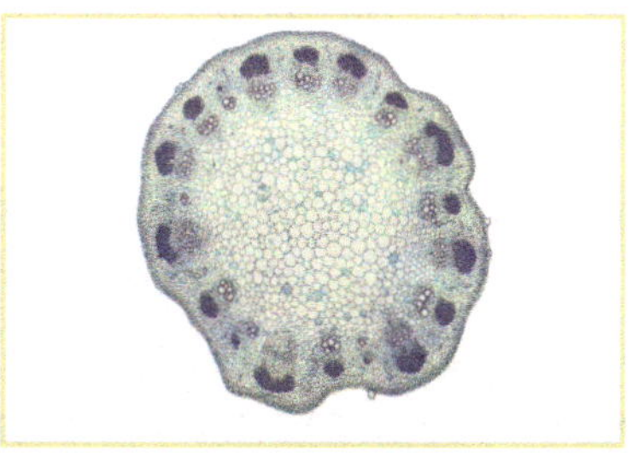

Corte transversal de caule de eudicotiledônea com feixes vasculares organizados.

Nattika, Elena Zajchikova, Julia Agin, Carolina K. Smith MD/Shutterstock

5.4 Organologia das espermatófitas

A organologia é a área da botânica que estuda os órgãos das plantas. Tais órgãos são divididos em vegetativos – raiz, caule e folha – e reprodutivos – flor, fruto e semente. Os **órgãos vegetativos** permanecem ao longo do ciclo de vida da planta, podendo ser substituídos por novos em caso de envelhecimento, injúria ou queda. Já os **órgãos reprodutivos** surgem em períodos de reprodução, obedecendo à sequência lógica de acontecimentos: flor < fruto < semente.

Nos próximos tópicos, abordaremos os órgãos vegetativos e reprodutivos de modo detalhado e, em alguns casos, com a comparação entre gimnospermas e angiospermas ou monocotiledôneas e eudicotiledôneas.

5.4.1 Raiz

A raiz é um órgão vegetativo cuja função envolve a fixação e a sustentação da planta, a assimilação e a condução de água e nutrientes presentes no substrato, bem como a estocagem de água e carboidratos (Judd et al., 2009). Além dessas funções, algumas raízes são especializadas na realização da fotossíntese, visto que são aéreas e não ficam no substrato.

De maneira geral, o crescimento das raízes é geotropismo positivo, ou seja, elas crescem em direção ao solo, para baixo. Por convenção, adotaram-se alguns termos que auxiliam na determinação da característica principal de uma raiz, considerando-se a diversidade encontrada. Assim, em termos gerais, as raízes têm sua morfologia classificada quanto ao local em que estão: terrestres, aquáticas ou aéreas, conforme descrito no Quadro 5.1, a seguir.

Quadro 5.1 – Relação entre a morfologia externa das raízes e o local em que se desenvolvem

Raiz terrestre	
Pivotante: presença de, no mínimo, uma raiz principal maior com crescimento dominante, acompanhada de raízes secundárias. Típica de gimnospermas e angiospermas (eudicotiledôneas). Exemplo: *Citrus sinensis* (laranjeira).	
Pivotante suculenta/tuberosa: acumula água ou carboidratos em seu interior. O caule e as folhas ficam acima da superfície da terra. Exemplo: *Daucus carota* (cenoura).	
Fibrosa/fasciculada: presença de várias raízes de igual tamanho e espessura. Típica de angiospermas (monocotiledôneas). Exemplo: *Cynodon Dactylon* (grama).	
Raiz aquática	
Fibrosa/fasciculada: raiz aquática e volumosa cujo objetivo é aumentar sua superfície de contato, garantindo acesso aos nutrientes presentes na coluna de água. Exemplo: *Pistia stratiotes* (alface-d'água).	

(continua)

Mike Rosecope, planetzstudio, Parque Chongbum Thomas/Shutterstock ... Parceiros de Imagem, Emilio100,

(Quadro 5.1 – continuação)

Raiz aérea	
Adventícia: proveniente de partes da planta que não são a raiz embrionária. As raízes adventícias pode ser: tabular, escora, grampiforme, estranguladora, haustorial e velame.	
Adventícia tabular: cresce como prolongamento do caule; sua função é fornecer maior suporte à planta em razão de seu tamanho. Exemplo: *Carapa guianensis* (andiroba).	
Adventícia escora: cresce como prolongamento do caule; sua função é fornecer maior suporte à planta em razão do solo instável no qual vive. Exemplo: *Rhizophora mangle* (mangue-vermelho).	
Adventícia grampiforme: típica de plantas trepadeiras, apresenta alta capacidade de aderência em superfícies. Exemplo: *Hedera helix* (hera).	
Adventícia estranguladora: utiliza outras plantas como suporte. À medida que ocorre o crescimento da planta-suporte, é percebido um processo de estrangulamento que ocasiona sua morte. Exemplo: *Ficus macrophylla* (figueira-estranguladora).	

(Quadro 5.1 – conclusão)

Adventícia haustorial: possibilita o parasitismo em outras espécies mediante o roubo da seiva por uma ruptura na estrutura celular até o feixe vascular da planta parasitada. Exemplo: *Cuscuta* sp. (erva-de-passarinho).	 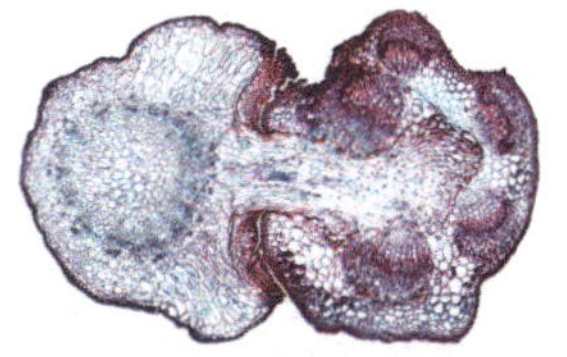
Adventícia velame: apresenta uma epiderme multisseriada de coloração esbranquiçada com células mortas cuja função é reter a água do ambiente ao redor. Ocorre em plantas conhecidas como *epífitas*, ou seja, utiliza outras plantas como suporte (forófito), mas não as parasita. Exemplo: *Gastrochilus acutifolius* (orquídea).	 

A morfologia externa das raízes envolve a presença de distintas regiões, a saber: coifa, zona de crescimento, zona pilífera e zona de ramificação (Figura 5.14). A zona de maturação é composta da raiz principal acompanhada das raízes laterais ou secundárias. Em suas extremidades, é possível observar a presença de pelos absorventes que atuam na assimilação de água e nutrientes. A zona de crescimento/alongamento é constituída por células em constante atividade de multiplicação, e a coifa é a porção mais extrema da raiz, formada por células mucilaginosas que protegem a porção composta de células meristemáticas (Figura 5.14).

Figura 5.14 – Morfologia externa da raiz

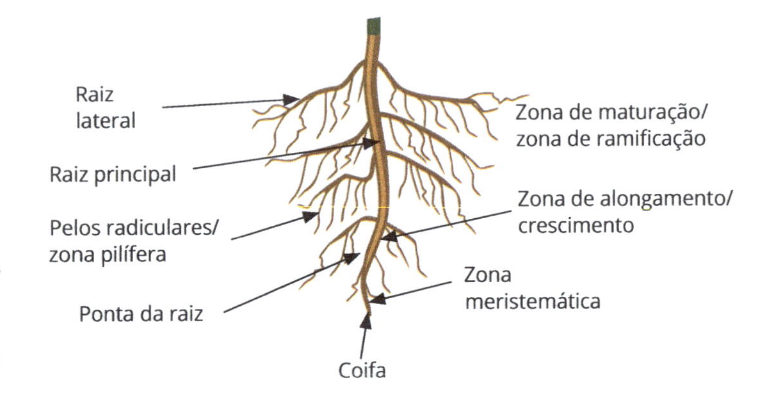

Toda planta passa por um período inicial de crescimento, denominado *crescimento primário*, no qual o investimento de energia é depositado no alongamento e na estatura da planta. O crescimento em espessura do caule, em contrapartida, não ocorre em todas as plantas, apenas nas espermatófitas. Contudo, mesmo sendo classificadas como espermatófitas, a maioria das espécies de monocotiledôneas não apresentam crescimento em espessura, salvo algumas exceções cujo crescimento secundário ocorre em raízes.

Após o investimento em espessura, para as espécies que assim procedem, inicia-se a fase de reprodução, na qual flores, frutos e sementes passam a ser alvo de formação. Dessa forma, a estrutura anatômica nas fases de crescimento primário e secundário é diferenciada quanto à organização dos feixes vasculares (xilema e floema), principalmente entre monocotiledôneas e eudicotiledôneas (Figura 5.15).

Figura 5.15 – Anatomia da raiz de eudicotiledônea e monocotiledônea

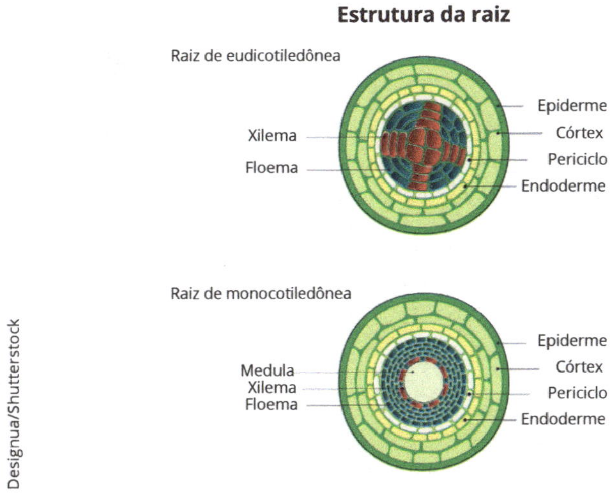

Designua/Shutterstock

Esquema de crescimento primário de raiz de eudicotiledônea com xilema disposto em formato de X e floema circundando-o. Eletromicrografia de crescimento primário de raiz de monocotiledônea com feixes de xilema e floema dispersos ao longo de um parênquima medular.

Em eudicotiledôneas, durante o crescimento primário, a organização anatômica da porção mais externa – epiderme da raiz – em direção à região central da raiz segue esta sequência: epiderme, córtex e cilindro vascular, sendo este último constituído por endoderme (com estrias de Caspary), periciclo (originado do procâmbio), floema e xilema (Figura 5.16). O xilema, portanto, ocupa a porção mais interna da raiz e apresenta uma distribuição, em geral, em formato de X ou cruz, sendo intercalado por feixes de células do floema (Figura 5.16).

Figura 5.16 – Corte transversal da anatomia do feixe vascular de raiz

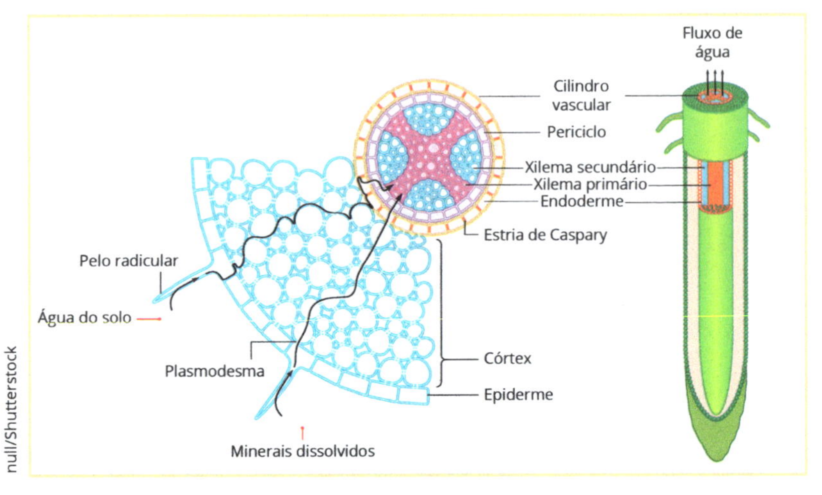

Esquema representando a estrutura anatômica da raiz de uma eudicotiledônea e o trajeto da água pelas rotas apoplástica e simplástica (Capítulo 3), de sua porção mais externa em direção a seu ponto central (xilema).

O número de projeções do xilema pode variar entre espécies de plantas, assim como entre raízes da própria planta. Dessa forma, o xilema é classificado quanto a suas projeções: monarco, diarco, triarco, tetrarco, pentarco ou poliarco (Figura 5.17). As pontas do feixe do xilema encostam no periciclo, e entre os braços do xilema é possível observar os feixes do floema (Figura 5.17). O periciclo assume um papel de tecido meristemático responsável pelo surgimento de novas células de ambos os feixes vasculares. Logo, a maturação das células do feixe vascular na raiz durante o crescimento primário ocorre de fora para dentro, ou seja, em sentido centrípeto, e o xilema é, portanto, do tipo exarco. As células novas recebem o nome de *protoxilema* e *protofloema*, e as células maduras dos feixes vasculares recebem o nome de *metaxilema* e *metafloema*.

Figura 5.17 – Número de projeções do xilema em diarco (A, B), triarco (C), tetrarco (D) e poliarco (E) e a formação de raízes laterais pelo periciclo

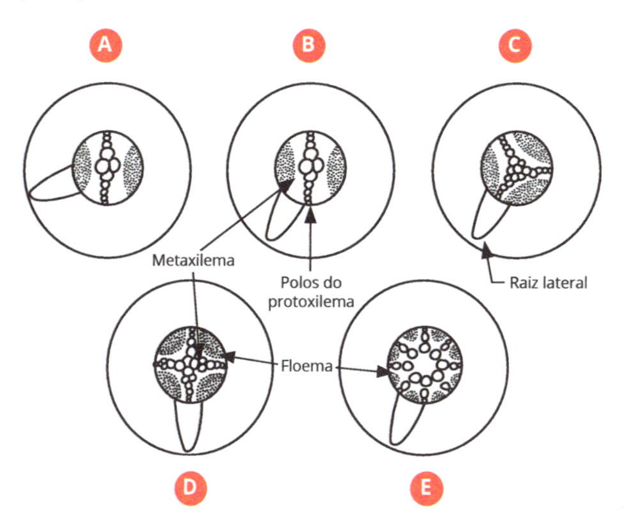

Fonte: Maldonado; Magnano, 2015, p. 32, tradução nossa.

Em monocotiledôneas, o crescimento primário em raízes é caracterizado pela presença de um parênquima medular na porção central e de feixes vasculares dispostos ao redor (Figura 5.18). Na porção mais externa, é possível observar a epiderme seguida de um parênquima cortical e da endoderme. Diferentemente do que ocorre nas eudicotiledôneas com as pontuações de estrias de Caspary, nas monocotiledôneas a endoderme é caracterizada por um depósito de estrias de Caspary em formato de U (Figura 5.18).

Figura 5.18 – Micrografia da raiz de uma monocotiledônea

Rattiya Thongdumhyu/Shutterstock

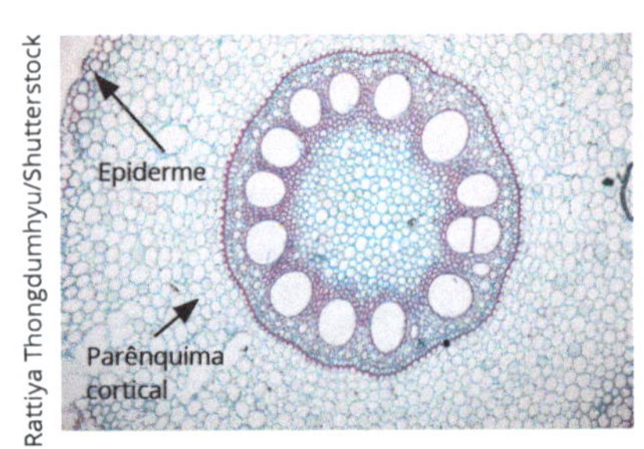

Eletromicrografia da raiz de milho (*Zea mays*), uma monocotiledônea.

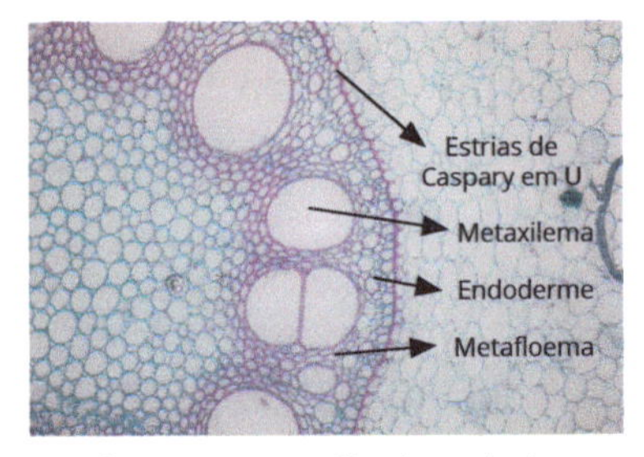

Em destaque, a região da endoderme com depósito de estrias de Caspary em formato de U e a região dos feixes vasculares dispostos ao longo do parênquima medular.

O crescimento secundário é caracterizado pelo aumento em espessura das raízes e do caule da planta. De modo semelhante em ambos os órgãos, o crescimento secundário ocorre pela ação do câmbio vascular e do felogênio (Figura 5.19), que atuam como tecidos meristemáticos, proporcionando, respectivamente, o surgimento de novas células do cilindro central (xilema e floema secundário) e a formação da periderme (feloderme e súber).

Durante o crescimento secundário das eudicotiledôneas e das gimnospermas, o periciclo dá origem ao câmbio, que propicia o crescimento lateralizado. A organização dos feixes vasculares passa a ser diferenciada a partir de então. O câmbio vascular inicia a formação de células do xilema (xilema secundário) para a porção mais interna do órgão e do floema (floema secundário) para a porção mais externa do órgão. Dessa maneira, toda a porção central passa a ser ocupada exclusivamente pelo xilema (xilema primário mais ao centro circundado pelo xilema secundário) (Figura 5.19). Assumindo uma disposição em forma de anel, o câmbio circunda todo o xilema secundário e, do mesmo modo, o floema circunda o câmbio. Por sua vez, o parênquima cortical circunda o floema; em algum momento durante o crescimento secundário, um grupo de suas células passa por um processo de desdiferenciação e assume a característica de células meristemáticas.

Figura 5.19 – Diferença da organização anatômica entre o crescimento primário e o crescimento secundário da raiz

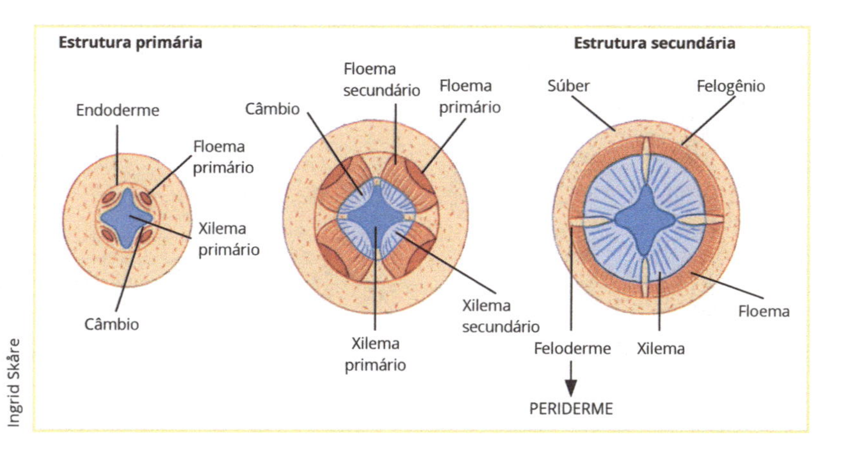

A partir desse momento surge o felogênio, um meristema considerado secundário e com intensa capacidade de multiplicação celular. Sua atividade de multiplicação celular ocorre em sentido duplo, ou seja, crescimento para as regiões interna e externa, assim como acontece com o periciclo. As células que crescem em direção à porção interna formam a feloderme, ao passo que as células que crescem em direção à porção externa formam o súber, um tecido morto que protege externamente raízes e caules com crescimento secundário (Figura 5.20).

Figura 5.20 – Desenvolvimento de uma estrutura em crescimento primário para secundário na raiz de eudicotiledônea ou de gimnosperma

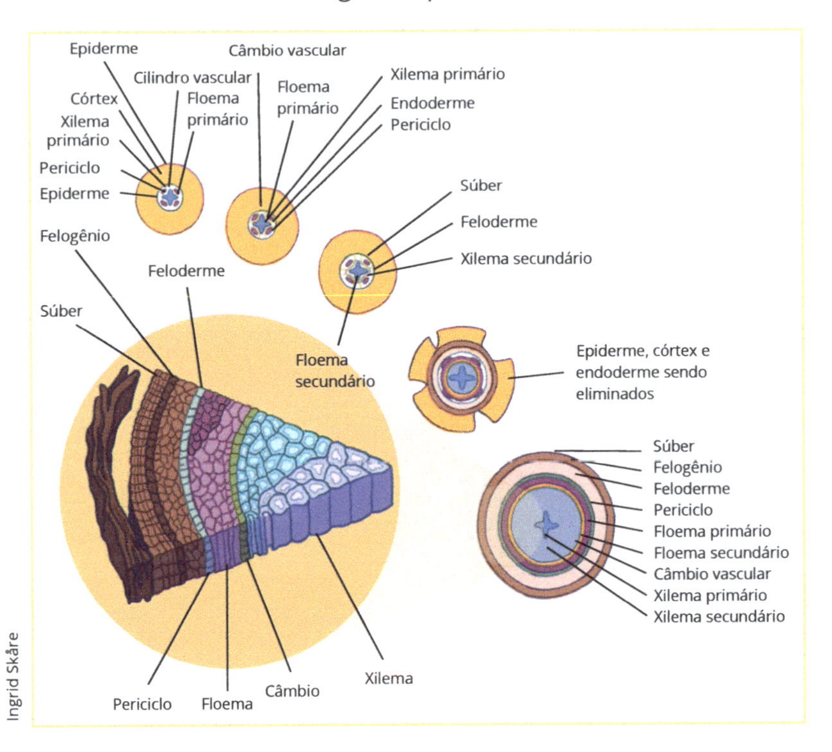

5.4.2 Caule

O caule é um órgão vegetativo cuja principal função é garantir a sustentação da planta e realizar o transporte de seiva bruta (xilema) da raiz para as folhas e de seiva elaborada (floema) das folhas para o restante da planta. O caule também proporciona a elevação das folhas e dos ramos da planta acima do solo, assim como eleva e expõe as flores para os agentes polinizadores e os frutos para os agentes dispersores. Alguns caules podem assumir a função fotossintética da planta, estocar água ou carboidratos ou realizar a função de proteção da planta em virtude da presença de espinhos (prolongamentos do caule) ou acúleos (anexos do caule).

Em geral, o caule apresenta uma estrutura ereta e vertical em relação ao solo, seguindo uma organização de porções do nó e entrenó (Figura 5.21). As porções do nó são regiões de formação de folhas e novos ramos. Essa formação é responsabilidade das gemas laterais ou axilares. A porção do entrenó é caracterizada pelo espaço livre entre dois nós. O ápice do caule é denominado *gema apical* ou *terminal*, que é caracterizada pela presença de células meristemáticas (Capítulo 2) (Figura 5.21).

Figura 5.21 – Morfologia externa do caule

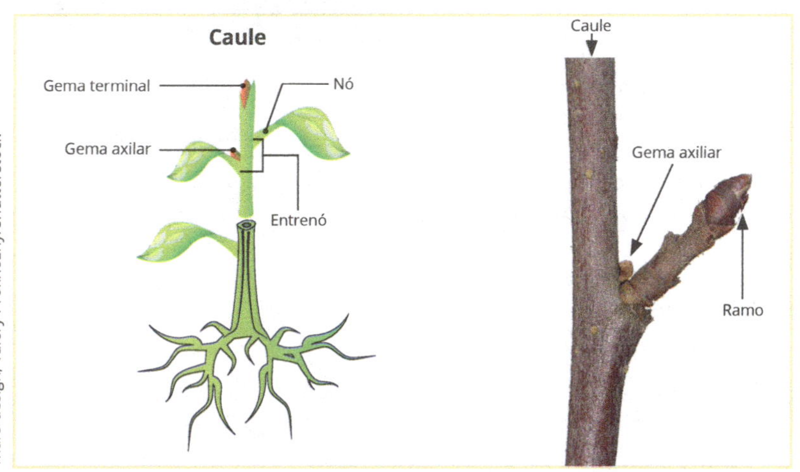

Assim como as raízes, os caules podem ser classificados em terrestres, aquáticos ou aéreos, conforme descrito no Quadro 5.2, a seguir.

Quadro 5.2 – Relação entre a estrutura morfológica dos caules e o local em que se desenvolvem

Caule terrestre	
Rizoma: crescimento subterrâneo, horizontal ao solo, podendo acumular substâncias de reserva e nutritivas. Exemplo: *Zingiber officinale* (gengibre).	
Tubérculo: caule arredondado, subterrâneo, que acumula substâncias de reserva e nutritivas. Exemplo: *Solanum tuberosum* (batata).	
Bulbo: caule subterrâneo e curto envolvido por um conjunto de folhas denominadas *catáfilos*. Pode ser classificado em bulbo simples (exemplo: cebola) ou bulbo composto (exemplo: alho). Exemplos: *Allium sativum* (alho) e *Allium cepa* (cebola).	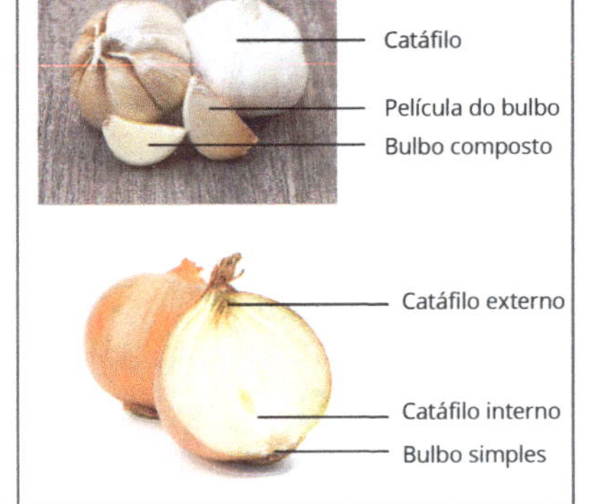

(continua)

(Quadro 5.2 – continuação)

Caule aquático	
Desenvolve-se dentro da água e apresenta uma estrutura anatômica especializada no armazenamento de ar que garante sua flutuação. Exemplo: *Eichhornia crassipes* (aguapé). Obs.: O caule de grande parte das plantas aquáticas recebe auxílio do pecíolo para a flutuação da planta; funcionando como uma boia em razão do acúmulo de ar em seu parênquima aerífero.	
Caule aéreo	
Tronco: porte robusto após crescimento secundário e com várias ramificações para galhos. Comum em árvores. Exemplo: *Delonix regia* (*flamboyant*).	
Haste: caule flexível, ereto, de coloração verde e, portanto, participante do processo fotossintético. Comum em plantas de pequeno porte. Exemplo: *Nasturtium officinale* (agrião).	

(Quadro 5.2 – conclusão)

Estolão: caule flexível, rastejante, de coloração verde e, portanto, participante do processo fotossintético. Exemplo: *Citrullus lanatus* (melancia).	
Estipe: caule ereto, forte, sem ramificações e com folhas apenas na porção do topo. É dividido em faixas que indicam antigas porções de nó intercaladas com porções de entrenó. Exemplo: *Cocos nucifera* (coqueiro).	
Colmo: caule forte, sem ramificação, com a região de nó e entrenó nitidamente dividida em porções de gomos. Pode ser oco (exemplo: *Bambusa vulgaris* – bambu exótico invasor) ou cheio (exemplo: milho, cana-de-açúcar). Exemplo: *Saccharum officinarum* (cana-de-açúcar).	
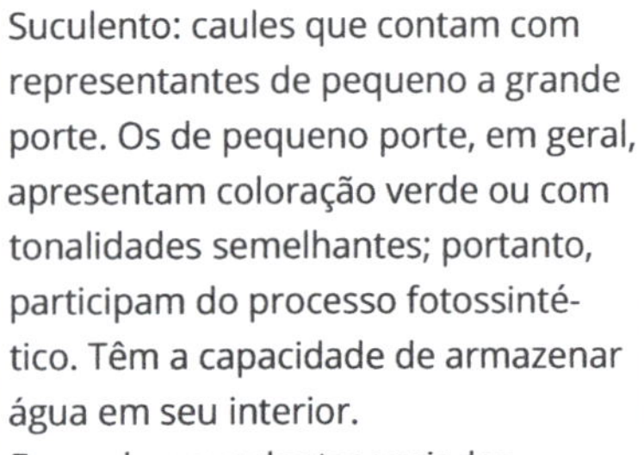 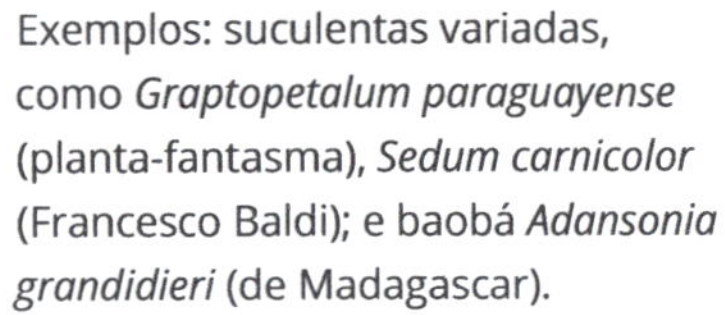 Suculento: caules que contam com representantes de pequeno a grande porte. Os de pequeno porte, em geral, apresentam coloração verde ou com tonalidades semelhantes; portanto, participam do processo fotossintético. Têm a capacidade de armazenar água em seu interior. Exemplos: suculentas variadas, como *Graptopetalum paraguayense* (planta-fantasma), *Sedum carnicolor* (Francesco Baldi); e baobá *Adansonia grandidieri* (de Madagascar).	 

Johan Kusuma, Nednae, NIKCOA, EM Arts, sciencepics, NEOS1AM, tea maeklong, Binh Thanh Bui, KRIACHKO OLEKSII, Tortoon, bunnyphoto, fadeout, Monika Hrdinova/Shutterstock

O caule de algumas plantas pode ter tricomas (células da epiderme) adaptados para fins de proteção. Essa adaptação é denominada *acúleo*, uma estrutura de fácil remoção por não estar associada ao sistema vascular do caule; é uma projeção da epiderme. Mesmo com essa certa facilidade de remoção, é uma estrutura que tem depósito de lignina, o que lhe confere rigidez. Em geral, apresenta coloração distinta em relação ao caule (Figura 5.22A), e, ao ser destacada, é possível observar uma cicatriz em seu local de inserção (Figura 5.22B).

O espinho é caracterizado por um prolongamento do caule, em razão da adaptação evolutiva da folha (Figura 5.22C). Por esse motivo, tem a mesma coloração do caule e é de difícil remoção (tema abordado mais detalhadamente na próxima seção).

Figura 5.22 – Tricoma de proteção: (A) acúleo em roseira com coloração avermelhada, distinguindo-se do caule; (B) detalhe de cicatriz causada pela remoção do acúleo; (C) espinho

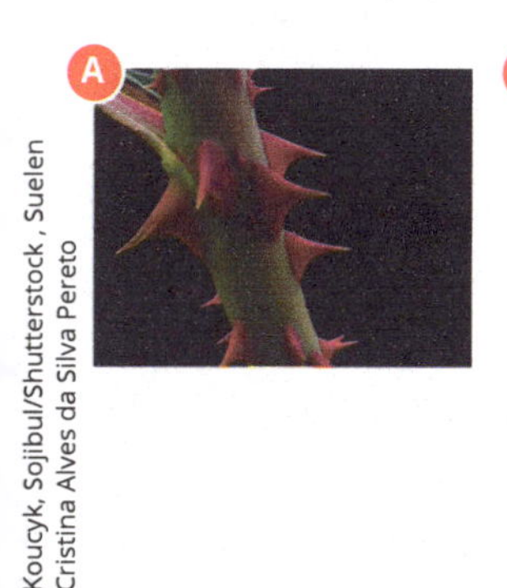

Koucyk, Sojibul/Shutterstock , Suelen Cristina Alves da Silva Pereto

O caule apresenta uma organização anatômica diferenciada tanto para o crescimento primário quanto para o secundário. Durante o crescimento primário, em caules de eudicotiledôneas e gimnospermas, a anatomia é organizada da seguinte forma (da epiderme em direção à porção central): epiderme, parênquima cortical, feixes do sistema vascular (floema seguido de xilema) espaçados e dispostos em círculo e parênquima medular (Figura 5.23); em monocotiledôneas, a organização anatômica é esta: epiderme, parênquima cortical e feixes do sistema vascular (floema seguido de xilema) distribuídos aleatoriamente (Figura 5.23).

Figura 5.23 – Organização anatômica do caule: (A) estrutura anatômica do caule de uma monocotiledônea, com feixes do sistema vascular dispersos ao longo do parênquima; (B) estrutura anatômica do caule de uma eudicotiledônea com crescimento primário

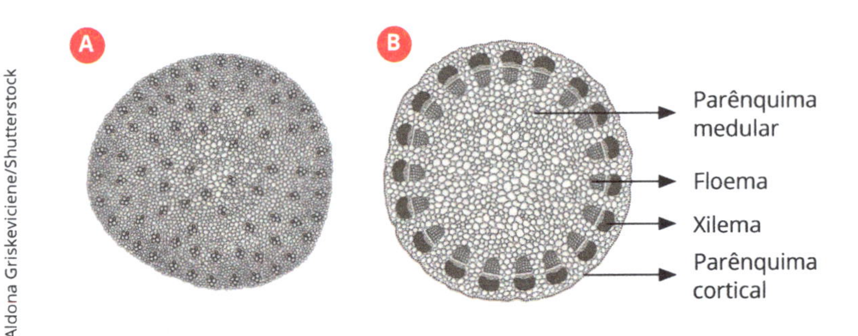

O crescimento secundário é mais perceptível em caules do que em raízes de eudicotiledôneas e gimnospermas. A organização anatômica durante esse crescimento é semelhante ao da raiz, ou seja, o periciclo dá origem ao câmbio, que proporciona o crescimento lateralizado; também ocorre o surgimento do felogênio por meio das células do parênquima, que originam a feloderme e o súber (Figura 5.24). O câmbio inicia a formação de células do xilema (xilema secundário) para a porção mais interna do órgão e do floema (floema secundário) para a porção mais externa do órgão. Dessa forma, toda a porção central passa a ser ocupada exclusivamente pelo xilema (xilema primário mais ao centro circundado pelo xilema secundário). Assumindo uma disposição em forma de anel, o periciclo circunda todo o xilema secundário e, da mesma forma, o floema circunda o periciclo. As células mais próximas do periciclo são denominadas *floema primário*, e as mais afastadas, portanto mais próximas à casca, *floema secundário*. O felogênio, por sua vez, é um cilindro de células meristemáticas originadas na região do parênquima cortical, sob a epiderme (Figura 5.25). As células que crescem em direção à porção interna formam a feloderme, ao passo que as células que crescem em direção à porção externa formam o súber. Nos caules, a formação do súber é mais intensificada do que na raiz (Figura 5.24).

Figura 5.24 – Organização anatômica de caule em eudicotiledônea e gimnosperma em crescimento secundário

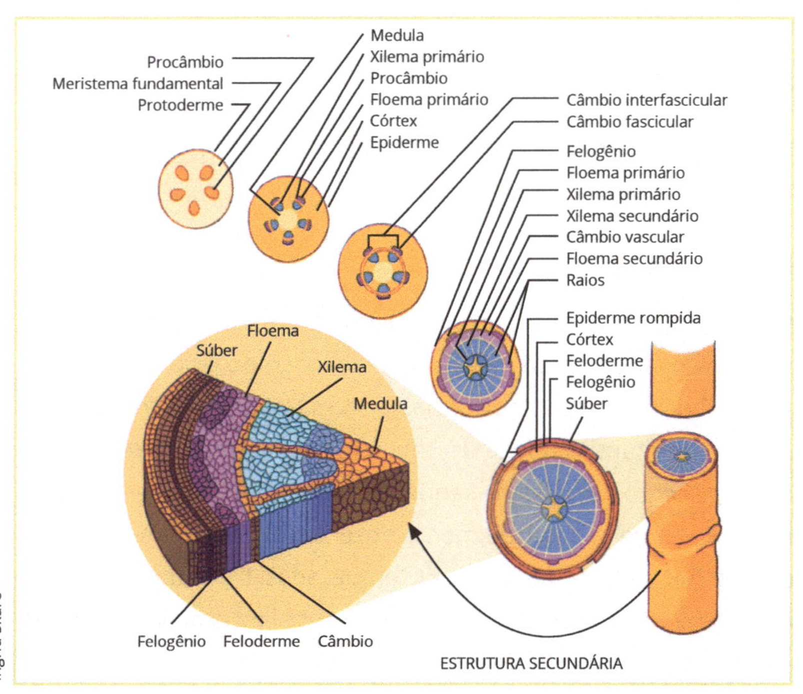

Figura 5.25 – Micrografia da anatomia secundária de caule de algodão (*Gossypium hirsutum*)

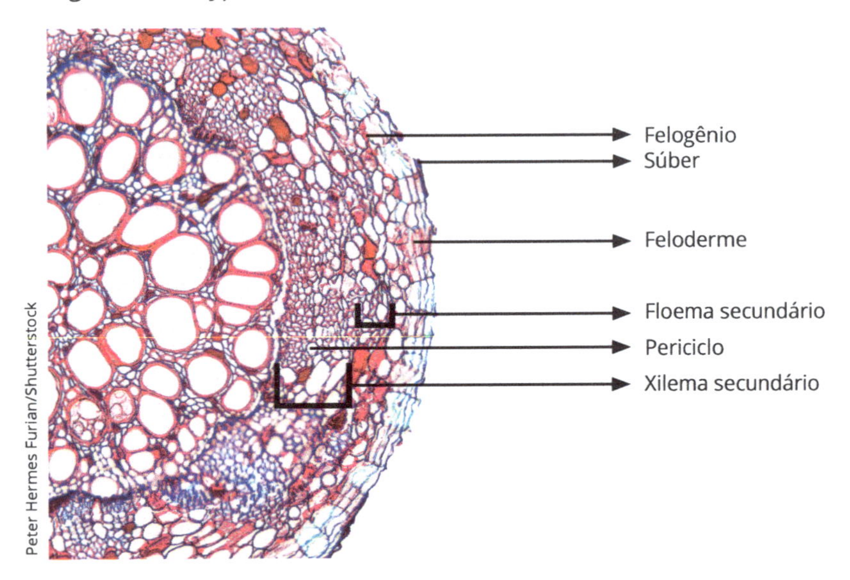

5.4.3 Folha

Para tratarmos da folha, abordaremos sua morfologia e sua anatomia separadamente.

5.4.3.1 Morfologia da folha

O órgão responsável pela realização do processo de fotossíntese da planta é a folha. Sua participação ao longo do ciclo de vida da planta é de extrema importância, tendo surgimento e crescimento contínuos. A queda de uma folha está sempre atrelada ao surgimento de outra na sequência ou, ainda, a um período de reserva de energia, normalmente observado na época de outono em regiões de florestas sazonais temperadas. De maneira geral, uma folha considerada completa apresenta limbo ou lâmina foliar, pecíolo, pulvinos e estípulas (Figura 5.26).

Figura 5.26 – Estrutura de uma folha completa

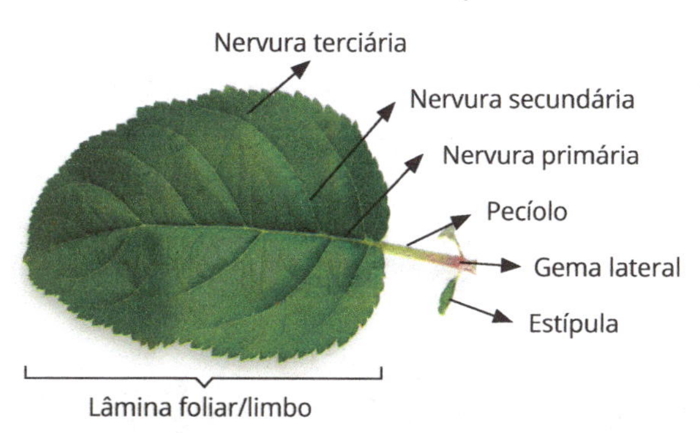

O local de inserção da folha no caule se dá a partir da gema lateral protegida por uma estípula, que pode ou não ser encontrada protegendo a gema. A lâmina folial, normalmente, tem coloração verde e a presença de nervuras indicando os vasos condutores de seiva (xilema e floema). Entre a região da gema lateral e o início da lâmina foliar propriamente dita, há um pendão denominado *pecíolo*. Essa estrutura pode variar de tamanho ou mesmo não ocorrer em determinadas espécies de plantas. Dessa forma, uma folha pode apresentar o pecíolo e ser classificada como peciolada; pode apresentar o pecíolo no meio da lâmina foliar e ser classificada como peltada; ou não apresentar o pecíolo e ser classificada como séssil (Figura 5.27).

No pecíolo, há uma região de maior engrossamento, o pulvino, que auxilia na movimentação da lâmina foliar em resposta à luz, ao toque ou ao estresse hídrico. Essa região é composta de células parenquimáticas com habilidade de reter e liberar água, proporcionando o movimento de nastismo (Capítulo 3). O pulvino pode ocorrer na base, no meio ou no fim do pecíolo. A base do pecíolo é a região de sua inserção no caule, e o fim do pecíolo é a região de sua inserção na lâmina foliar (Figura 5.27).

Figura 5.27 – Pecíolo da folha: (A) pulvino na região final do pecíolo; (B) planta com pecíolo do tipo peltado (encaixado no meio da lâmina foliar) (*Centella asiatica* – centela); (C) planta com pecíolo do tipo peciolado (*Citrus sinensis* – laranja); (D) planta sem pecíolo, ou seja, séssil, mas com um prolongamento da lâmina foliar abraçando o caule, que forma a estrutura de bainha (*Zea mays* – milho)

A classificação taxonômica das espécies é fortemente suportada por características morfológicas foliares. Essas características envolvem o formato da folha, sua venação, margem, morfologia do ápice e base, a cobertura lisa ou pubescente e sua disposição no caule.

Além disso, o tamanho da lâmina foliar e as adaptações foliares são características observadas em alguns grupos taxonômicos. A disposição dos vasos condutores de seiva dentro da lâmina foliar pode variar entre os grupos de plantas, sendo em forma de rede ou reticulados em eudicotiledôneas ou paralelos no caso de monocotiledôneas. No primeiro caso, é sempre possível observar uma nervura de maior calibre ocupando a porção central da lâmina (nervura principal) acompanhada de diversas nervuras de menor calibre a partir dela (nervuras secundárias e terciárias) (Figura 5.26). A disposição das nervuras na lâmina foliar permitiu uma classificação baseada na **venação** da folha, ou seja, na disposição e na organização das nervuras.

O trabalho pioneiro nesse assunto foi do botânico Augustin Pyrame de Candolle (1778-1841), em 1805. Atualmente, diversas classificações são encontradas, mas a mais utilizada e aceita foi a desenvolvida por Hickey (1973). Essa literatura considera a arquitetura das folhas de eudicotiledôneas conforme a venação, o formato, a margem, o ápice e a base da lâmina foliar. Quanto à classificação de venação, Hickey (1973) define a folha em: peninérvea, palminérvea, paralelinérvea e enérvea. Ele aprofundou a classificação da venação peninérvea em seis diferentes tipos, que levam em consideração a disposição das nervuras secundárias (Figura 5.28).

- **Peninérvea/pinada**: folha com uma única nervura primária pela qual divergem nervuras secundárias ao longo de todo o seu comprimento.
  1. Folha com margem serrilhada na qual nervuras secundárias penetram nos dentes da margem.
  2. Folha com margem serrilhada na qual nervuras secundárias formam arcos para, em seguida, penetrarem nos dentes da margem.
  3. Folha com margem lisa na qual nervuras secundárias formam arcos, mas não atingem a margem.
  4. Folha com margem lisa na qual nervuras secundárias não atingem a margem, mas formam um meio arco a partir da nervura primária.

5. Folha com margem lisa na qual nervuras secundárias se ramificam dicotomicamente poucas vezes (±5) logo antes de se aproximarem da margem.
6. Folha com margem lisa ou não na qual nervuras secundárias se ramificam dicotomicamente mais do que duas vezes logo antes de se aproximarem da margem, podendo haver uma interconexão entre elas.

Figura 5.28 – Tipos de venação peninérvea de acordo com a classificação de Hickey (1973)

Daniel Poloha, scorpeow, Tehzeeb nisa, Chartcharn Phodhiphad, photowind, Incomible/Shutterstock

Folha com margem serrilhada.

Folha com margem serrilhada e nervuras formando arcos.

Folha com margem lisa.

Folha com margem lisa e nervuras que não atingem a margem.

Folha com margem lisa e nervuras pouco ramificadas.

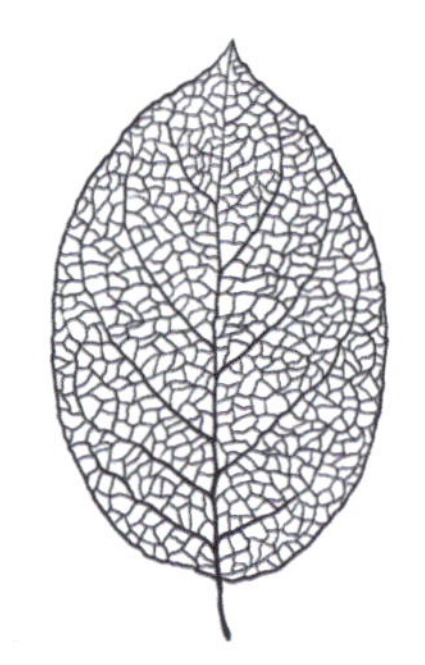

Folha com margem lisa ou não e nervuras que se dividem dicotomicamente.

Hickey (1973) também aprofundou a classificação da venação palminérvea e identificou outros dois tipos, que levam em consideração a disposição das nervuras primárias (Figura 5.29).

- **Palminérvea/palmada**: folha com mais de uma nervura primária divergindo todas da base em direção à margem cujo formato da lâmina foliar lembra a palma de uma mão.
    1. Folha com nervuras primárias divergindo a partir de um ponto em comum da base e cada uma ramificando-se isoladamente.
    2. Folha com nervuras primárias divergindo dicotomicamente acima da região da base e cada uma ramificando-se isoladamente.

Figura 5.29 – Tipos de venação palminérvea/palmada de acordo com a classificação de Hickey (1973)

Andrey Smirnov, flaviano fabrizi/Shutterstock

- **Paralelinérvea/paralela**: folha com diversas nervuras paralelas umas às outras.

Figura 5.30 – Venação paralelinérvea/paralela, típica de monocotiledôneas: (A) *Zea mays* – milho; (B) *Guzmania* sp. – bromélia

drcmarx, bonilook/Shutterstock

- **Enérvea**: folha com mesofilo espesso, não permitindo a visualização das nervuras (Figura 5.31).

Figura 5.31 – Venação enérvea típica: (A) crassulácea (suculenta); (B) *Aloe vera* (babosa); (C) *Agave* sp.

Wut_Moppie, Wesley Cesario Rezende, RUNGSAN NANTAPHUM/ Shutterstock

Muitas exceções são percebidas quanto à estrutura morfológica das folhas, motivo pelo qual a classificação mais utilizada entre os botânicos é a de Hickey (1973). Como mencionado anteriormente, essa classificação envolve também **formato**, **margem**, **ápice** e **base** da lâmina foliar. Tais informações servem como importantes elementos norteadores para fins de identificação taxonômica. O Quadro 5.3, a seguir, apresenta a classificação da morfologia foliar proposta por Hickey (1973).

Quadro 5.3 – Classificação de formato, margem, ápice e base foliar de acordo com Hickey (1973)

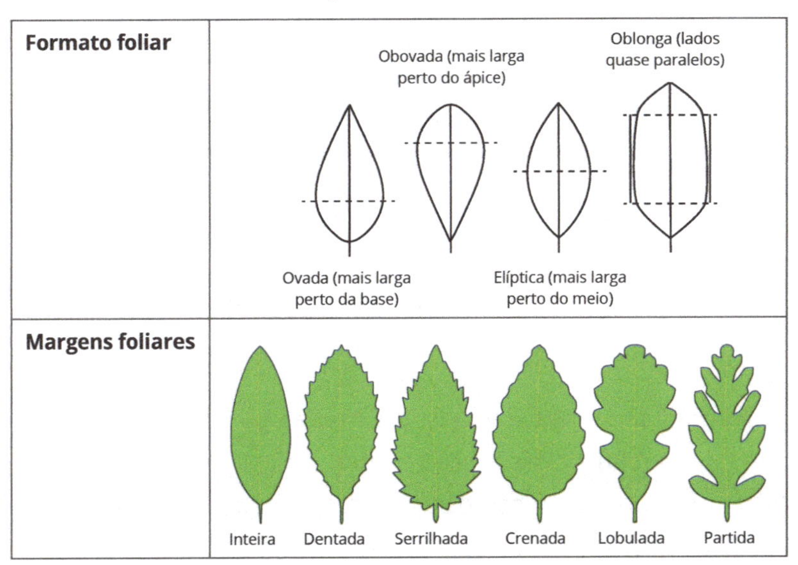

(continua)

(Quadro 5.3 – conclusão)

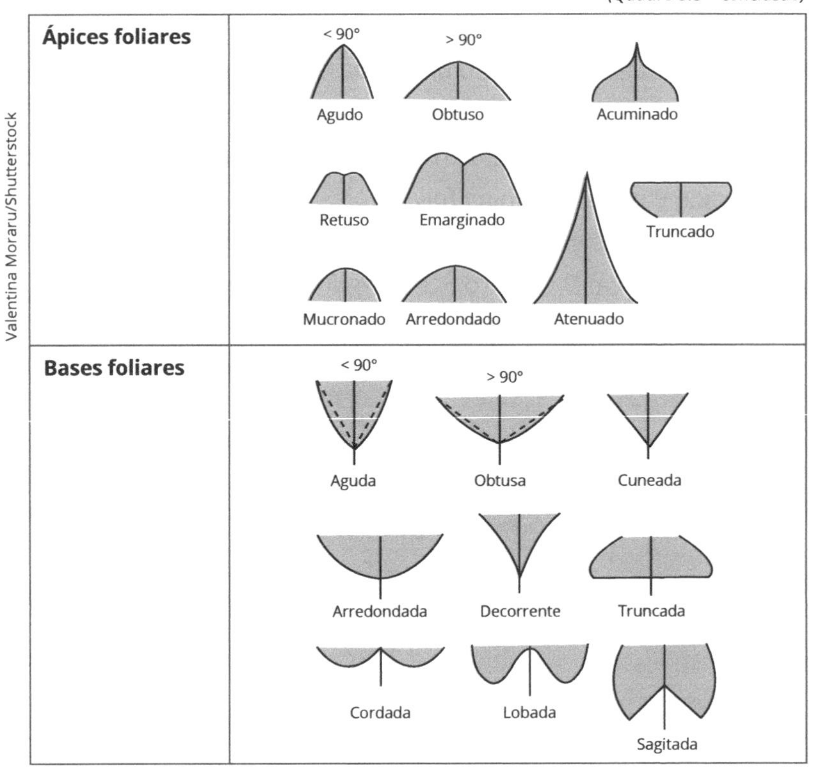

Fonte: Elaborado com base em Hickey, 1973.

Além de todas as características citadas, as folhas apresentam também uma classificação quanto à **disposição da lâmina foliar** no caule, assim como sua divisão a partir da gema lateral. As diferentes formas de disposição das folhas no caule são conhecidas como *filotaxia das folhas*. Dessa forma, uma folha com lâmina única a partir da gema lateral é denominada **folha simples**, enquanto uma folha com duas ou mais lâminas a partir da gema lateral é denominada **folha composta**. Nesse caso, cada lâmina foliar passa a estar aderida à estrutura raque e recebe o nome de *folíolo*. Quando um folíolo passa por uma subdivisão, recebe o nome de *foliólolo*. Os folíolos podem apresentar uma disposição de forma pinada, ou seja, quando saem de dois lados do pecíolo e na porção final se observa um número par (parimpinada) ou ímpar (imparimpinada) de folíolos (Figura 5.32). Entretanto, é possível que do ápice do pecíolo saiam três ou mais folíolos; portanto, trata-se de uma disposição bipinada. Quando tais folíolos sofrem uma divisão em suas lâminas foliares e passam a ser compostos (foliólolos), trata-se de uma disposição digitada (Figura 5.32).

O desenvolvimento das folhas simples pode ocorrer de forma que fiquem alternas (uma folha por nó), opostas umas às outras (duas folhas por nó) ou verticiladas (três ou mais folhas por nó) ao longo do caule, sendo classificadas em folhas alternas, opostas ou verticiladas, respectivamente. **Folhas alternas** podem apresentar uma disposição espiralada cuja diferenciação está atrelada ao ângulo de inserção de duas folhas, de forma sucessiva ou não espiralada. **Folhas opostas**, como o próprio nome sugere, são aquelas que apresentam um desenvolvimento oposto ao longo do caule e podem apresentar uma disposição espiralada ou não. **Folhas verticiladas** são aquelas que se desenvolvem em número de três ou mais lâminas foliares aderidas a uma mesma região de nó no caule.

Figura 5.32 – Filotaxia das folhas

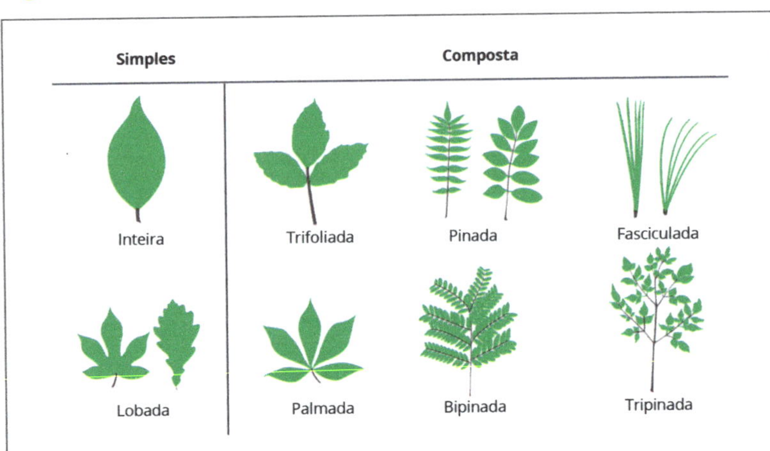

Tipos de folhas que existem: simples, podendo ter uma margem inteira ou lobada, por exemplo; e composta, podendo apresentar um número variado de folíolos ou foliólolos. Folhas compostas podem ser: trifoliadas, com três folíolos saindo do ápice do pecíolo; palmadas/digitadas, com três, quatro ou mais folíolos saindo do ápice do pecíolo; pinadas, com um folíololo saindo do ápice do pecíolo de dois lados do raque; bipinadas, com três ou mais folíololos compostos saindo do ápice do pecíolo; tripinadas, com três foliólolos saindo do pecíolo; fasciculadas, com quatro ou mais foliólolos saindo do ápice do pecíolo.

Da esquerda para a direita: folhas alternas, opostas e verticiladas.

Zeynur Babayev, Aldona Griskeviciene/Shutterstock

Muitas espécies de plantas são conhecidas por, em dada época do ano, perderem suas folhas. A capacidade de perda das folhas em determinada época do ano é denominada *senescência foliar*. Logo, a funcionalidade das folhas quanto à capacidade de realização de fotossíntese é sazonal em plantas com folhas decíduas, ou seja, que caem no final da estação do verão. Em plantas com folhas perenes, é observável sua permanência de forma turgescente ao longo de todo o ano. Folhas marcescentes, em contrapartida, são aquelas que perdem a turgescência em algum momento, mas não caem.

A **cobertura** das folhas é outra característica importante para fins de classificação. Uma folha pode ter uma lâmina foliar/folíolo/foliólolo lisa ou glabra (coberta com cera ou glauca) e pubescente (coberta com tricomas) (Figura 5.33).

Figura 5.33 – Diferentes tipos de cobertura (ou indumento) observados em folhas: (A) glabra; (B) glauca; (C) pubescente

cabinet/Shutterstock

Folhas pubescentes podem apresentar pelos, denominados *tricomas*, com características muito diferentes entre si (trataremos disso mais adiante neste capítulo). Tais características envolvem o número de células que os compõem (uni ou pluricelulares) e seu formato (inteiros ou ramificados). Além disso, é preciso observar se apresentam ou não uma cabeça e qual é seu formato (globoso ou achatado), se ramificam ou não (dendríticos ou estrelados), se formam glândulas que secretam néctar ou não (glandulares ou eglandulares) e qual é sua disposição (isolados ou em tufos) (Figura 5.34).

Figura 5.34 – Tipos de tricomas

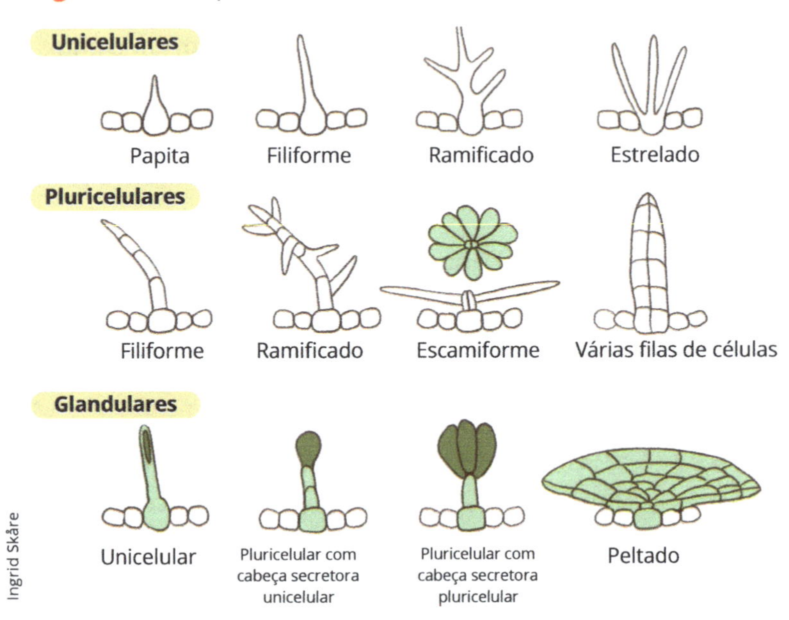

O **tamanho** das folhas é uma caraterística que está intimamente relacionada com a disponibilidade de luz e água (Figura 5.35). Plantas com folhas grandes e largas são típicas de ambientes úmidos e sombreados. A perda de água por transpiração não é um problema, visto que a oferta de água é abundante. Em razão da pouca disponibilidade de luz, a planta investe em uma considerável superfície para garantir a maior absorção de raios solares possíveis até o local onde se encontra. Porém, caso uma planta seja típica de ambiente abundante em água, sombreado, mas com a presença de vento, a lâmina dessa folha apresentará perfurações para evitar sua possível quebra em virtude de seu tamanho. Dessa maneira, existe uma compensação quanto ao tamanho da folha em face das condições do ambiente em questão. Plantas de ambientes muito ensolarados apresentam folhas pequenas pelo fato de diminuírem ao máximo a superfície de contato e a perda de água por evaporação. A atividade fotossintética, nesse caso, não é prejudicada pelo pequeno tamanho das folhas, pois elas garantem o suprimento das taxas metabólicas para a planta.

Figura 5.35 – Diferentes tamanhos de lâminas foliares

Sandra_M/Shutterstock

Conforme as necessidades foram surgindo, muitos vegetais tiveram de desenvolver algumas **adaptações foliares** ao longo de sua evolução. Essas adaptações incluem, por exemplo, brácteas, espinhos, gavinhas, cotilédones e filódios.

As brácteas são folhas que se fixam na base do pedicelo da flor ou de um conjunto de flores (inflorescência) e passam a exercer o papel de atração dos polinizadores. Isso se deve ao fato de as flores dessas plantas serem pequenas, não atrativas ou até inexistentes. As brácteas podem ser encontradas em plantas como bico-de-papagaio (*Euphorbia pulcherrima*), copo-de-leite (*Zantedeschia* sp.), lírio-da-paz (*Spatiphyllum* sp.), antúrio (*Anthurium andraeanum*), bananeira (*Musa ornata*) e primavera (*Bougainvillea* sp.) (Figura 5.36).

Figura 5.36 – Adaptação foliar do tipo bráctea

Ortis, Anderson Matos, AngieC333/Shutterstock

Brácteas vermelhas de *Euphorbia pulcherrima* (flor-do-natal).

Bráctea de *Zantedeschia* sp. (copo-de-leite) envolvendo um conjunto de flores (inflorescência).

Brácteas rosa de *Bougainvillea* sp. (primavera) envolvendo uma flor diminuta.

Os espinhos são uma adaptação foliar que surgiu como resultado de um processo evolutivo diante da necessidade de evitar a perda de água para o ambiente e garantir a proteção da planta contra injúrias ou herbivorias. Nesse caso, a função fotossintética passa a ser desenvolvida pelo caule, que é abastecido com cloroplastos, como ocorre com os cactos (Figura 5.37). O espinho é uma estrutura rígida, pontiaguda e de difícil remoção encontrada nos caules de algumas plantas. Todo espinho apresenta uma intensa rigidez, atrelada a uma grande quantidade de lignina. A lignina é uma substância que, como visto nos capítulos anteriores, garante uma condição de rigidez e impermeabilização do vegetal. A difícil remoção do espinho também está relacionada ao fato de ele estar associado ao sistema vascular do caule, sendo, portanto, um prolongamento dele (Figura 5.37). Em geral, o espinho é fruto de uma modificação de folhas ou ramos laterais, razão pela qual está sempre associado a uma gema lateral ou axilar que proporciona a formação de um novo ramo ou folha (Figura 5.37). Além da função de defesa, o espinho pode exercer uma função relacionada à fotossíntese. No caso das cactáceas, ao longo de muitos anos de evolução, as folhas reduziram sua área foliar com o objetivo de evitar a perda de água para o ambiente através dos estômatos, em virtude das altas temperaturas que ocorrem nos locais em que essas plantas vivem. Assim, as folhas conquistaram um formato do tipo espinho, e o caule assumiu a função de realizar a fotossíntese (Figura 5.37).

Figura 5.37 – Adaptação foliar do tipo espinho

Espinho de um limoeiro.

Presença de espinhos na região de uma gema lateral, local de formação de outras folhas.

Representante do grupo dos cactos, com a presença de espinhos ao longo de todo o seu caule.

Detalhe do local de inserção dos espinhos no caule – cada espinho representa uma folha que se adaptou à nova forma.

Pachacutec, aleksandr4300, Scisetti Alfio, Predrag Jankovic/Shutterstock

As gavinhas são outra forma de adaptação foliar com o intuito de garantir o suporte de plantas que apresentam hábito trepador, também conhecido como *volúvel*. Essa adaptação consiste em uma folha que assume um formato de ramo filamentoso e tem alta capacidade de enrolamento espiralado. As gavinhas podem ser simples ou bifurcadas na extremidade (Figura 5.38). O enrolamento típico da gavinha se dá pela inibição do crescimento da área em contato com o objeto estranho, enquanto o outro lado do órgão é estimulado a crescer normalmente, de forma que a gavinha é forçada a curvar-se em volta do aparato, agarrando-o. É comum haver rápido espessamento e acréscimo de consistência e resistência da gavinha após sua fixação (Figura 5.38).

Figura 5.38 – Adaptação foliar do tipo gavinha

AjayTvm/Shutterstock

Bifurcação das extremidades da gavinha com o objetivo de proporcionar o suporte da planta.

Enrolamento da gavinha em suporte.

As folhas têm papel primordial em todo o desenvolvimento da planta. Mesmo quando ainda não apresentam folhas verdadeiras, o abastecimento com nutrientes durante o desenvolvimento inicial de uma planta é garantido pelos cotilédones. Os cotilédones são folhas embrionárias que suprem as primeiras necessidades nutricionais do broto vegetal até que as primeiras folhas verdadeiras se desenvolvam e iniciem a produção de metabólitos fotossintéticos. A quantidade de cotilédones presentes em um vegetal é uma característica taxonômica que garante a distinção entre monocotiledôneas e eudicotiledôneas, que apresentam um e dois cotilédones, respectivamente (Figura 5.39).

Figura 5.39 – Adaptação foliar do tipo cotilédone: diferença quanto ao número de cotilédones entre monocotiledôneas e eudicotiledôneas

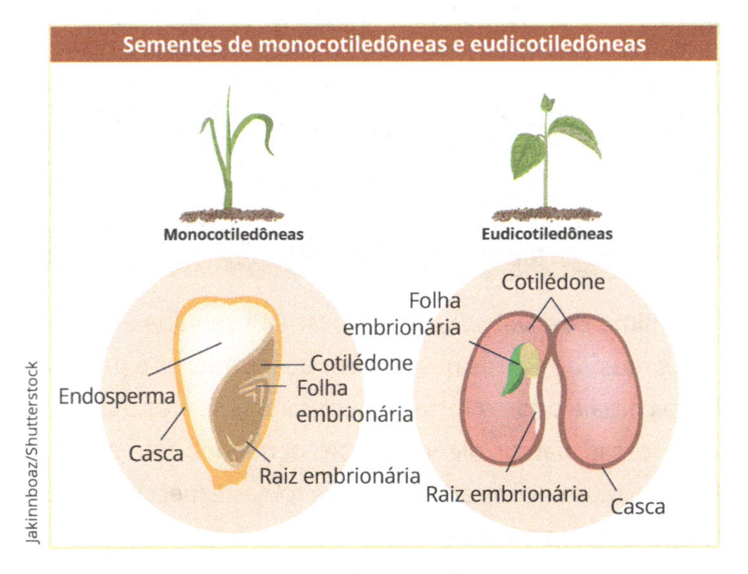

Algumas espécies de plantas apresentam folhas sem a lâmina foliar e, nesse caso, é o pecíolo que desenvolve a atividade fotossintética, em virtude de seu achatamento em forma de lâmina. Essa ausência de lâmina foliar e o consequente achatamento do pecíolo caracterizam o que denominamos *filódio*.

Essa adaptação foliar é comum em muitas espécies dos gêneros *Acacia* e *Lathyrus*, ambos da família das leguminosas (Fabaceae) (Figura 5.40).

Figura 5.40 – Adaptação foliar do tipo filódio – filódio presente em *Lathyrus ochrus*

Esin Deniz/Shutterstock

Uma última possível adaptação foliar é observada em espécies de plantas carnívoras que atraem polinizadores e presas mediante cores e odores fortes e bem característicos. Após a captura, essas plantas digerem esses pequenos animais por meio de enzimas encontradas em suas folhas especializadas. Tais folhas, então, além de liberarem enzimas digestivas, em geral, contam com uma arquitetura em forma de armadilha para suas presas. Plantas carnívoras também realizam fotossíntese, mas, em virtude da escassez de muitos compostos nitrogenados no solo do ambiente em que vivem, elas desenvolveram a estratégia de extrair de invertebrados os nutrientes de que necessitam (Figura 5.41).

Figura 5.41 – Adaptação foliar do tipo jarro com enzimas digestivas – folha de *Nepenthes* sp. (planta carnívora)

Usanee/Shutterstock

No fundo do jarro, existe um suco com enzimas digestivas.

5.4.3.2 Anatomia da folha

A estrutura anatômica da folha obedece a uma sequência de fora para dentro dos tecidos de revestimento, preenchimento, sustentação e vascularização. O revestimento da folha é feito por uma fina camada de cutícula, uma substância cerosa que a impermeabiliza, evitando a perda de água para o ambiente. Logo abaixo da cutícula, é possível observar uma ou mais camadas de células justapostas que formam uma importante estrutura, a epiderme. A epiderme é a porta de entrada e saída de água e gases na planta, razão pela qual tem um local específico de entrada e saída de metabólitos, denominado *estômato*. Os estômatos podem ocorrer em ambas as faces da folha (folha anfiestomática), apenas na face superior ou adaxial (folha epiestomática) ou apenas na face inferior ou abaxial (folha hipoestomática) (Figura 5.42).

Figura 5.42 – Anatomia da folha

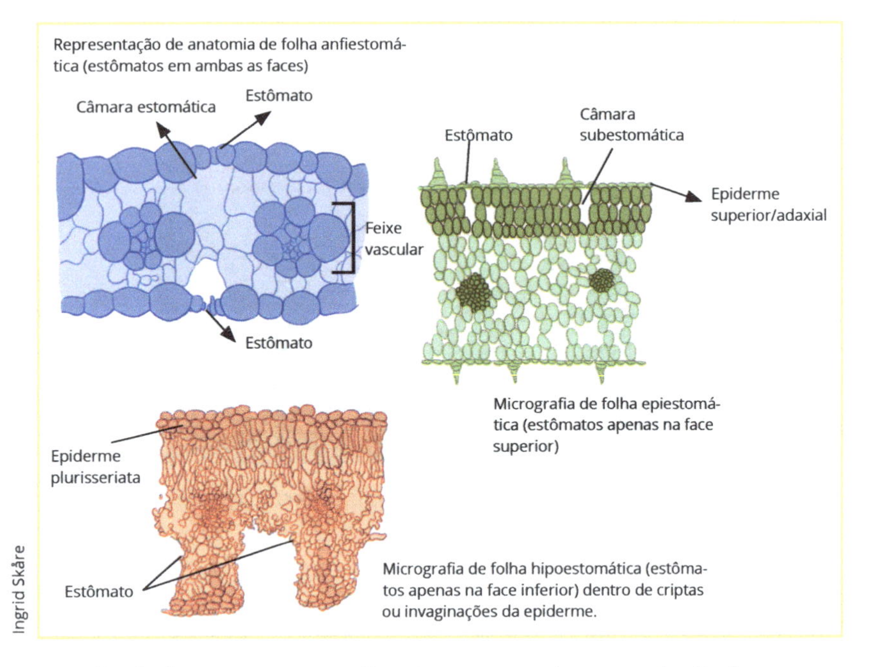

O nível em que um estômato se encontra em relação à linha da epiderme é uma característica que revela o hábitat da planta. Quando o estômato se localiza em regiões mais internas ao mesofilo, em criptas ou em invaginações da epiderme, essa planta é típica de um ambiente árido e muito quente (Figura 5.42). Em contrapartida, quando os estômatos são encontrados acima da linha da epiderme ou até no mesmo nível, a planta apresenta um hábito hidrofítico, em que a disponibilidade de água ocorre em abundância ou na medida necessária para a planta (Figura 5.42).

Em folhas de eudicotiledôneas, os estômatos estão dispersos por toda a epiderme da folha, ao passo que, em monocotiledôneas e gimnospermas, a disposição dos estômatos ocorre de forma ordenada em fileiras paralelas ao longo da lâmina foliar (Figura 5.43).

Figura 5.43 – Microscopia óptica de estômatos na epiderme

Dew_gdragon/Shutterstock

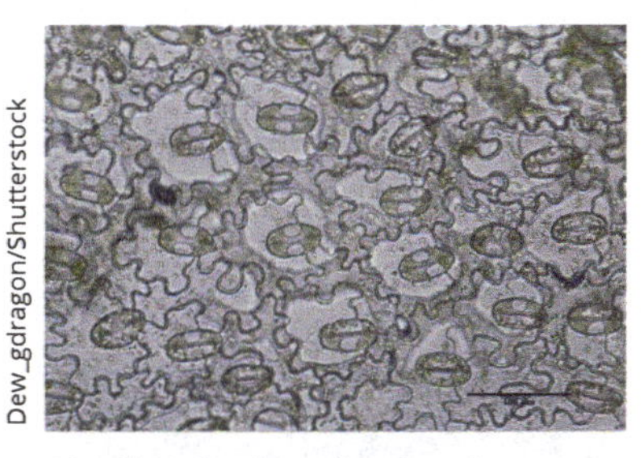

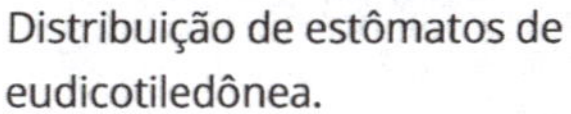

Distribuição de estômatos de eudicotiledônea.

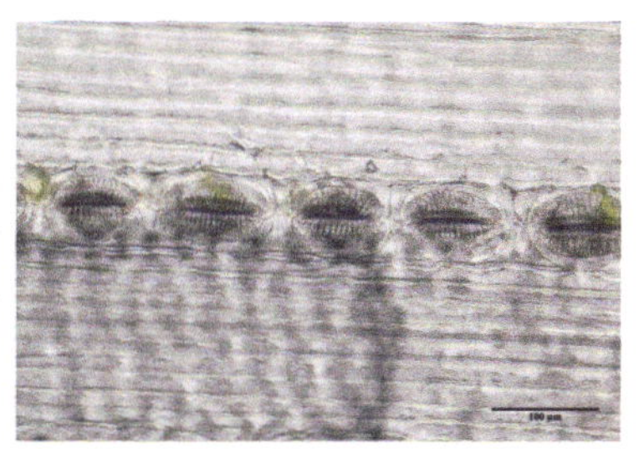

Distribuição de estômatos ordenados em fileira de uma monocotiledônea.

Na epiderme da folha, existem vários tipos de **tricomas**, células da epiderme especializadas na produção de alguma substância secretora ou que apresentam uma estrutura diferenciada comparada às demais células da epiderme, com a função de promover proteção. Os tricomas podem ser formados por uma ou mais células epidérmicas, apresentar diversos tipos e tamanhos e contar com diferentes substâncias em seu interior, sendo classificados em tectores ou glandulares.

- **Tricomas tectores**: célula(s) da epiderme alongada(s) que confere(m) proteção à planta. Podem ser constituídos de uma ou várias células da epiderme (Figura 5.44).
- **Tricomas glandulares**: produzem uma substância em seu interior, funcionando como glândulas. Podem ser constituídos por uma ou várias células com formato globoso, porém não se encontram na mesma linha das células da epiderme, e sim elevados por meio de um pedúnculo, que os liga à epiderme (Figura 5.44). O formato, o fato de ser ou não glandular e a substância produzida são características taxonômicas importantes para fins de identificação de espécies. Isso

ocorre, principalmente, porque os tricomas são estruturas de fácil observação, sem a necessidade de recursos ou técnicas muito caras – uma lupa já é suficiente.

Figura 5.44 – Tipos de tricomas: (A) tricomas tectores; (B) tricomas glandulares com pedúnculo

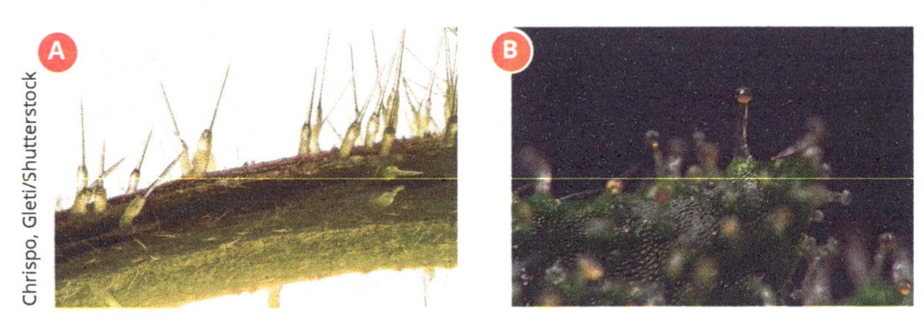

Logo abaixo da epiderme adaxial, que pode ser unisseriada ou multisseriada, encontra-se uma região com conteúdo celular que se estende até a epiderme abaxial, o **mesofilo**. O mesofilo comporta dois tipos de tecidos parenquimáticos: clorofiliano paliçádico e lacunoso/esponjoso. Em eudicotiledôneas, é possível observar uma diferenciação entre ambos os parênquimas.

O parênquima clorofiliano paliçádico recebe esse nome pelo aspecto de suas células, que lembram palitos ou uma cerca quando observadas em corte transversal. As células do parênquima lacunoso/esponjoso apresentam formas e espaços intercelulares variados. O parênquima clorofiliano paliçádico pode apresentar uma ou mais camadas e estar localizado próximo à face adaxial ou em ambas as faces, caracterizando uma planta com caracteres xeromórficos (de ambiente seco). Nesse caso, a folha apresenta uma anatomia isolateral (Figura 5.45). Plantas que têm o parênquima clorofiliano paliçádico próximo à epiderme adaxial e, em seguida, o parênquima lacunoso/esponjoso próximo à epiderme abaxial apresentam anatomia bifacial ou dorsiventral (Figura 5.45).

Figura 5.45 – Mesofilo da folha

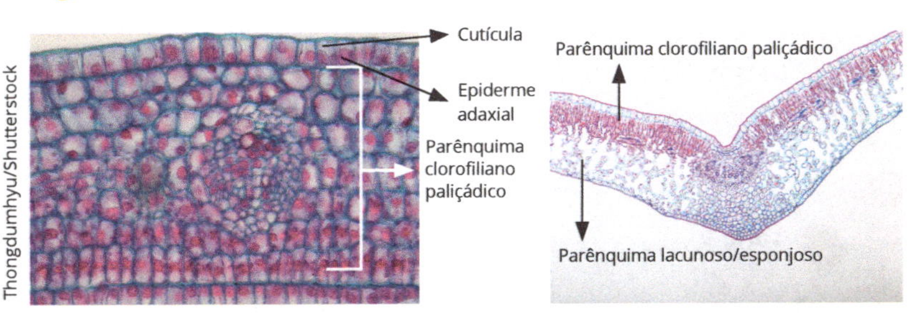

Em monocotiledôneas, é possível observar um mesofilo homogêneo em relação aos parênquimas, ou seja, não há distinção entre parênquima clorofiliano paliçádico e lacunoso/esponjoso (Figura 5.46).

Figura 5.46 – Representação de anatomia foliar de uma monocotiledônea e seu mesofilo homogêneo

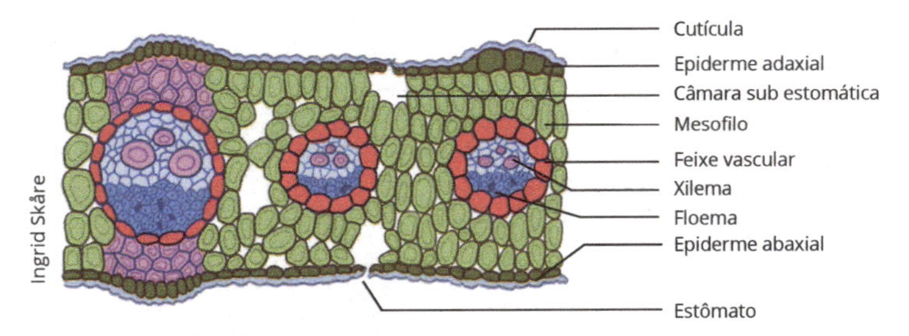

Ainda na região do mesofilo, é possível observar uma camada logo abaixo da epiderme, a hipoderme, um tecido originário do meristema fundamental com o objetivo de garantir a manutenção da temperatura dentro do mesofilo. No mesofilo, semelhantemente, porém com o objetivo de garantir proteção e sustentação para a folha, é possível encontrar tecidos como esclerênquima e colênquima que ficam posicionados geralmente ao redor do sistema vascular. A posição dos tecidos vasculares é a mesma identificada no caule; portanto, o xilema encontra-se próximo à face adaxial, e o floema, à face abaxial (Figura 5.47).

Figura 5.47 – Anatomia da folha: (A) microscopia óptica de uma folha com destaque para a hipoderme logo abaixo da epiderme adaxial; (B) posicionamento do sistema vascular de uma planta na raiz, no caule e na folha

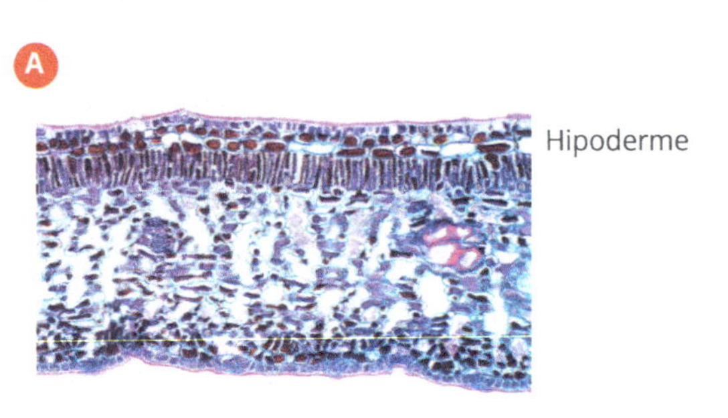

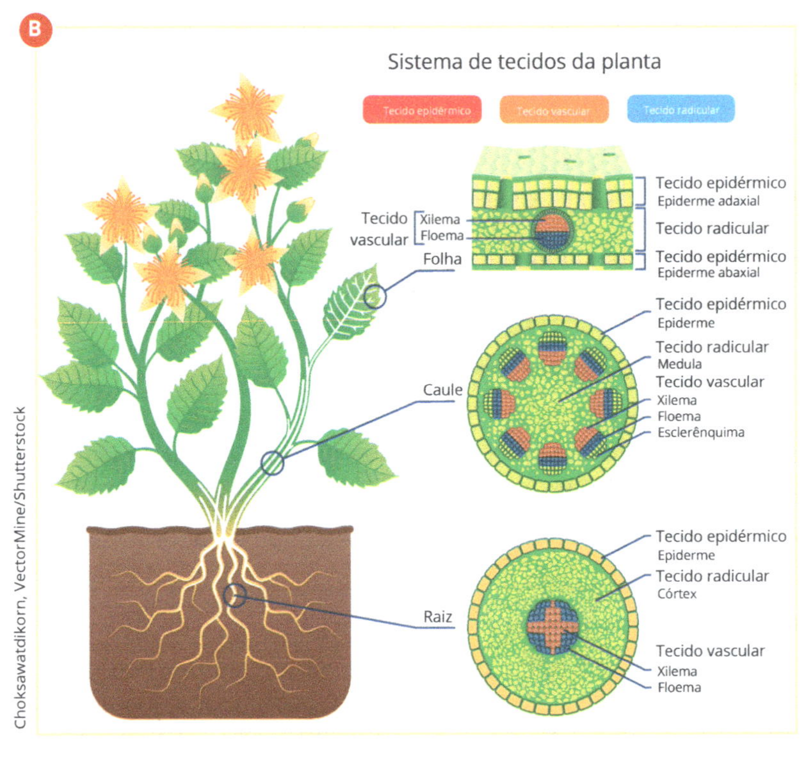

As terminações vasculares são as extremidades das nervuras de menor calibre, que atuam significativamente no transporte de água e metabólitos, distribuem a corrente transpiratória pelo mesofilo e são pontos de partida para a absorção dos produtos da fotossíntese e sua translocação. Nas terminações vasculares, as angiospermas, em geral, têm o xilema formado por traqueídes curtas e o floema formado por elementos de tubo crivado estreitos, com células companheiras largas. As bainhas dos feixes envolvem as terminações, isolando o floema e o xilema do contato com o ar existente nos espaços intercelulares.

O floema das nervuras de menor calibre apresentam células intermediárias, que proporcionam a comunicação entre o esofilo foliar e os elementos de tubo crivado para a translocação de metabólitos da fotossíntese. Em várias eudicotiledôneas, essas células têm protuberâncias nas paredes celulares e passam a ser denominadas *células de transferência*, pois o aumento considerável dos plasmodesmos favorece o transporte de metabólitos em grande quantidade a uma curta distância. As células intermediárias (com ou sem protuberâncias da parede) são relacionadas com a tomada dos solutos e a transferência deles para os elementos de tubo crivado, sejam os solutos produtos da fotossíntese, sejam os solutos aqueles transportados para a folha pela corrente transpiratória. São concebíveis os caminhos simplástico e apoplástico. Os produtos da fotossíntese podem mover-se pelo caminho simplástico até os elementos de tubo crivado, mas também podem passar pela parede celular e associar os caminhos apoplástico e simplástico até os elementos de tubo crivado (Figura 5.48).

Figura 5.48 – Rotas de solutos no interior da planta por meio das nervuras foliares

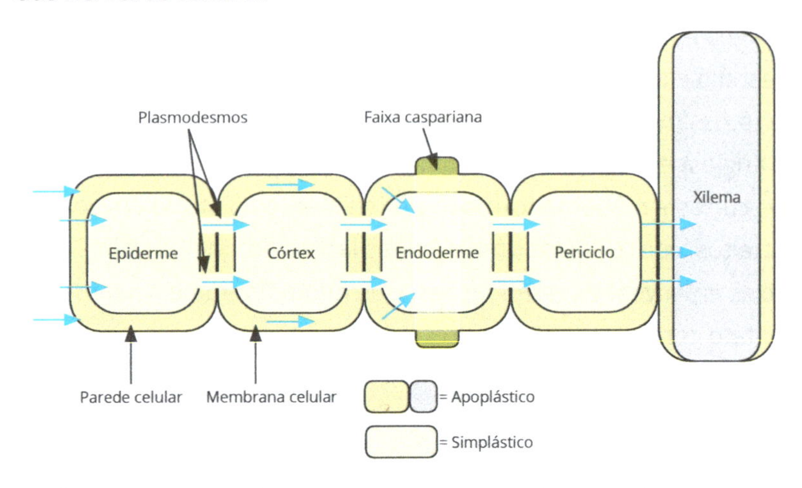

Como mencionado anteriormente, as folhas precisaram desenvolver estratégias de adaptação ao longo da história evolutiva para sobreviver. Especificamente nas folhas, são perceptíveis algumas características associadas à disponibilidade de água, permitindo a classificação das plantas. Essa classificação, geralmente, é realizada conforme as características presentes na folha, mas é importante salientar que ela deve ser complementada com estudos ecológicos e fisiológicos da planta, uma vez que existem espécies que ocorrem em determinado ambiente, mas não apresentam características morfológicas que condizem com as condições desse ambiente. Nesse sentido, surgiu a necessidade de criar um sistema de classificação relacionado ao ambiente de ocorrência das espécies, a saber:

- **Planta xerófita**: é adaptada a ambientes secos. Apresenta folhas pequenas e de grande volume. As células têm tamanho reduzido; há aumento do espessamento das paredes celulares e da cutícula; maior densidade do sistema vascular e dos estômatos; parênquima paliçádico em maior quantidade em relação ao lacunoso ou, às vezes, apenas a presença do paliçádico; e espaços intercelulares pequenos. As células do parênquima acumulam água (parênquima aquífero), existe a possibilidade de ocorrência da hipoderme e há numerosos tricomas e tecido esclerenquimático (Figura 5.49).

Importante!

Nem sempre as características que definem uma planta xerófita indicam a falta de água. A deficiência de nutrientes no solo pode proporcionar o aumento do tecido esclerenquimático. O excesso de sal no solo pode desencadear o aparecimento de características de suculência na planta (estoque de água). A intensa iluminação acompanhada de deficiência de água resulta, aparentemente, na adição de parênquima paliçádico. A redução do tamanho das folhas está relacionada à redução da transpiração. O aumento do número de estômatos possibilita facilidades nas trocas gasosas, assim como o aumento de parênquima paliçádico favorece a fotossíntese. Por sua vez, o grande número de tricomas é associado, algumas vezes, ao isolamento do mesofilo diante do excesso de calor.

Figura 5.49 – Anatomia de *Nerium oleander* (espirradeira), uma planta xerófita

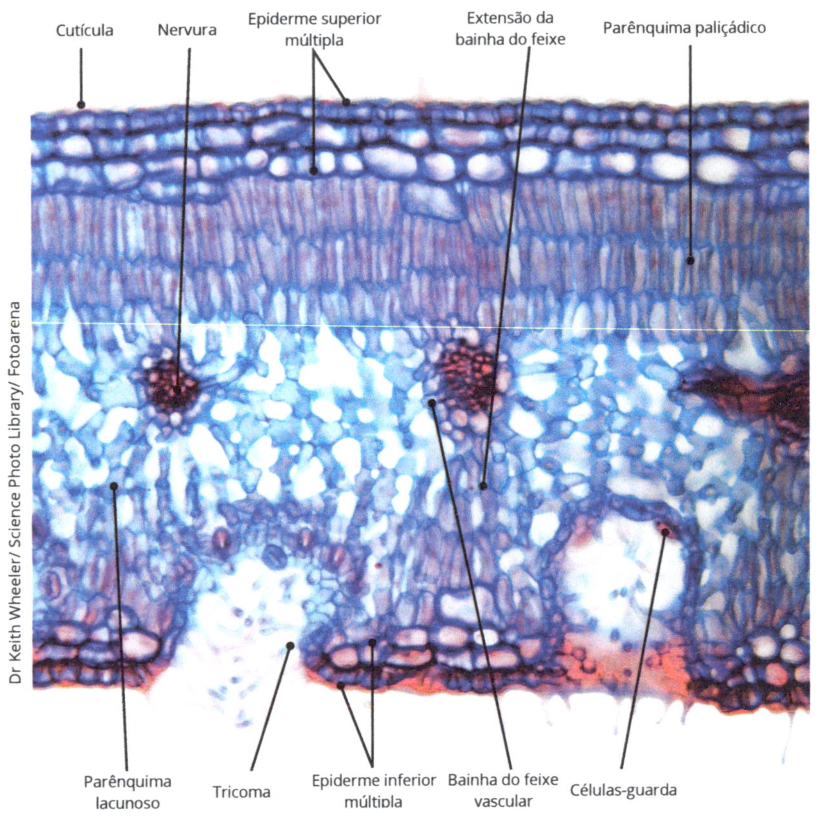

Epiderme superior múltipla e estômatos em criptas estomáticas são caraterísticas de xerófitas.

- **Planta mesófita**: necessita de considerável suprimento hídrico no solo e no ar. Apresenta mesofilo dorsiventral, ou seja, presença de parênquima paliçádico seguido de parênquima lacunoso (Figura 5.50).

Figura 5.50 – Esquema de anatomia de uma planta mesófita

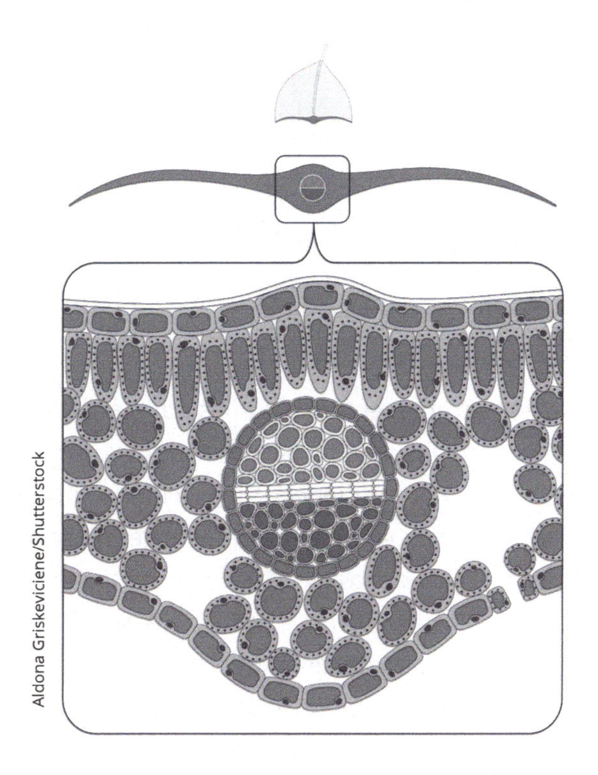

Destaca-se a presença de mesofilo dorsiventral.

- **Planta hidrófita**: precisa de intenso suprimento hídrico e, por isso, é típica de ambiente aquático. Apresenta redução dos tecidos de sustentação e vasculares, bem como aumento dos espaços intercelulares, formando câmaras de ar (parênquima aerífero). As paredes da epiderme e da cutícula são finas e com cloroplastídios. As folhas submersas não têm estômatos e, nas emersas, eles ocorrem apenas na face adaxial (superior) (Figura 5.51).

Figura 5.51 – Microscopia óptica de um caule de eudicotiledônea com hábito hidrófito

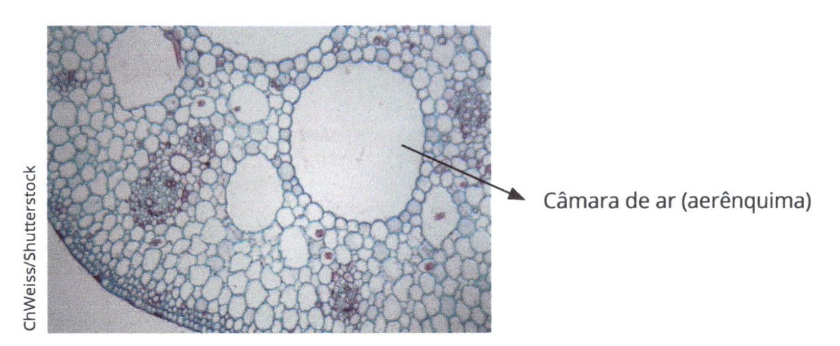

As gimnospermas apresentam algumas adaptações foliares, contudo não tão variadas quanto as angiospermas. Em virtude de ocorrerem com maior frequência em locais de temperaturas mais baixas, as folhas das gimnospermas, em geral, têm células com espessa camada de cutícula nas paredes celulares. Os estômatos são organizados em fileiras e protegidos por invaginações da epiderme. Com o intuito de diminuir a superfície de contato com o ambiente frio, algumas espécies de gimnospermas contam com as células do parênquima clorofiliano em formato de nuvem, formando o mesofilo plicado (Figura 5.52), no qual ocorrem ductos com resinas, também conhecidos como *ductos resiníferos*. O sistema vascular se concentra na região central da folha e é circundado pelo tecido de transfusão (formado por traqueídes e células do parênquima). Próximo ao floema, observam-se células com citoplasma denso, denominadas *células albuminosas*. O sistema vascular juntamente com o tecido de transfusão é circundado pela endoderme (Figura 5.52).

Figura 5.52 – Microscopia óptica de folha da gimnosperma *Pinus* sp.

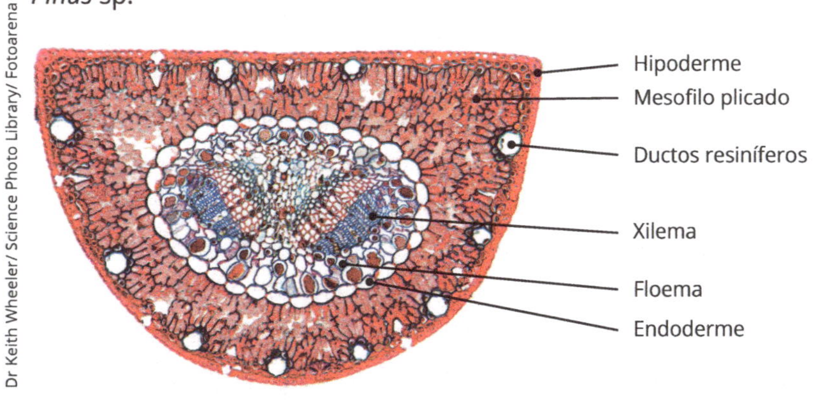

Mesofilo plicado com a presença de ductos resiníferos; floema e xilema envoltos pela endoderme.

5.4.4 Flor

O desenvolvimento dos órgãos reprodutivos exige o fornecimento, em condições ótimas, de nutrientes e água para a planta sem comprometer a manutenção dos órgãos vegetativos. Dessa forma, para que uma planta desenvolva flores, é necessário que os órgãos vegetativos estejam em perfeito estado e com nutrientes suficientes para mantê-los. Quando as condições de nutrição e hidratação se encontram favoráveis, parte da energia é despendida para o desenvolvimento de flores. Assim, muitas plantas levam anos para desenvolver flores, pois, enquanto despender energia for um risco para manter os órgãos vegetativos, a produção de flores não ocorrerá.

A cor das flores é uma característica pela qual as Anthophytas são reconhecidas. A cor funciona, para a maioria das angiospermas, como meio de atração e aviso para tipos específicos de animais. O pigmento da cor é comum em todas as plantas vasculares, porém sua concentração nas flores de angiospermas (em especial na corola) constitui uma característica especial das plantas floríferas. Os flavonoides são os pigmentos mais importantes na coloração das flores. As antocianinas (pertencentes à principal classe de flavonoides) são determinantes nas colorações vermelha e azul, que são dependentes da acidez do conteúdo vacuolar das células. Portanto, as características morfológicas das flores são as mais relevantes e de fácil diagnóstico se comparadas aos demais órgãos de uma planta. Em virtude de seu marcante efeito visual, as flores determinam o primeiro órgão participante do processo de reprodução de uma planta. A formação de flor em uma planta indica que ela está com condições nutritivas suficientes para garantir sua manutenção com folhas, caule e raízes e, ainda assim, investir em um aparato reprodutivo.

Como já mencionado, a morfologia da flor é de especial relevância e permite a classificação de diversos grupos vegetais. Logo, uma flor considerada completa apresenta características específicas, como um pedúnculo floral que a sustenta, seguido de uma porção dilatada desse pedúnculo denominada *receptáculo floral*, em que a flor é apoiada. Sobre o receptáculo floral, existem quatro círculos concêntricos em disposição espiralada que formam, cada um, verticilos florais distintos em uma sequência ordenada, caracterizando a estrutura morfológica da flor propriamente dita. Os dois verticilos mais externos (cálice – conjunto de todas as sépalas – e corola – conjunto de todas as pétalas) representam os verticilos vegetativos, e os dois verticilos mais internos (androceu – aparato masculino – e gineceu – aparato feminino) representam os verticilos reprodutivos (Figura 5.53).

Figura 5.53 – Morfologia da flor

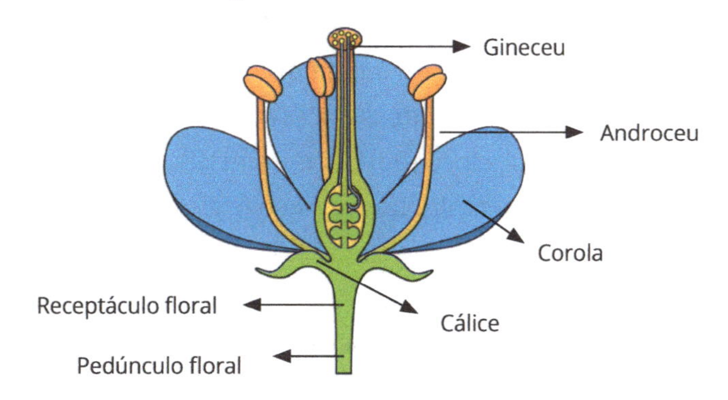

A presença das estruturas mencionadas corresponde a uma flor completa. Todavia, tais estruturas podem apresentar diferentes formas, tamanhos e cores ou até mesmo estar ausentes em algumas espécies. Considerando-se essas condições, existe uma imensa variedade de flores, e suas estruturas são importantíssimas para fins de classificação taxonômica. A seguir, trataremos de especificidades e particularidades possíveis em cada verticilo floral.

O **cálice** é conjunto de todas as sépalas de uma flor, sendo considerado o primeiro verticilo protetor externo. Em geral, apresenta uma coloração verde, mas, em algumas monocotiledôneas, tem a mesma tonalidade da sépala, assemelhando-se a uma pétala (Figura 5.54).

A **corola** é conjunto de todas as pétalas de uma flor, sendo considerada o segundo verticilo protetor externo. Apresenta-se em distintos tamanhos, formas e cores. As pétalas têm a função de atrair a atenção dos polinizadores. A quantidade de pétalas permite distinguir dois grupos de plantas entre as angiospermas: as monocotiledôneas e as eudicotiledôneas. As monocotiledôneas apresentam três pétalas em suas flores (Figura 5.54) e, por isso, são denominadas *flores trímeras*. Entretanto, para fins de atração do polinizador, suas sépalas têm a mesma coloração que as pétalas, permitindo um incremento visual nesse verticilo (Figura 5.54). As eudicotiledôneas apresentam em média quatro (flores tetrâmeras), cinco (flores pentâmeras), seis (flores hexâmeras) pétalas ou múltiplas de cinco (Figura 5.54). Em geral, todas as pétalas têm o mesmo tamanho e cor, com algumas exceções, como em muitas rosas, que apresentam uma diferenciação na tonalidade de suas pétalas durante o processo de amadurecimento (Figura 5.54).

Figura 5.54 – Pétalas e sépalas

Classificação das flores em relação ao número de pétalas.

Cálice com coloração distinta da observada nas pétalas.

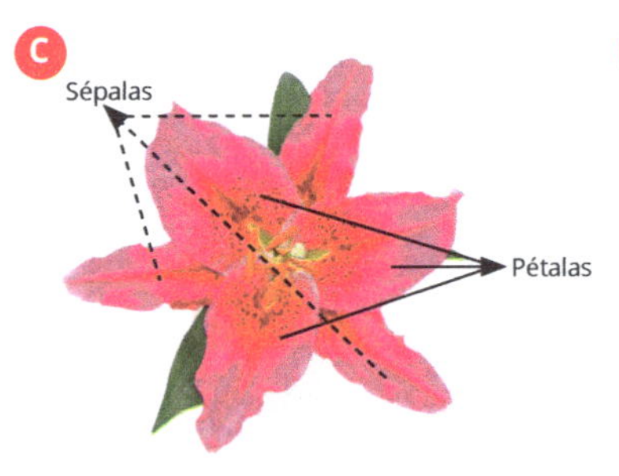

Cálice com coloração igual à das pétalas, uma característica marcante do grupo das monocotiledôneas. Pétalas com pontos escurecidos próximos à base das pétalas para fins de auxílio visual para o polinizador.

Pétalas de eudicotiledôneas em múltiplos de cinco, uma característica marcante do grupo.

Iva Vagnerova, Julia Kuznetsova, 4wahid_vidi87, Difoti, LAURA_VN, Ninelro/Shutterstock

O conjunto formado por cálice e corola é denominado *perianto*. Com relação ao perianto, uma flor pode ser classificada como aclamídea (ausência dos dois verticilos vegetativos e protetores), monoclamídea (presença de apenas um dos verticilos) ou diclamídea (apresenta cálice e corola em sua estrutura).

Quanto à homogeneidade de pétalas e sépalas, por sua vez, as flores podem ser classificadas como homoclamídeas (com sépalas e pétalas de cor igual, sendo também chamadas de *tépalas*) ou heteroclamídeas (sépalas e pétalas diferentes).

Também existe uma classificação quanto ao grau de soltura de pétalas e sépalas. Quanto pétalas e sépalas estão fundidas entre si, a flor recebe o nome de *gamopétala* e *gamossépala*, respectivamente, podendo haver, ainda, um grau de fundição total ou parcial (Figura 5.55). Em contrapartida, quando pétalas e sépalas estão separadas entre si, a flor recebe o nome de *dialipétala* e *dialissépala*, respectivamente.

Muitas pétalas podem apresentar uma coloração central diferenciada ou pontuações escurecidas para fins de atração do polinizador. Essas características se assemelham a uma plataforma de pouso, indicando ao polinizador o local ideal para descer na flor (Figura 5.55). Flores que apresentam o cálice ou a corola em forma de espora ou calcar são denominadas *calcaradas*. Essa estrutura permite o acúmulo de néctar ou outras substâncias ligadas à polinização específica para insetos que apresentem seu aparato bucal (probóscide) alongado (Figura 5.55).

Figura 5.55 – Pétalas e sépalas: (A) gamopétala total (*Ipomea* sp.); (B) gamopétala parcial (*Tabebuia chrysantha*); (C) dialipétala e dialissépala (*Columbine* sp.); (D) pétala diferenciada de *Dendrobium anosmum* (orquídea) para fins de atração do polinizador

RealityImages, seaonweb, Dario Marquez, ain. tarmann/Shutterstock

As flores podem apresentar uma organização na planta e, assim, variar de espécie para espécie, caracterizando uma informação importante para fins de identificação taxonômica. A essa organização das flores na planta denominamos *inflorescência*, e dois grandes grupos levam em consideração a presença de uma (inflorescência determinada/solitária/definida/simpodial ou cimosa) ou mais flores (inflorescência indeterminada/composta/indefinida/monopodial ou racemosa) na porção final ou no topo. No caso de uma inflorescência determinada, a sequência de crescimento das demais flores ocorre a partir da flor terminal, do topo em direção à base, ao passo que na inflorescência indeterminada a sequência de crescimento se dá a partir da base em direção ao topo. Tendo em vista essas duas grandes classificações de inflorescências, é possível observar uma variedade de subtipos de inflorescências, especialmente indeterminadas: corimbo, espiga, capítulo, espádice, amento, umbela e cima, por exemplo (Figura 5.56).

Figura 5.56 – Tipos de inflorescências

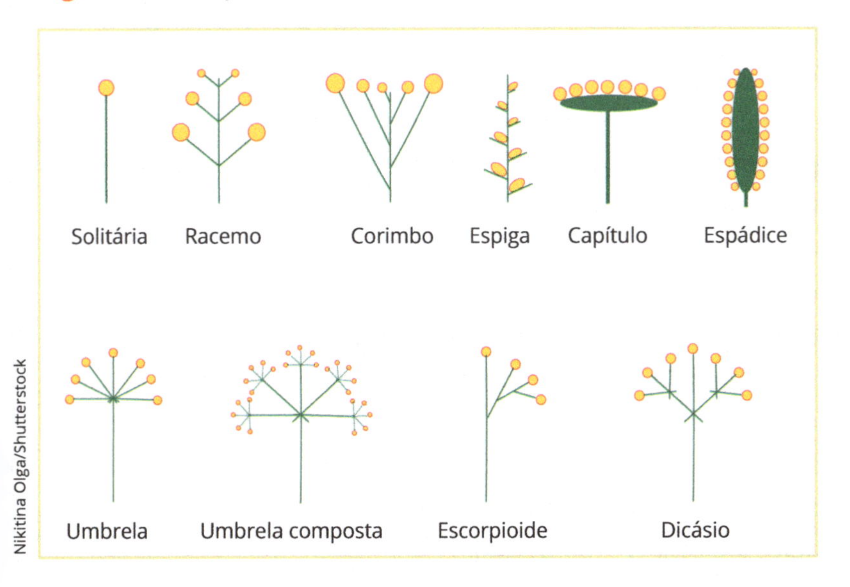

Nikitina Olga/Shutterstock

O **androceu** é o conjunto de estruturas masculinas que compõem a flor, ou seja, os estames. Cada estame é constituído por uma estrutura alongada e ereta denominada *filamento*, o qual eleva sua porção terminal, que é o local de concentração do pólen e recebe o nome de *antera*. A antera, geralmente, apresenta quatro sacos polínicos, ou microsporângios, aderidos a um filamento central que os une, o conectivo. Cada microsporângio (saco polínico) passa constantemente por divisões celulares do tipo meiose e produz os microgametófitos, que são os grãos de pólen.

A abertura dos estames (deiscência), com a consequente liberação dos grãos de pólen para o meio ambiente, pode ocorrer de diferentes formas: longitudinal/rimosa, transversal, valvar, poricida, irregular ou por pequenas fendas (Figura 5.57). Essa é uma característica importante para fins de classificação taxonômica.

Outra característica relevante e que também serve como ponto de classificação taxonômica é o tamanho dos estames. Por exemplo, existem estames todos do mesmo tamanho (isodínamo ou homodínamo), dois maiores e dois menores (didínamos), quatro maiores e dois menores (tetradínamos) ou todos de tamanhos diferentes (heterodínamos) (Figura 5.57).

A antera, além de apresentar diferentes formas de deiscência, pode também contar com diferentes inserções no topo do filamento. Essa inserção pode ser em sua base (basifixa), em sua lateral, podendo ou não ter movimento (dorsifixa), ou em seu ápice (apicefixa) (Figura 5.57).

Figura 5.57 – Representação dos estames em relação à(ao): (A) deiscência das anteras; (B) tamanho dos estames (no caso, isodínamos); (C) inserções da antera no filete

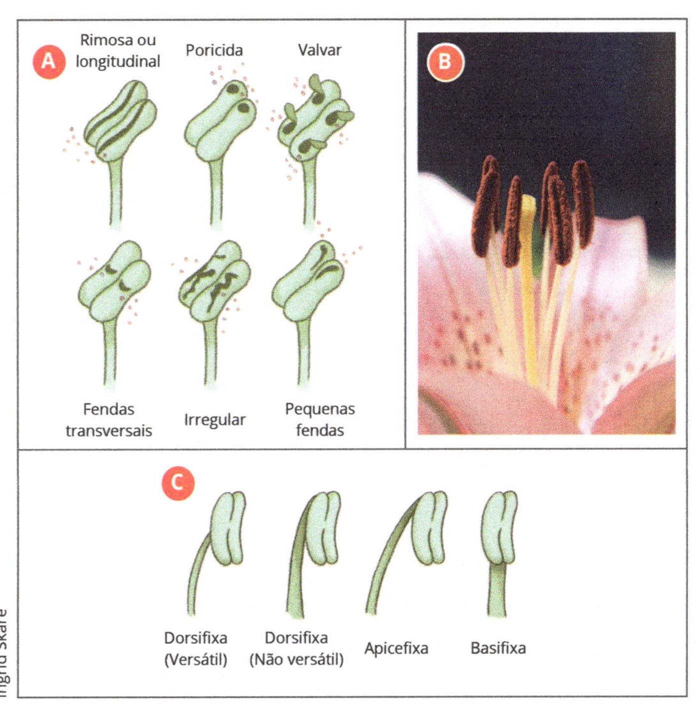

O **gineceu**, **pistilo** ou **carpelo** corresponde ao conjunto de estruturas femininas que compõem a flor, ou seja, ovário-estilete-estigma. O ovário é a porção dilatada localizada na base de inserção dos verticilos florais, que pode ser classificada em hipógina, perígina ou epígina em relação ao receptáculo floral (Figura 5.58).

Figura 5.58 – (A) Inserção do ovário em relação às demais peças florais: hipógina, perígina e epígena; (B) posição do ovário em relação às demais peças florais: (1) súpero, (2) semi-ínfero e (3) ínfero em relação ao receptáculo

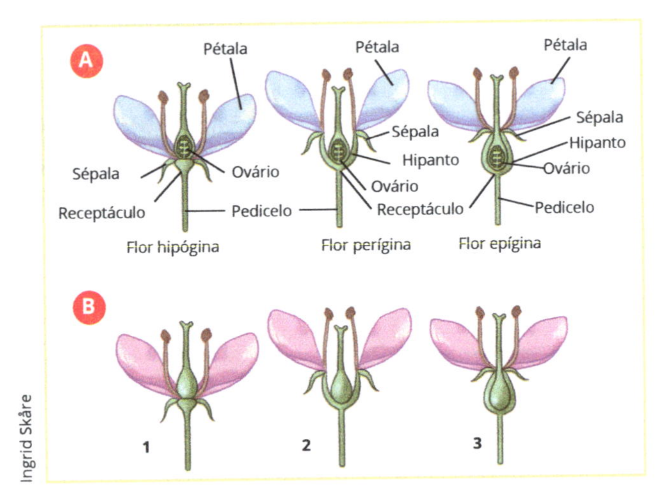

Um ovário com inserção hipógina apresenta as peças florais abaixo dele no receptáculo floral. Dessa forma, o ovário, em relação às demais peças florais, tem uma posição do tipo súpero. Um ovário com inserção perígina apresenta as peças florais acima dele no receptáculo floral e não é totalmente aderido ao hipanto (local de fusão de sépalas, pétalas e estame). Assim, o ovário, em relação às demais peças florais, tem uma posição do tipo semi-ínfero ou médio. Um ovário com inserção epígina apresenta as peças florais acima dele no receptáculo floral e está totalmente aderido ao hipanto. Nesse caso, o ovário apresenta uma posição do tipo ínfero (Figura 5.59). No interior do ovário estão os óvulos, que passarão pelo processo de fecundação.

É possível que uma flor apresente uma única estrutura dilatada, à qual denominamos *ovário*, mas que em seu interior ocorra uma compartimentalização; nesse caso, uma parede subdivide o ovário em dois, três, quatro ou mais compartimentos, chamados de *lóculos*, nos quais estão inseridos os óvulos. No entanto, uma flor pode apresentar mais de um ovário, e os ovários podem estar unidos entre si ou não. A placenta é o local de origem e permanência dos óvulos dentro do ovário, e sua organização varia entre os grupos de plantas, servindo também como característica taxonômica. Existem basicamente cinco diferentes tipos de placentação:

1. A **placentação parietal** é caracterizada pela disposição dos óvulos ao longo de toda a parede interna do ovário.
2. A **placentação axilar** tem uma estrutura colunar central que subdivide o ovário em lóculos, e é nessa estrutura colunar que os óvulos ficam aderidos.
3. A **placentação central** é caracterizada pelo ovário que tem uma única cavidade, e em sua base há um pedúnculo no qual os óvulos estão inseridos.
4. A **placentação apical** é caracterizada por apresentar apenas um óvulo inserido na porção apical interna do ovário.
5. A **placentação basal** é caracterizada por apresentar um óvulo inserido na porção interna basal do ovário.

Figura 5.59 – Placentação: (A) tipos de placentação e disposição dos óvulos dentro dos lóculos; (B) partes estruturantes de uma flor

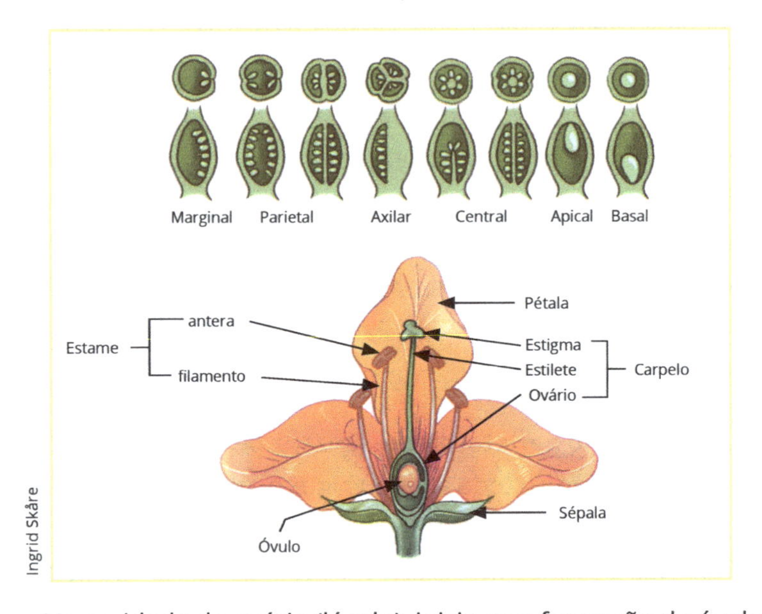

Na cavidade do ovário (lóculo), inicia-se a formação do óvulo. A princípio, começa a crescer a nucela, uma protuberância ligada à parede do lóculo pelo funículo. À medida que ocorre o desenvolvimento, começam a crescer os tegumentos (um ou dois), que envolvem a nucela, com exceção da micrópila, região de entrada no ovário. O óvulo se caracteriza por apresentar uma célula-mãe – megasporócito (2n) –, que passa por uma divisão meiótica e dá origem a quatro células-filhas – megásporos (n). Dessas quatro células, três degeneram e a célula restante cresce, seu núcleo se divide e origina o saco embrionário. Os núcleos passam por mais duas divisões e resultam em um saco embrionário com oito núcleos. Desses oito núcleos, dois migram para o centro do saco embrionário, caracterizando os dois núcleos polares; três permanecem próximos à abertura da micrópila; dois formam as células sinérgides; e um forma a oosfera (gameta feminino) (Figura 5.60). Na extremidade oposta à micrópila, formam-se três células denominadas *antípodas*. Ao apresentar todas essas estruturas, o óvulo já se encontra pronto para a fecundação, e todas essas células participam da formação do endosperma (tecido nutritivo) e do zigoto (Figura 5.60). O posicionamento do óvulo dentro do ovário é uma importante característica taxonômica na botânica, sendo consideradas, nas flores, a curvatura do funículo e a torção da nucela para que o óvulo seja classificado em ortótropo, cincinótropo, anátropo, hemianátropo, anfítropo ou campilótropo (Figura 5.60).

Figura 5.60 – Estrutura e tipos de óvulo

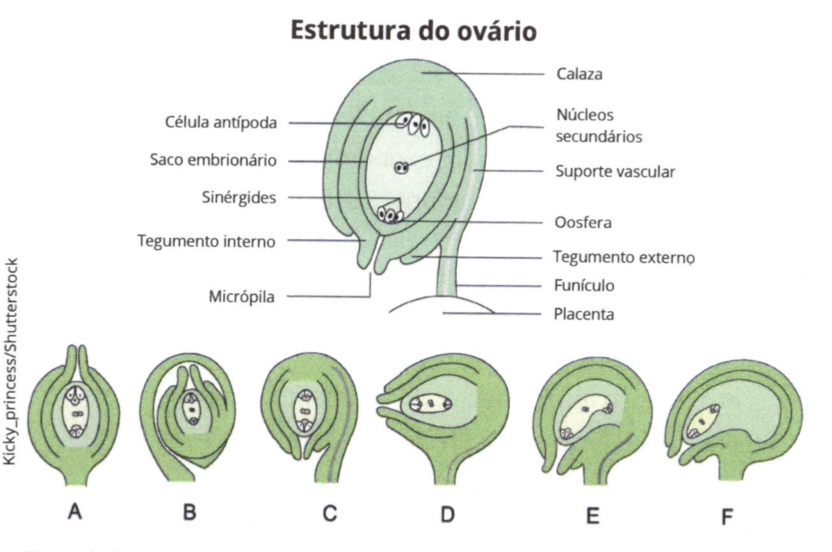

Tipos de óvulo: (A) ortótropo; (B) cincinótropo; (C) anátropo; (D) hemianátropo; (E) anfítropo; (F) campilótropo.

5.4.5 Fruto e semente

Após a fecundação da oosfera (detalhes no Capítulo 6), ela sofre uma série de divisões celulares que caracterizam seu crescimento e, portanto, a formação do fruto. Logo, um fruto é um ovário amadurecido. O fruto tem a finalidade de proporcionar proteção para a semente até que ela apresente condições para iniciar seu processo de germinação. A presença de fruto é uma característica observada apenas nas angiospermas e caracteriza uma estratégia evolutiva de sucesso para esse grupo, explicando sua marcante expansão mundo afora.

Já a semente é uma estrutura presente tanto no grupo das gimnospermas quanto no das angiospermas. É caracterizada por ser um óvulo amadurecido que porta em seu interior um embrião com capacidade de formação de um novo indivíduo. A forma, o tamanho e a posição do embrião maduro nas sementes em relação ao endosperma são tão distintos nos diferentes grupos de plantas que podem ser utilizados com sucesso para a identificação das sementes em famílias, gêneros ou espécies. Independentemente do grupo taxonômico, as sementes apresentam estruturas básicas comuns, a saber:

- **Envoltório rígido**: também denominado *casca*, tem função de proteção. A camada protetora da semente é constituída pelo tegumento, que tem origem nas células do óvulo, como a nucela ou o integumento. O tegumento é subdividido em testa (tegumento mais externo da semente) e tégmen (tegumento interno da semente).
- **Tecidos de nutrição**: armazenam reservas nutritivas para manter o embrião até que este inicie sua germinação e favoreça o primeiro estágio de desenvolvimento. São exemplos o endosperma e o perisperma. A origem embrionária do endosperma (ou albúmen) é nucelar ou integumentar, o que o torna um tecido nutritivo triploide em virtude da fecundação dupla, evento exclusivo das angiospermas. O perisperma

tem uma origem embrionária no tegumento e é um tecido diploide. Quanto à textura, o perisperma pode ser carnoso ou gelatinoso, e o endosperma, farinhoso, carnoso, gelatinoso ou enrijecido.

- **Embrião**: é constituído por três regiões distintas, com células embrionárias denominadas *epicótilo*, *hipocótilo*, *radícula* e *cotilédones*. O epicótilo dá origem ao caule da planta; o hipocótilo é a região entre o epicótilo e a radícula; a radícula dá origem à raiz; e os cotilédones são as primeiras folhas do estágio inicial da planta (plântula).

Figura 5.61 – Sementes de angiospermas

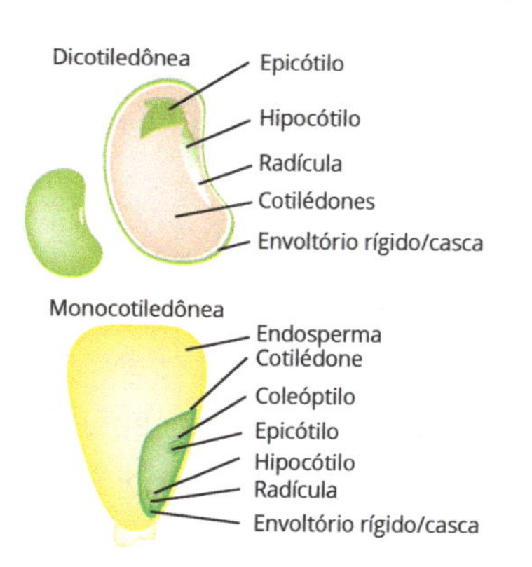

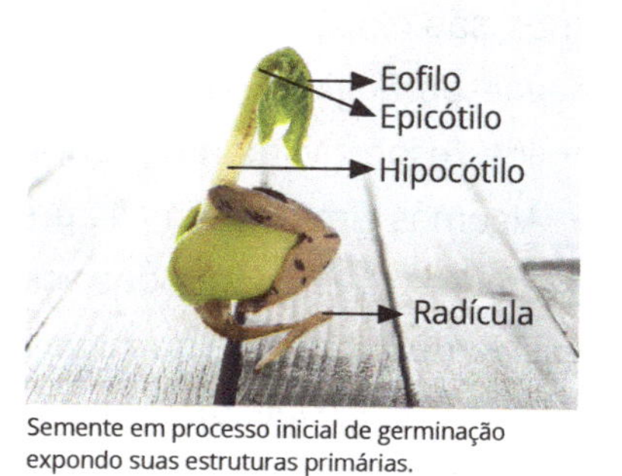

Semente em processo inicial de germinação expondo suas estruturas primárias.

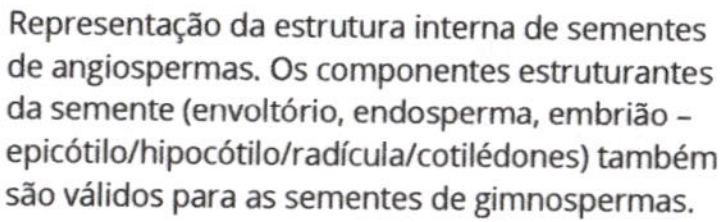

Representação da estrutura interna de sementes de angiospermas. Os componentes estruturantes da semente (envoltório, endosperma, embrião – epicótilo/hipocótilo/radícula/cotilédones) também são válidos para as sementes de gimnospermas.

5.4.5.1 Semente de gimnosperma

Diferentemente das angiospermas, as gimnospermas são plantas sem flores e com sementes nuas, isto é, constantemente expostas ao meio ambiente. Esse grupo de plantas conta com uma estrutura seca que assume um papel muito semelhante ao de um fruto, embora elas sejam classificadas como plantas sem frutos. As folhas nascem de forma isolada ao longo do caule. Porém, em algumas espécies de coníferas, muitas folhas passaram por uma especialização e, por isso, são encontradas condensadas entre si, de modo a formar pequenos cones denominados *estróbilos* (Gray, 1877).

Os estróbilos podem ser tanto masculinos, no caso de a planta ser do sexo masculino, quanto femininos, no caso de a planta ser do sexo feminino. A condição de a planta ter um único sexo (monoica) é uma característica das gimnospermas, mas a presença de ambos os sexos (dioica) é algo visto em alguns gêneros. Os estróbilos, tanto masculinos quanto femininos, são responsáveis por produzir os microesporângios e os megaesporângios, estruturas formadoras de grão de pólen e óvulos, respectivamente (Figura 5.62).

Algumas gimnospermas apresentam sementes aladas (*Pitsunda* sp.), enquanto outras têm sementes rígidas e com reserva de substância nutritiva para o embrião – endosperma (*Araucaria angustifolia*) (Figura 5.62). De forma geral, as sementes são constituídas por uma camada externa, geralmente rígida, para fins de proteção (casca); uma porção interna denominada *endosperma*, cuja função é garantir a nutrição do embrião até que ele consiga se estabelecer no ambiente e iniciar seu processo metabólico; e o embrião propriamente dito, que é o produto da fecundação dos gametas masculino e feminino da flor. A quantidade de cotilédones presente nas sementes de gimnospermas pode variar de 2 a 15, dependendo da espécie, ou, como no caso do gênero *Pinus* sp., de 4 a 15.

Figura 5.62 – (A) Estróbilo feminino; (B) esquema representando o estróbilo feminino e a localização dos megaesporângios, em que ocorre a formação do óvulo; (C) estróbilo masculino; (D) estróbilo masculino e a liberação de grãos de pólen

5.4.5.2 Semente de angiosperma

A semente de uma angiosperma é constituída por embrião, endosperma (também denominado *perisperma*) e envoltório. Essas estruturas variam em formato, tamanho, cor e textura, o que contribui para seu processo de dispersão. As sementes de angiospermas diferenciam-se, principalmente, entre os grupos de monocotiledôneas e eudicotiledôneas. A principal diferença em relação às sementes desses dois grupos se deve à presença de um ou dois cotilédones.

Os cotilédones caracterizam-se como folhas da plântula (estágio inicial da planta), que podem ser foliáceas, carnosas ou estruturas absorventes de nutrientes (Judd et al., 2009). Dessa forma, além das características mencionadas anteriormente, típicas de qualquer semente (envoltório/casca, endosperma e embrião), os dois grandes grupos de plantas das angiospermas apresentam o embrião com distinção de número de cotilédones (Figura 5.63). A semente pode apresentar um, dois ou nenhum envoltório (também conhecido como *tegumento*), sendo denominada *unitegumentada*, *bitegumentada* e *ategumentada*, respectivamente.

Figura 5.63 – Representação das diferenças entre as sementes de eudicotiledônea (feijão – *Phaseolus vulgaris*) e monocotiledônea (milho – *Zea mays*)

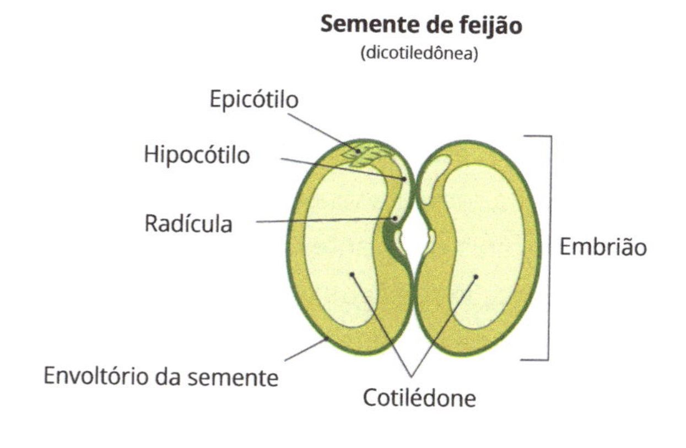

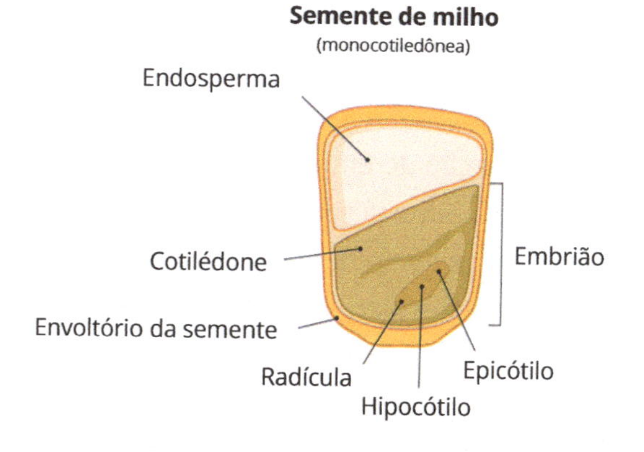

Fancy Tapis/Shutterstock

Uma classificação de acordo com a estrutura do tegumento da semente foi proposta por Edred John Henry Corner (1906-1996) em 1976 e tem sido usada desde então. As sementes são classificadas em testais e tégmicas em virtude da lignificação das camadas de células (camada mecânica). Quando o tégmen está lignificado, a semente é classificada como tégmica; no caso de a testa estar lignificada, a semente é identificada como testal (Corner, 1976).

Segundo Corner (1976), as famílias botânicas apresentam uma extensa variedade em relação ao formato das células, sua lignificação, organização e espessura, razão pela qual se tornou necessário mais uma classificação dentro das camadas mecânicas testa e tégmen. Assim, a testa pode ser classificada ainda em exotesta, mesotesta e endotesta, e o tégmen pode ser classificado em exotégmen, mesotégmen e endotégmen.

O revestimento da semente visa à proteção do embrião contra choques mecânicos, garante a união das partes internas e regula as concentrações de água e oxigênio. Enquanto as condições de temperatura e hidratação não estiverem favoráveis para a germinação do embrião, diz-se que a semente está em *estágio de dormência*. A temperatura ótima para a germinação de embriões, tanto de monocotiledôneas quanto de eudicotiledôneas, é em torno de 20 °C a 30 °C. Quanto à hidratação, a semente de monicotiledônea necessita de 35% a 40% de água para iniciar a germinação do embrião, ao passo que para eudicotiledôneas essa exigência já sobe para 50% a 55% (LAS, 2022). As concentrações de oxigênio para o embrião em condições ambientais são suficientes para garantir o processo germinativo. Contudo, o fornecimento de oxigênio pode ser prejudicado quando ocorrer o aumento da hidratação da semente ou quando seu revestimento for demasiado impermeável, dificultando ou até impedindo a difusão de oxigênio (LAS, 2022).

O sucesso na germinação de uma semente é um importante passo para a disseminação de uma espécie vegetal, sendo o indicativo de que o processo de reprodução foi eficiente e garantiu a propagação da informação genética. A reprodução é uma missão enfrentada de diferentes formas nos grupos de gimnospermas e angiospermas. No próximo capítulo, veremos como esse processo é executado por esses dois grupos vegetais.

5.4.5.3 Fruto de angiosperma

A diversidade de tamanho, cor e, especialmente, estrutura do carpelo de flores observadas no grupo das angiospermas reflete na diversidade de frutos. Uma flor pode apresentar um ou mais carpelos, que podem ou não estar fundidos. Essa condição define o tipo de fruto da planta. Nesse sentido, os frutos podem ser classificados em simples, quando se desenvolvem a partir de um carpelo ou mais, porém fundidos; agregados, quando se desenvolvem a partir de vários carpelos separados; ou múltiplos, quando se desenvolvem de um gineceu, com várias flores unidas (por exemplo, o abacaxi). Também podem se desenvolver sem a foração de sementes, em razão da ausência de fecundação (Figura 5.64).

Figura 5.64 – Tipos de frutos possíveis

A formação do fruto ocorre mediante a fecundação do ovário e suas seguidas divisões celulares. Quando o tubo polínico (estrutura formada durante a fecundação) adere à parede do ovário, ele passa a fazer parte da estrutura que compõe o fruto, como no caso da maçã.

A classificação dos frutos tem sido considerada como algo versátil e passível de formação de diversas categorias. O sistema classificatório de frutos utilizado nesta obra é alicerçado nos estudos de Gray (1877), que se baseiam na textura da parede do fruto, em sua abertura ou não, na forma, no tamanho, no número de carpelos e nos óvulos dele. Sempre que as paredes do fruto estão separadas em duas camadas, a mais externa recebe o nome de *exocarpo*, e a interna, de *endocarpo*.

Quando as paredes do fruto estão separadas em três camadas, a mais externa recebe o nome de *exocarpo* ou *epicarpo*, a porção mais interna, de *endocarpo*, e a porção mediana, de *mesocarpo*. Essas três estruturas são identificadas como *pericarpo do fruto*. Acompanhe, a seguir, a classificação dos frutos de acordo com Gray (1877):

- **Fruto simples**: proveniente de um único carpelo ou de vários fundidos. Os frutos simples podem ser carnosos, do tipo drupa ou secos.
  - Frutos simples carnosos: toda a parede do ovário se torna suculenta à medida que amadurece. Nessa classificação, encontramos a **baga**, cujos exemplos seriam o tomate, a laranja e a uva, que apresentam sua estrutura carnosa igualmente macia; a **cabaça**, como a abóbora, o melão e o pepino, que apresentam uma carapaça endurecida, mas cujo interior é macio; o **pomo**, como a maçã e a pera, em que o receptáculo floral seria a porção carnosa, e não o ovário.
  - Frutos simples do tipo drupa: têm uma parte externa carnosa e uma parte interna rígida.
  - Frutos simples secos: o pericarpo permanece em sua estrutura se herbáceo, fino e membranoso ou inteiramente rígido.

Figura 5.65 – Frutos simples: (A) fruto simples carnoso do tipo baga: tomate (*Solanum lycopersicum*); (B) fruto simples carnoso do tipo cabaça: abóbora (*Cucurbita moschata*); (C) fruto simples carnoso do tipo pomo: maçã (*Malus domestica*); (D) fruto simples do tipo drupa: pêssego (*Prunus persica*); (E) fruto simples seco castanha-do-pará (*Bertholletia excelsa*)

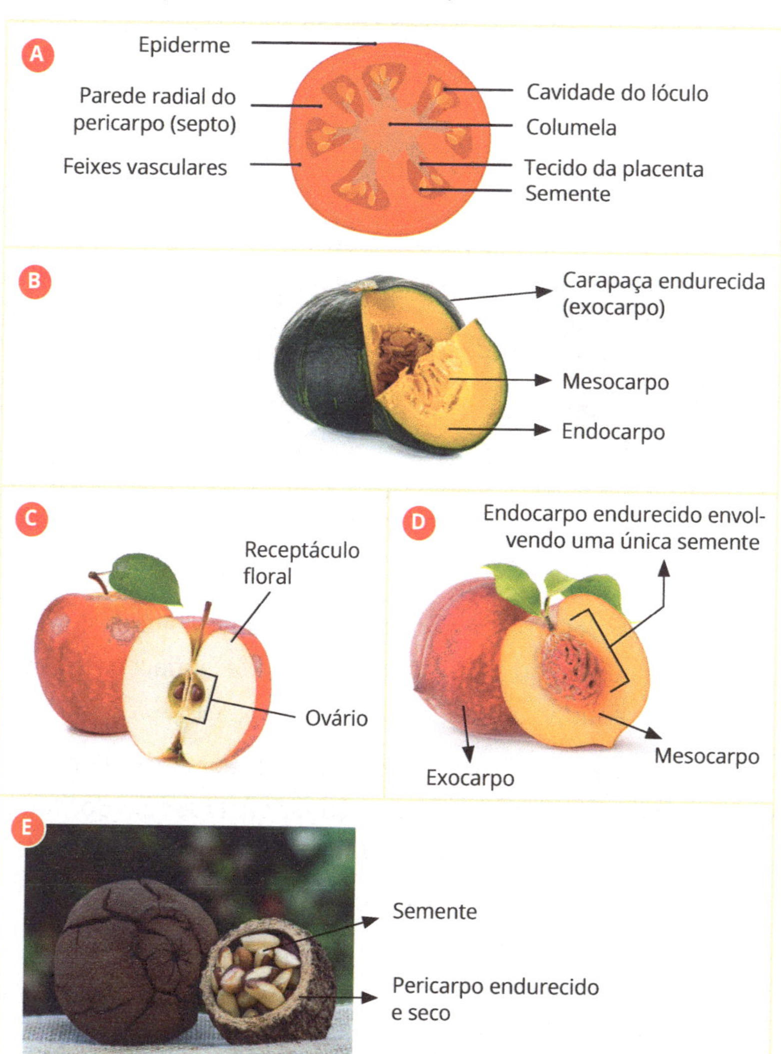

Kazakova Maryia, Khumthong, PixaHub, Anna Kucherova, Ricardo_Dias/Shutterstock

- **Fruto agregado/composto**: proveniente de vários carpelos separados. A porção suculenta é geralmente resultado do crescimento do receptáculo floral, e não do ovário, como ocorre nos frutos simples. Desse modo, o fruto propriamente dito é do tipo simples seco, com tamanho diminuto e estabelecido sobre a porção dilatada e desenvolvida do receptáculo floral. Assume coloração atrativa e adquire sabor adocicado quando maduro (Figura 5.66).

Figura 5.66 – Fruto agregado

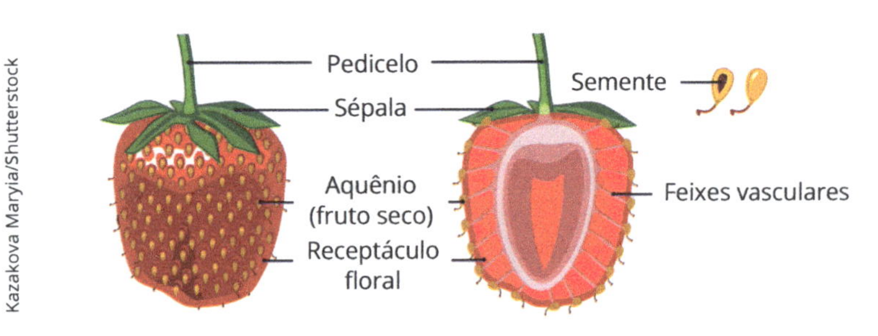

A porção suculenta e vermelha do morango é o receptáculo floral desenvolvido, e não o ovário da flor.

- **Fruto múltiplo**: proveniente de um agrupamento de flores (inflorescência) que, após o processo de fecundação, se fundem, garantindo uma estrutura única (Figura 5.67).

  Tanto no caso dos frutos agregados quanto no dos múltiplos, os frutos individuais podem constituir qualquer um dos tipos de frutos simples mencionados anteriormente. Por exemplo, o abacaxi é um múltiplo de bagas e a amora é um múltiplo de drupas. Em razão de a porção amadurecida e dilatada não ser o ovário, e sim o receptáculo floral, tais frutos são caracterizados como frutos falsos ou pseudofrutos.

Figura 5.67 – Fruto múltiplo

coloursoflife, Maks Narodenko/Shutterstock

A inflorescência permanece unida, assim como as flores, e cada segmento representa uma flor que se desenvolveu após a fecundação.

A deiscência é outro fator avaliado por Gray (1877) na classificação dos frutos. Ela diz respeito à capacidade de um fruto de se abrir e liberar suas sementes no meio. Logo, um fruto que não sofre abertura natural de seu pericarpo é considerado indeiscente. Frutos secos são, geralmente, deiscentes, pois seu sistema de polinização é realizado majoritariamente pelo vento ou pela água. Entre os frutos secos deiscentes, é possível destacar:

- **Aquênio/*pappus***: fruto pequeno, seco, com porção inferior mais pesada e alargada em relação a seu ápice, que é leve e alongado. Essa morfologia permite uma aerodinâmica, o que facilita o voo e a dispersão desse fruto.
- **Utrículo**: fruto pequeno, seco, com parede do pericarpo muito fina e não aderida à semente única.

- **Cariopse** (grão): fruto pequeno, seco, com parede do pericarpo muito fina e parcialmente aderida à semente única.
- **Noz:** fruto, em geral, de tamanho médio a grande, com parede do pericarpo grossa e muito endurecida aderida à semente única.
- **Sâmara**: fruto pequeno, seco, porém indeiscente. Apresenta um alargamento fino em toda a sua lateral, caracterizando uma estrutura de asas para fins de dispersão pelo vento. Em sua porção central, abriga uma ou, raramente, duas sementes.
- **Cápsula**: fruto pequeno, médio ou grande que apresenta diversas formas de abertura para a liberação das sementes, as quais, normalmente, são numerosas.
- **Folículo**: fruto médio ou grande em que a liberação das sementes ocorre mediante uma única abertura longitudinal.
- **Legume**: fruto médio ou grande em que a liberação das sementes ocorre mediante duas aberturas longitudinais denominadas *valvas*.
- **Síliqua**: fruto médio ou grande em que a liberação das sementes ocorre mediante duas aberturas longitudinais denominadas *valvas*, porém as sementes ficam aderidas a uma estrutura da placentação na porção central.

Figura 5.68 – Frutos secos deiscentes: (A) fruto aquênio, também conhecido como *pappus*; (B) fruto utrículo; (C) fruto cariopse – típico de grãos; (D) fruto noz; (E) fruto sâmara; (F) cápsula de papoula; (G) cápsula de *sacha-inchi* – cada "braço" da estrela do fruto é constituído por uma semente; (H) fruto folículo de Caltha palustris; (I) fruto legume de ervilha; (J) fruto síliqua

PANYACHAROEN, Jojoo64, Pixelheld, Aprilphoto, Claudio Rampinini/Shutterstock

Síntese

Neste capítulo, abordamos a morfologia e a anatomia dos órgãos vegetativos (raiz, caule e folha) e reprodutivos (flor, fruto, semente) das plantas pertencentes ao Reino Plantae.

A seguir, destacamos informações essenciais deste capítulo, das quais você precisa se lembrar.

ÓRGÃOS VEGETATIVOS	ÓRGÃOS REPRODUTIVOS

- RAIZ
  - Fixação
  - Sustentação
  - Estoque e assimilação de água e nutrientes
  - Fotossíntese
- CAULE
  - Elevação do aparato fotossintético
  - Sustentação
  - Estoque de nutrientes, água e ar
  - Fotossíntese
- FOLHA
  - Fotossíntese
  - Variedade morfológica
  - Estoque de água e nutrientes
	- FLOR
	  - Reprodução
	  - Flores masculinas e/ou femininas
	  - Sépalas, pétalas, androceu e gineceu
	- FRUTO
	  - Fecundação do ovário ou de outras partes da flor (pseudofrutos)
	  - Número variado de sementes
	  - Exocarpo, mesocarpo e endocarpo
	  - Carnosos ou secos
	  - Deiscentes ou indeiscentes
	- SEMENTE
	  - Embrião, endospoerma e envoltório
	  - Um cotilédone = monocotiledôneas
	  - Dois cotilédones = eudicotiledôneas
	  - Propagação da informação genética

Atividades de autoavaliação

1. A organologia é o ramo da botânica que trata dos órgãos das plantas. Entre os órgãos vegetativos, a raiz apresenta diferentes formas e funções, além da fixação por si só. Assinale a alternativa que **não** apresenta uma raiz adventícia:

   A Adventícia velame.
   B Adventícia estranguladora.
   C Adventícia escora.
   D Adventícia tabular.
   E Adventícia fasciculada.

2. Algumas células epidérmicas do caule são adaptadas em estruturas denominadas *acúleos* para garantir proteção à planta. Assinale a alternativa que descreve corretamente a diferença entre acúleo e espinho:

   A As duas estruturas são prolongamentos de células epidérmicas e se diferenciam quanto ao grau de dificuldade de remoção: o acúleo é de fácil remoção e o espinho é de difícil remoção.
   B Acúleo e espinho são estruturas que não estão associadas ao sistema vascular da planta.
   C A coloração do acúleo e do espinho é diferenciada em relação ao caule.
   D Acúleos são prolongamentos de células epidérmicas (tricomas), ao passo que espinhos são prolongamentos do caule.
   E Espinhos são células epidérmicas com deposição de súber, ao passo que o acúleo é um prolongamento do caule.

3. As folhas são importantes órgãos vegetativos, pois é nelas que ocorre o processo de fotossíntese. Os gases oxigênio e carbônico e a água são importantes para esse processo e utilizam uma estrutura denominada *estômato* para adentrar ou sair da folha. Sobre esse assunto, assinale a alternativa correta:

A Os estômatos podem ser encontrados tanto na face abaxial da folha quanto na adaxial e são, portanto, denominados *anfiestomáticos* e *epiestomáticos*, respectivamente.

B Os estômatos podem estar no mesmo nível da epiderme ou em depressões da epiderme denominadas *vales estomáticos*.

C Plantas aquáticas concentram seus estômatos na epiderme adaxial das folhas para evitar a entrada de água na folha. Dessa forma, folhas com estômatos apenas na face adaxial são denominadas *epiestomáticas*.

D Estômatos são um complexo de células-guarda.

E Apenas o gás carbônico e o oxigênio passam pelos estômatos.

4. Observe a figura a seguir e complete os espaços em branco com os nomes das respectivas estruturas da flor:

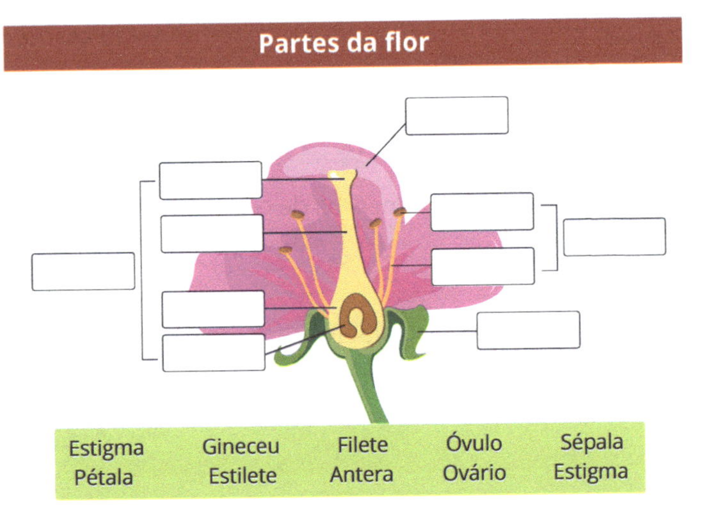

Jakinnboaz/Shutterstock

5. Considerando as estruturas anatômicas e morfológicas de monocotiledôneas e eudicotiledôneas, marque V para as afirmativas verdadeiras e F para as falsas.

( ) Monocotiledôneas são plantas que, anatomicamente, apresentam feixes dispersos ao longo do parênquima.
( ) As flores de eudicotiledôneas são trímeras, e as sépalas têm a mesma coloração das pétalas, motivo pelo qual esse grupo conta com um total de seis pétalas.
( ) Folhas com venação paralela, sementes com um cotilédone e raízes fasciculadas são características de monocotiledôneas.
( ) Eudicotiledôneas têm feixes vasculares em forma de anel, com floema disposto na porção externa e xilema na porção interna.

Agora, assinale a alternativa que apresenta a sequência correta:

A V, F, V, V.
B V, F, V, F.
C V, V, V, F.
D F, F, V, V.
E V, V, V, V.

Atividades de aprendizagem

Questões para reflexão

1. De acordo com o que foi apresentado neste capítulo sobre os órgãos vegetativos e reprodutivos, relate a importância da caracterização de tais órgãos em uma identificação taxonômica botânica.

2. A morfologia e a anatomia são duas áreas que caminham lado a lado na identificação botânica. Características dos órgãos vegetais e reprodutivos são ferramentas importantes para esse fim. Relacione algumas características morfológicas e anatômicas com órgãos vegetativos e reprodutivos entre os diversos grupos biológicos das espermatófitas.

Atividade aplicada: prática

1. Escolha cinco plantas de sua preferência; elas podem ser ornamentais ou comestíveis. Adquira ao menos duas representantes de cada categoria e anote suas características em relação à classificação de raiz, caule, folha, flor e fruto. Faça desenhos e tire fotos para registrar suas observações. Elabore uma tabela comparativa entre as cinco plantas e classifique-as até o nível taxonômico de família.

CAPÍTULO 6

REPRODUÇÃO DAS ESPERMATÓFITAS,

Neste último capítulo, apresentaremos as estratégias de reprodução das espermatófitas, abrangendo os dois grandes grupos de plantas superiores: (1) gimnospermas e (2) angiospermas. Ao longo de milhares de anos, representantes desses grupos adaptaram-se e desenvolveram meios para garantir sua reprodução e a transferência de seus caracteres às próximas gerações. Para essa missão, as plantas superiores contaram com a ajuda de fenômenos da natureza, como vento e chuva, aos quais elas responderam com adaptação, assim como se especializaram e desenvolveram relações específicas com animais, o que garantiu uma reprodução mais eficaz.

Também trataremos de métodos de classificação taxonômica e da coleta de material botânico para sua inserção em herbário.

6.1 Polinização

Plantas monoicas ou dioicas, ou seja, que têm um ou os dois sexos na mesma planta, respectivamente, necessitam que ocorra a transferência do pólen (gameta masculino) para o óvulo (gameta feminino). A esse processo de transferência do pólen dá-se o nome de *polinização*, e o agente responsável pelo transporte do pólen até o óvulo é chamado de *polinizador*. Como agentes polinizadores, é possível destacar fenômenos naturais, como água e vento, e organismos vivos, como insetos, aves e mamíferos.

Ao longo da história evolutiva das plantas, a polinização foi marcada por eventos de especialização entre planta e polinizador, objetivando sempre o sucesso da fecundação. As características das estruturas reprodutivas, sejam estróbilos, como nas gimnospermas, sejam flores, como nas angiospermas, moldaram o processo de polinização e definiram os agentes polinizadores.

6.1.1 Polinização das gimnospermas

A polinização das gimnospermas é majoritariamente realizada pelo vento, processo denominado *anemofilia*, em razão da ausência de flores que atraiam insetos e aves para realizá-la. A falta de uma recompensa em forma de flor e/ou néctar restringe as gimnospermas a esse único recurso para garantir sua reprodução. Visto que o vento é o maior aliado dessa função, a ocorrência dessas plantas se dá em regiões onde frio e vento são comuns e frequentes (Figura 6.1).

Figura 6.1 – Polinização de gimnospermas

KPG-Payless, grenierb/Shutterstock

Estróbilos masculinos de *Cryptomeria japonica* (cedro-japonês) liberando pólen.

Nuvem de pólen em região montanhosa com ocorrência de muitas gimnospermas.

Pelo fato de as gimnospermas terem estróbilos micro e megasporangiados em plantas diferentes, a polinização pelo vento passa a ser totalmente aleatória e nem sempre eficaz. Por esse motivo, essas plantas investem em mecanismos de dispersão temporal.

6.1.2 Polinização das angiospermas

A novidade evolutiva presente nas mais de 250 mil espécies de angiospermas é a produção de flores e frutos. As flores desempenham papel fundamental na polinização, e os frutos participam da dispersão das sementes. Pela virtude da variedade de flores que esse grupo de plantas apresenta, as formas de polinização são as mais diversas possíveis. Há desde plantas com polinização pelo vento até aquelas restritas a determinado organismo (certa espécie de orquídea é polinizada por uma espécie específica de abelha, por exemplo).

A polinização por insetos trouxe adaptações à planta e ao polinizador. Mariposas, por exemplo, polinizam flores que tenham tonalidades claras e uma "plataforma de pouso", que exalem odor ao entardecer e que apresentem uma corola especializada para o aparato bucal desses animais. As orquídeas são excelentes exemplos de plantas que, ao longo de anos de evolução, investiram na modificação da terceira pétala, denominada *labelo*, para fins de atração do polinizador (Figura 6.2).

Figura 6.2 – *Ophrys apifera* (orquídea-abelha)

Rudmer Zwerver, Eifel-Details/Shutterstock

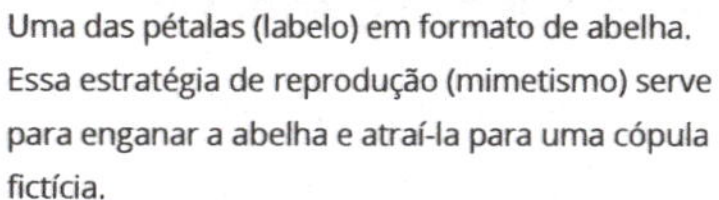

Uma das pétalas (labelo) em formato de abelha. Essa estratégia de reprodução (mimetismo) serve para enganar a abelha e atraí-la para uma cópula fictícia.

Assim, garante que o pólen grude nas costas do polinizador e seja levado para outra flor da mesma espécie.

Curiosidade

Para 80% das espécies vegetais polinizadas por insetos, a abelha certamente é o agente polinizador mais importante e de maior atuação. Além de as abelhas serem responsáveis pela polinização de plantas em ambiente natural, elas dão uma contribuição importantíssima para a agricultura mundial. Como as abelhas polinizam muitas espécies de plantas, elas são as maiores responsáveis pela manutenção das espécies diretamente polinizadas, bem como das inúmeras que se utilizam ou se beneficiam dessas espécies. Assim, a atuação das abelhas ocorre de maneira exponencial, favorecendo a fauna, a flora e, consequentemente, a manutenção das relações ecológicas (predação, mutualismo, competição, sociedade, inquilinismo, protocooperação etc.), de modo que pode ser uma indicadora da qualidade e da saúde ambiental (Barbosa et al., 2017).

Plantas polinizadas por aves são, em geral, grandes, coloridas e produtoras de néctar, porém são inodoras, já que o olfato é um sentido pouco desenvolvido em aves. As flores polinizadas pelo vento não produzem néctar, não exalam odor e apresentam flores sem pétalas; quando estas existem, são pequenas e de cores pouco chamativas. Contudo, tais flores contam com anteras bem expostas para facilitar a disseminação do pólen pelo vento. Os estigmas, semelhantemente, são grandes e expostos, por vezes ramificados ou com projeções plumosas que facilitam a captação de pólens transportados pelo vento.

Em razão da capacidade de atrair animais que contribuam para sua polinização, as angiospermas transcenderam a condição de organismos sésseis. Mediante uma polinização mais específica, a planta pode produzir menos polens e, assim, economizar energia.

A atração de insetos para os óvulos nus, às vezes, resultava na perda de alguns óvulos. Com a evolução de um carpelo fechado, surgiu uma vantagem reprodutiva e seletiva, que impediu os óvulos de serem consumidos pelos animais. Outro evento importante na polinização das angiospermas foi a flor bissexuada (androceu e gineceu em uma única flor). Com a visita de um polinizador, este pode tanto carregar consigo os polens da flor visitada quanto trazer polens de outra flor e fecundar a atual. Essa característica é conhecida como *polinização cruzada* e permite um aumento da variabilidade genética dentro da espécie. Logo, podemos entender que a polinização ocorre quando o grão de pólen de uma flor atinge o estigma do gineceu de outra flor da mesma espécie.

Assim como as flores evoluíram de acordo com as características dos polinizadores que as visitavam, os frutos também evoluíram em relação a seus agentes dispersores. Em ambos os sistemas, houve, em geral, muitas mudanças nos diferentes agentes dispersores dentro de determinadas famílias botânicas e eventos de evolução convergente que geraram estruturas com aparência e funções similares às dos dispersores. Muitas plantas têm frutos e sementes leves, o que favorece sua dispersão pelo vento, por exemplo.

A dispersão de frutos e sementes pela água resultou em retenção de ar em seus interiores, como forma de adaptação para a flutuação. É perceptível, também, que a evolução de frutos carnosos, doces e, muitas vezes, com coloração viva está implicada na coevolução de animais e plantas floríferas (Evert; Eichhorn, 2014). Muitos frutos carnosos servem de alimento para vertebrados, que, posteriormente, espalham as sementes por toda uma região por intermédio de suas fezes ou regurgito (no caso de muitas aves). Certas espécies ainda adquiriram tamanho grau de especificidade entre semente e dispersor que germinam apenas depois que passam pelo trato estomacal e intestinal do agente dispersor. Nesse caso, o ácido estomacal serve como uma quebra de dormência da semente, possibilitando sua germinação depois que é defecada.

Algumas angiospermas têm frutos e sementes que são dispersos ao se aderirem à pelagem ou às penas de animais. Esses frutos e sementes têm ganchos, farpas, espinhos, pelos ou revestimentos aderentes que lhes permitem ser transportados por grandes distâncias presos aos corpos dos animais dispersores.

Metabólitos secundários estão presentes principalmente em frutos e sementes, mas podem ocorrer em folhas, caules, raízes e flores. Esses produtos incluem compostos químicos independentes, como alcaloides, terpenoides, substâncias fenólicas, quinonas e ráfides. A presença de algum desses compostos pode caracterizar famílias ou grupo de famílias em uma classificação taxonômica. Na natureza, esses produtos desempenham o papel de restringir a palatabilidade das plantas ou fazer com que os animais as evitem. O que, para alguns animais, pode ser repugnante, para outros, é atrativo. Dessa forma, muitas plantas apresentam uma coloração chamativa para servir de aviso aos seus predadores de que elas têm produtos químicos nocivos em seus corpos e, portanto, não são palatáveis.

6.2 Fecundação

O processo de fecundação é caracterizado pela formação do embrião, que originará um novo organismo. Nas plantas, esse processo conta com fatores abióticos, como vento e água, e fatores bióticos, como seres polinizadores que carregam os gametas de um organismo para outro, permitindo a variabilidade genética e o processo de fecundação propriamente dito. No entanto, a fecundação tem suas peculiaridades dependendo do grupo botânico em questão.

6.2.1 Fecundação das gimnospermas

O processo de fecundação das gimnospermas é dependente da ação do vento, como mencionado anteriormente. Em cada esporófito (estrutura da planta propriamente dita) pode haver estróbilos (gametófitos), estruturas reprodutoras de ambos os sexos ou de apenas um.

O microstróbilo é o estróbilo masculino e se caracteriza por ser um aglomerado de folhas especializadas, denominadas *microsporófilos*, cuja função é produzir os grãos de pólen. Esses grãos apresentam uma estrutura alada, o que contribui para sua dispersão pelo vento. Cada grão de pólen tem quatro células que participam do processo de fecundação: duas células protalares, uma célula do tubo polínico e uma célula generativa.

O estróbilo feminino é denominado *megastróbilo* – em caso de pinheiros, é popularmente conhecido como *pinha*. Assim como no estróbilo masculino, o megastróbilo tem um aglomerado de folhas especializadas, chamadas *megasporófilos*. Em cada megasporófilo, existem megasporângios contendo um megasporócito, que origina o megasporo. Após inúmeras divisões celulares, o megasporo origina o megagametófito feminino, no qual ocorre a formação do arquegônio e da oosfera (Figura 6.3).

A fecundação em gimnospermas ocorre primordialmente em decorrência da ação do vento, ou seja, por anemofilia. Por intermédio do vento, os grãos de pólen são carregados por longas distâncias e, ao entrarem em contato com o estróbilo feminino de outra planta, iniciam o processo de fecundação. A célula do tubo polínico do grão de pólen passa a realizar diversas divisões mitóticas e, assim, proporciona a formação do tubo polínico até o megagametófito (Figura 6.3). Ainda no grão de pólen, a célula generativa passa por divisões celulares e forma duas células espermáticas, isto é, os gametas masculinos. Uma delas degenera, enquanto a outra percorre o tubo polínico e entra em contato com a oosfera presente no megagametófito feminino para a formação do zigoto. O zigoto, após uma série de divisões celulares e de seu desenvolvimento, forma o embrião da planta (Figura 6.3).

Figura 6.3 – Esquema representando o processo de fecundação de uma gimnosperma

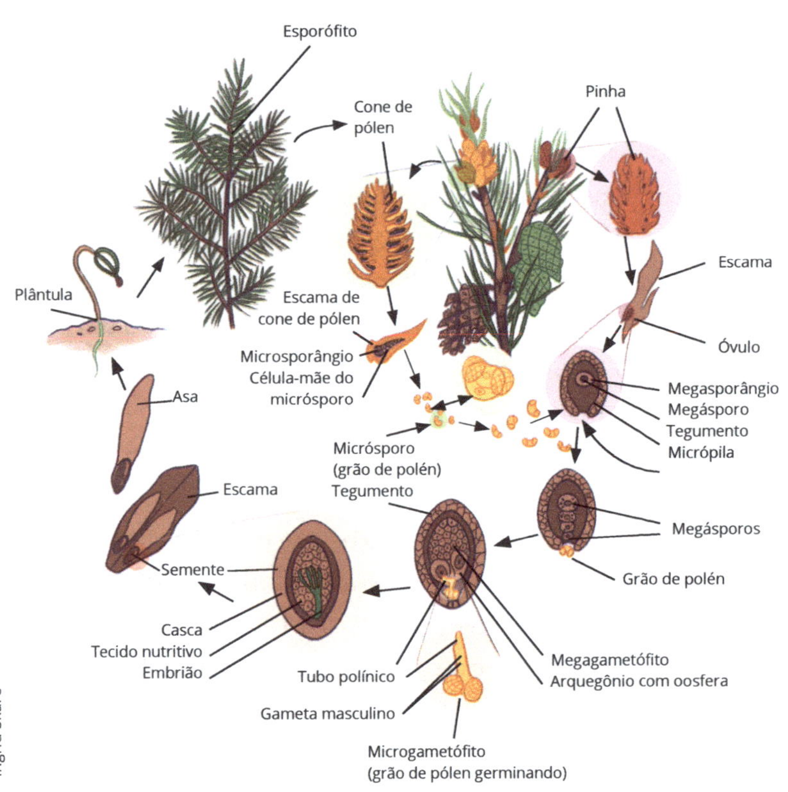

6.2.2 Fecundação das angiospermas

Com a chegada do grão de pólen ao estigma do gineceu de outra flor da mesma espécie, constituem-se duas células: (1) generativa e (2) do tubo. O estigma reconhece o grão de pólen como algo favorável e da mesma espécie e, assim, permite que ele se desenvolva em seu interior. Essa permissividade faz com que a célula do tubo se desenvolva em um tubo dentro do tubo polínico do estilete (Figura 6.4). A célula generativa, por sua vez, penetra o tubo polínico, no qual sofre mitose, e as duas células frutos dessa divisão passam a ser conhecidas como *primeiro e segundo núcleo espermático*. O tubo polínico e as duas células espermáticas são haploides (n). O tubo polínico segue seu crescimento até o interior do ovário, mais precisamente no interior de um lóculo (repartição do ovário), e é atraído pelo maior óvulo ali presente. As membranas celulares do óvulo e do tubo polínico se fundem e, a partir daí, ocorrem as **duas fecundações características das angiospermas** (Figura 6.4).

Com o tubo polínico integrado ao óvulo, o primeiro núcleo espermático se encontra com a oosfera (gameta feminino presente dentro do óvulo). Dessa forma, ocorre a primeira fecundação: núcleo espermático (gameta masculino – n) e oosfera (gameta feminino – n) formando o zigoto (2n). Esse zigoto se desenvolve e origina o embrião da nova planta. A segunda fecundação se dá pela união do segundo núcleo espermático com os núcleos polares presentes dentro do óvulo. Assim, o núcleo espermático (gameta masculino – n) somado aos dois núcleos polares (n + n) origina um zigoto (3n), que, após seguidas mitoses, origina um tecido nutritivo e de armazenamento de substâncias de reserva denominado *endosperma* (3n) (Figura 6.4).

Figura 6.4 – Fecundação em angiospermas

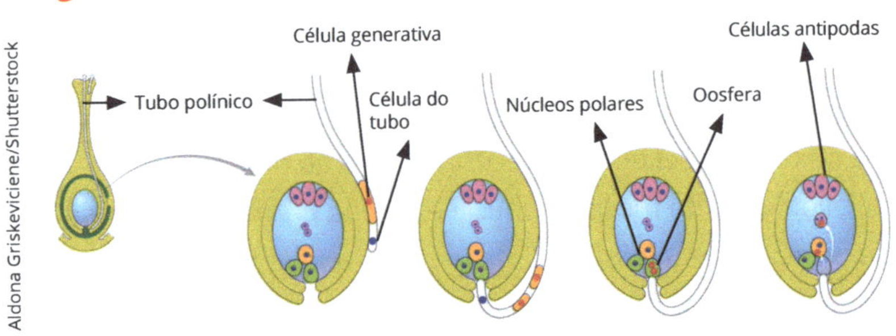

A união dos gametas masculinos (célula generativa e célula do tubo) e femininos (oosfera e núcleos polares) garante a chamada *dupla fecundação*, típica das angiospermas. Células antípodas não apresentam nenhuma função e acabam degenerando ao longo do processo.

6.3 Formação e desenvolvimento dos embriões

A dupla fecundação das angiospermas proporciona a formação do zigoto diploide (2n), fruto da união de um núcleo espermático com a oosfera, e do endosperma triploide (3n), fruto da união de um núcleo espermático com dois núcleos polares. Dessa maneira, zigoto e endosperma passam a ter seu desenvolvimento dentro do óvulo da flor (Figura 6.5). Eles são envoltos por tegumento, nucela e saco embrionário. Dentro do saco embrionário, o embrião apresenta uma polaridade, ou seja, a porção voltada para a micrópila (abertura do óvulo) forma o suspensor, e as demais formam o embrião. O suspensor varia em tamanho e formato, mantém o embrião em uma posição fixa e profunda no endosperma, transporta substâncias nutritivas dos tecidos circundantes para o embrião em desenvolvimento e desempenha atividades metabólicas especializadas. O suspensor exerce uma função haustorial, também conhecida como *sugador*, pois retira os nutrientes do endosperma e os fornece ao embrião (Figura 6.5).

A formação de um embrião, entretanto, pode ocorrer sem que aconteça a fusão de gametas masculinos e femininos, processo ao qual denominamos *apomixia*. Maheshwari e Rangaswamy (1966) identificam quatro classes de apomixia:

1. **Apomixia não recorrente**: a oosfera sofre meiose e forma-se o embrião haploide (n). A planta-filha é estéril e o processo não é repetido de uma geração para outra.
2. **Apomixia recorrente**: a oosfera não sofre meiose e o embrião é diploide (2n). Esse processo é conhecido como *partenogênese*.
3. **Apomixia poliembrionária**: o embrião surge de células do núcleo ou do tegumento do ovário. Isso pode gerar uma poliembrionia, pois um embrião é de origem sexuada e os outros se originam do corpo da planta-mãe.
4. **Apomixia vegetativa**: ocorre uma reprodução vegetativa e a flor não tem participação no processo.

Figura 6.5 – Dupla fecundação de angiospermas e formação do embrião

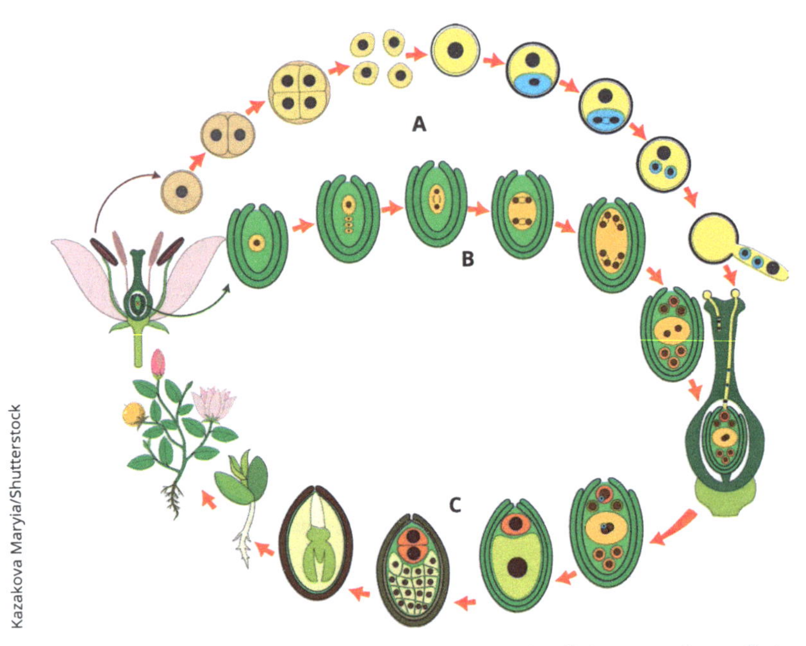

(A) Desenvolvimento do grão de pólen e formação de célula generativa e célula do tubo; (B) desenvolvimento do óvulo e formação de oosfera e núcleos polares (a seta indica o suspensor); (C) formação do embrião e da semente.

Os embriões podem variar de posição e formato de acordo com a família taxonômica em questão. O tamanho da semente é o fator norteador para essa classificação. Desse modo, o trabalho de Martin (1946), revisado por Baskin e Baskin (2007), é importante para a classificação dos embriões. De acordo com os autores, os embriões podem ser:

- **Basais**: comumente pequenos e restritos à metade inferior da semente. O embrião basal pode ser rudimentar (pequeno e globoso), amplo (ocupa toda a porção inferior), capitato (apoiado em uma base) e lateral (lateralizado, ocupando uma porção inferior).

- **Periférico**: embrião frequentemente alongado e grande, comum em eudicotiledôneas.
- **Axial ou central**: embrião pequeno ou ocupando toda a semente. Nessa classificação, é possível observar os subtipos linear (amplo e alongado), reduzido, micro e foliáceo (pode ser espatulado, curvo, dobrado ou envolvente).

Quando óvulo e embrião se desenvolvem, o integumento passa a se diferenciar, formando uma casca resistente. A combinação entre essa casca proveniente da diferenciação do integumento e o embrião caracteriza uma semente (Figura 6.6). Visto que estamos tratando de angiospermas, essa semente será envolta por um fruto, que pode ser do tipo seco ou carnoso, como visto no Capítulo 5.

Todo embrião de angiosperma apresenta o primórdio radicular, que origina as raízes; o hipocótilo, que origina a porção inferior do caule; o epicótilo, que origina a porção superior do caule; os primórdios foliares, que originam as folhas; e o cotilédone, que tem como função transferir as reservas nutritivas da semente para o embrião (Figura 6.6). A presença de um único cotilédone caracteriza a planta como monocotiledônea, e a presença de dois cotilédones, como eudicotiledônea.

A partir do momento em que ocorre o processo de germinação da semente, o embrião passa de sua fase de desenvolvimento para a formação de uma plântula (Figura 6.5). Essa plântula é constituída, portanto, de raiz, colo (ou coleto, que nem sempre é visível), hipocótilo, cotilédone(s), epicótilo e eofilo ou protofilo. A primeira raiz é sempre esbranquiçada, delgada, robusta, de crescimento rápido e pode ter ramificações secundárias e terciárias.

A anatomia da **raiz** de uma plântula corresponde a um sistema de feixes vasculares semelhante ao de uma raiz madura. Dessa forma, é possível observar uma epiderme simples, irregular e com pelos absorventes (que podem ocorrer até próximo do hipocótilo); um córtex com exoderme uni, bi ou plurisseriada, parênquima cortical e endoderme unisseriada. O cilindro central é constituído por periciclo, parênquima cortical, xilema e floema. A região do colo é localizada entre a raiz e o hipocótilo e tem a função de auxiliar na fixação da plântula no solo. A anatomia da porção do **colo** compreende a transição entre raiz e caule.

O **hipocótilo**, por sua vez, compreende a região basal do eixo da planta, contendo um único entrenó, que pode ser longo ou curto, clorofilado ou não, piloso ou glabo e estocar reservas nutritivas. A anatomia do hipocótilo pode apresentar uma estrutura com organização vascular do tipo caulinar, radicular ou de transição, uma vez que ocorre uma mudança de maturação da anatomia exarca da raiz para a endarca do caule. O(s) **cotilédone(s)** apresenta(m) um pecíolo e limbo com idioblastos (célula com formação própria), canais secretores de resina e presença de reservas nutritivas. O **epicótilo** é o primeiro entrenó acima da inserção dos cotilédones (Figura 6.6) e pode ser pouco ou muito desenvolvido, reduzido ou quase inexistente, cilíndrico e, geralmente, piloso; anatomicamente, o epicótilo apresenta a mesma estrutura do caule. Por fim, o **eofilo** ou **protofilo** é a primeira folha verdadeira.

Figura 6.6 – Embrião dentro de uma semente e plântula após germinação

A presença de dois cotilédones caracteriza a planta como uma eudicotiledônea.

6.4 Métodos de estudos taxonômicos dos vegetais

Em botânica, assim como nas demais áreas da biologia, existe a necessidade de organizar e agrupar os organismos de acordo com alguma característica. A área responsável por organizar, nomear e classificar taxonomicamente os organismos vegetais conforme suas semelhanças é denominada *sistemática biológica* ou *taxonomia*. O agrupamento dos organismos considerando-se alguma característica específica gera a formação de uma classificação. As classificações podem ser baseadas em características anatômicas e/ou morfológicas, hábito de vida, local de ocorrência, pigmento fotossintético, filogenia etc. As características estruturais similares entre os organismos refletem, por vezes, em estruturas anatômicas e moleculares similares, implicando certo grau de parentesco filogenético. Uma similaridade estrutural pode indicar uma evolução paralela ou convergente.

Anatomia e morfologia foram e são importantes para a classificação taxonômica do Reino Plantae. A facilidade em constatar características anatômicas e morfológicas é, com certeza, o motivo que determina a preferência pelo uso desses conhecimentos para fins de classificação taxonômica. Para que a anatomia seja usada com sucesso na sistemática, é necessário conhecer as características abordadas, assim como suas modificações locais e ao longo do tempo. Com isso, é possível evitar falsas interpretações e, consequentemente, classificações erradas.

Contudo, o uso da biologia molecular e das filogenias (histórias evolutivas) tem ganhado espaço a cada ano entre os estudos botânicos. Tal mudança se deve à maior confiabilidade fornecida por esses estudos quando comparados à análise das características anatômicas e morfológicas unicamente. A biologia molecular e as filogenias levam em consideração aspectos relacionados à anatomia, à morfologia, aos compostos secundários, aos caracteres de DNA e às sequências de nucleotídeos. Isso se torna possível pelo fato de a filogenia estar direta e fundamentalmente embasada nos estudos da evolução em geral, dos fósseis e das modificações genéticas em populações locais.

Nesse contexto, a anatomia e a morfologia têm sido complementadas e, por vezes, até confrontadas pelos estudos de filogenia molecular, que, assim, não se apresenta mais apenas como uma ciência descritiva, mas que também procura descobrir relações e entidades evolutivas como resultado do processo de evolução.

6.4.1 Método morfológico

As estruturas morfológicas são de mais fácil manuseio e diagnóstico se comparadas com as estruturas anatômicas, que requerem um preparo para a visualização em microscópio. As características frequentemente avaliadas são tipo e disposição das folhas, grau de pilosidade, inflorescência, aspectos da flor e tipo de fruto. O uso de régua, lupa, pinça, estilete e agulha de seringa torna-se necessário na avaliação de tais características (Figura 6.7).

Figura 6.7 – Método morfológico

sakhorn, Daniel Tay/Shutterstock

Cortes morfológicos para fins de classificação taxonômica. Corte transversal de caule de *Lotus* sp. e a observação do parênquima aerífero, típico de plantas aquáticas.

Corte longitudinal de uma flor de hibisco e a visualização do ovário súpero, dos lóculos e dos óvulos dentro deles.

6.4.2 Método anatômico

A taxonomia botânica baseada no método anatômico avalia a presença ou não de determinadas células como um importante critério de classificação. A estrutura e a organização anatômica de raiz, caule, folha, flor, fruto e semente para os grupos que apresentam essas estruturas são de grande importância. Da mesma forma, a presença de compostos secundários, a disposição de feixes vasculares, a presença ou não de lignificação, a posição e a quantidade de células etc. são observadas para fins de comparação entre materiais biológicos. Portanto, a similaridade entre estruturas anatômicas reflete um grau de parentesco de um grupo de organismos.

Para que estruturas anatômicas possam ser observadas, é necessário o preparo do material vegetal de acordo com técnicas histológicas adaptadas para o equipamento a ser utilizado, ou seja, microscópio óptico ou eletrônico (Figura 6.8). O microscópio óptico utiliza um feixe de luz visível que atravessa o material biológico, gerando sua imagem em oculares de diferentes graus de aumento: 4x, 10x, 40x ou 100x. O microscópio eletrônico utiliza um feixe de emissão de elétrons e conta com duas formas diferenciadas de análise do material biológico: (1) de transmissão, quando o material biológico é finamente cortado; (2) de varredura, quando se observa a superfície do material para gerar uma imagem 3D (Figura 6.8).

Figura 6.8 – Microscópios para análise anatômica

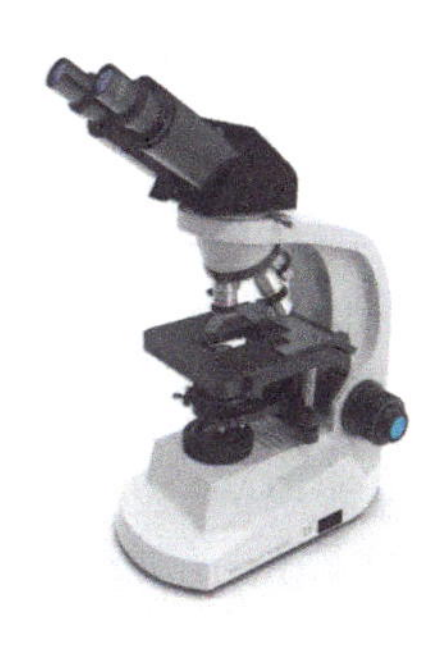

Microscópio óptico binocular de bancada.

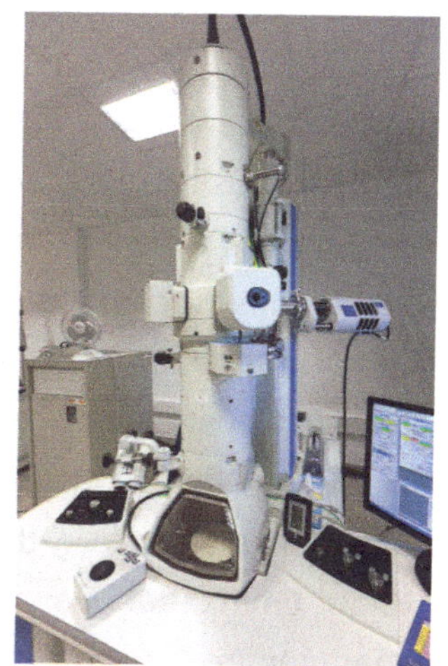

Microscópio eletrônico.

Lentes objetivas de diferentes graus de aumento do microscópio óptico.

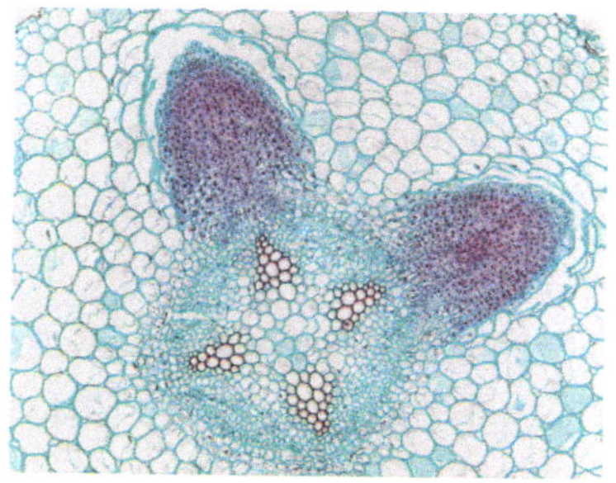

Microscopia óptica de corte histológico transversal de *Glycine max* (soja) com o desenvolvimento de dois nódulos radiculares.

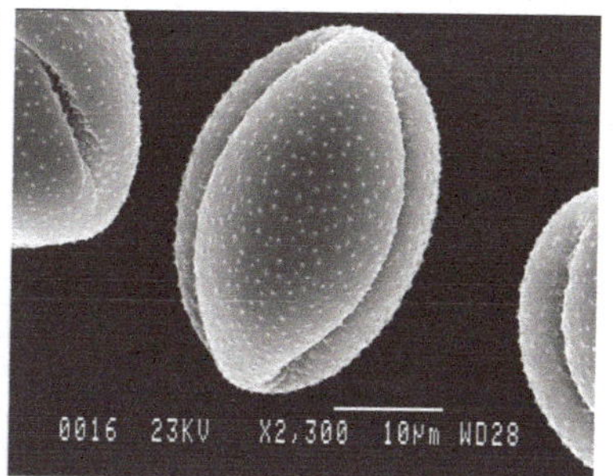

Microscopia eletrônica de varredura de grão de pólen de *Lesser celandine* (*Ranunculus*).

3DMI, Pvince73, Aldona Griskeviciene, Jubal Harshaw, bearacreative/Shutterstock

Seja em microscopia óptica, seja em microscopia eletrônica, o material botânico precisa ser previamente preparado por meio de uma fixação que paralisa os processos vitais e estabiliza os componentes celulares. Essa fixação pode ser feita de forma física ou química. Os fixadores físicos são aumento ou diminuição de temperatura e desidratação, e os fixadores químicos podem ser simples ou compostos. Os simples mais comuns são etanol 70%, ácido acético, acetona e formaldeído ou formalina. Os fixadores compostos mais comuns são FAA (formalina, álcool etílico, ácido acético) 50% ou 70%, FPA (formalina, álcool etílico, ácido propiônico) e Karnovsky (FAA e FPA são fixadores ácidos, e o Karnovsky é um fixador básico e necessário para o preparo do material para microscopia eletrônica).

É necessário utilizar o vácuo para a fixação, pois assim o ar é retirado dos espaços intercelulares para que o fixador tome seu lugar e a fixação ocorra com melhores resultados. O tempo de exposição da amostra do material botânico no fixador depende de seu tamanho. A quantidade do fixador deve ser de 10x o volume da amostra. Após o vácuo, a desidratação torna-se necessária e segue-se em série etílica a partir do fixador (50% ou 70%) até atingir álcool 95%.

A observação do material botânico em microscopia óptica pode ser feita para lâminas semipermanentes ou permanentes. Lâminas permanentes utilizam o aparelho micrótomo para realizar cortes histológicos ultrafinos. Para isso, o material botânico precisa passar por um processo de emblocagem em resina ou parafina (Figura 6.9). Lâminas semipermanentes são feitas com cortes histológicos à mão livre com lâmina de barbear (Figura 6.9); para seu uso, é necessário submeter, por alguns minutos, o material a corante, retirar o excesso com água, posicionar em lâmina e lamínula vedando com esmalte incolor e, por fim, observar em microscópio óptico. O material pode estar vivo ou fixado, e é uma técnica de rápida preparação e baixo custo. Lâminas permanentes exigem mais tempo de preparo e utilizam material de maior custo.

Figura 6.9 – Preparação para lâmina permanente

eleonimages, Rattiya Thongdumhyu/Shutterstock

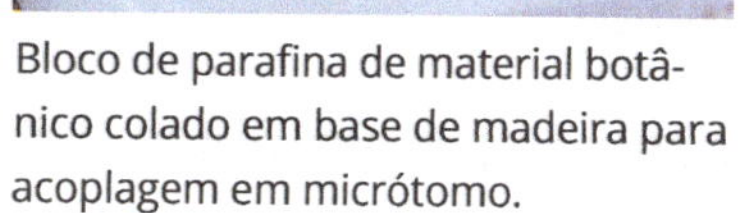

Bloco de parafina de material botânico colado em base de madeira para acoplagem em micrótomo.

Corte de material botânico em micrótomo.

A seguir, no Quadro 6.1, apresentamos os tipos de corantes utilizados em técnicas anatômicas.

Quadro 6.1 – Relação dos principais corantes utilizados em técnicas de preparo de material botânico para observação em lâminas semipermanentes ou permanentes

CATEGORIA	CORANTE	MATERIAL CORADO
Permanentes	Azul de astra, fucsina básica	Celulose/lignina
	Azul de astra, safranina	Celulose/lignina
	Azul de toluidina, fucsina	Celulose/lignina/compostos fenólicos
	Safranina, verde firme	Celulose/lignina
	Safrablau, hematoxilina férrica, laranja G	Celulose/lignina

(continua)

(Quadro 6.1 – conclusão)

CATEGORIA	CORANTE	MATERIAL CORADO
Semipermanentes	Ácido tânico	Taninos
	Cloreto férrico	Compostos fenólicos
Temporários	Cloreto férrico	Compostos fenólicos
	Cloreto de zinco iodado	Celulose/lignina/amido
	Fehling	Frutose/glucose
	Fenol, violeta cristal, azul de metileno	Celulose/lignina/fibras
	Fluroglucinol acidificado	Lignina/suberina
	Lugol	Amido
	Sudam III e IV	Lipídeos/cutina/suberina

6.4.3 Método molecular/filogenético

Os estudos atuais envolvendo taxonomia têm utilizado a informação filogenética como ferramenta para revisar e até mesmo confrontar a classificação taxonômica de abordagem morfológica e anatômica. Além disso, as relações ecológicas entre comunidades também têm sido estudadas por meio de análises de filogenia molecular (Cadotte; Carscadden; Mirotchnick, 2011; Martins et al., 2018), e, juntamente com variáveis ambientais, têm servido para responder a perguntas de cunho ecológico (Pereto, 2018).

A história evolutiva das espécies é construída mediante a anotação de características que sofreram modificações ao longo do tempo, de modo a possibilitar a construção de uma árvore genealógica baseada na ordem relativa de origem dos caracteres, refletindo em uma classificação hierárquica.

Considerando-se esse contexto, plantas que compartilham determinadas características (ou caracteres) podem ser identificadas mediante a observação de caracteres herdáveis que sejam transmitidos geneticamente ao longo de um tempo. Todavia, determinar quais características são adequadas para serem comparadas entre os organismos é um tanto quanto complexo. Por esse motivo, Remane (1952) formulou três critérios a serem considerados na hora de avaliar características similares: (1) devem estar na mesma posição em ambos os organismos; (2) devem ser similares em termos anatômicos; e (3) devem estar relacionadas por formas intermediárias da característica avaliada.

Por meio do agrupamento dos organismos baseado em suas características herdáveis e ordenando-os em grupos inseridos uns nos outros, é possível construir um diagrama de Venn. Esse diagrama estabelece uma ordenação em círculos concêntricos, nos quais o grupo maior apresenta a característica presente em todos os organismos analisados. Dentro desse grupo, é possível formar um subgrupo que apresenta uma característica ausente nos demais organismos. Ainda dentro desse subgrupo, é possível formar outro subgrupo, e assim sucessivamente (Figura 6.10).

Figura 6.10 – Diagrama de Venn

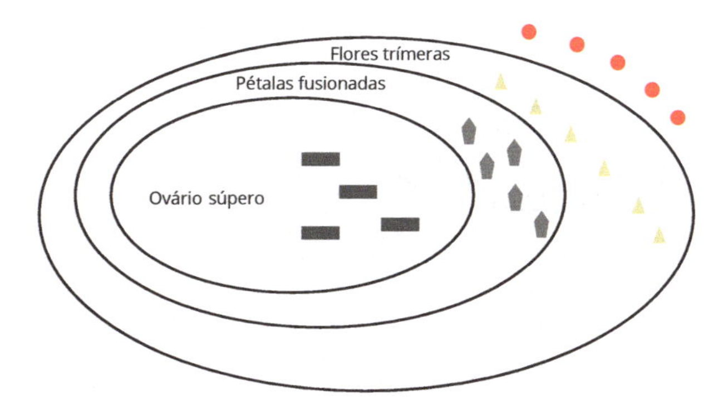

O maior grupo é constituído por organismos que apresentam flores trímeras. Entre esses organismos, um subgrupo tem pétalas fusionadas, e uma parte deste último tem ovário súpero. As diferentes formas representam as espécies.

As mesmas informações podem ser organizadas sob a forma de uma matriz, na qual as colunas indicam as características, as linhas se referem às plantas, e os espaços a serem preenchidos correspondem aos estados das características. O padrão filogenético das características pode ainda ser apresentado sob a forma de uma rede, na qual as espécies e suas características estão dispostas em linhas verticais (Figura 6.11).

Figura 6.11 – Método filogenético

A – Matriz de caracteres

ESPÉCIES	CARACTERES							
	1	2	3	4	5	6	7	8
Sylphytus aculeatum	1	2	1	1	1	2	1	1
Sylphytus amblyopos	2	1	1	2	2	2	2	1
Sylphytus capreolatus	2	1	1	2	2	2	2	1
Sylphytus cymosum	2	2	2	1	2	2	1	1
Sylphytus fissifolium	1	2	2	1	2	2	1	1
Sylphytus leucoflorum	2	2	1	2	2	2	2	1
Sylphytus parvus	1	1	1	1	1	2	1	1

B – Rede de caracteres

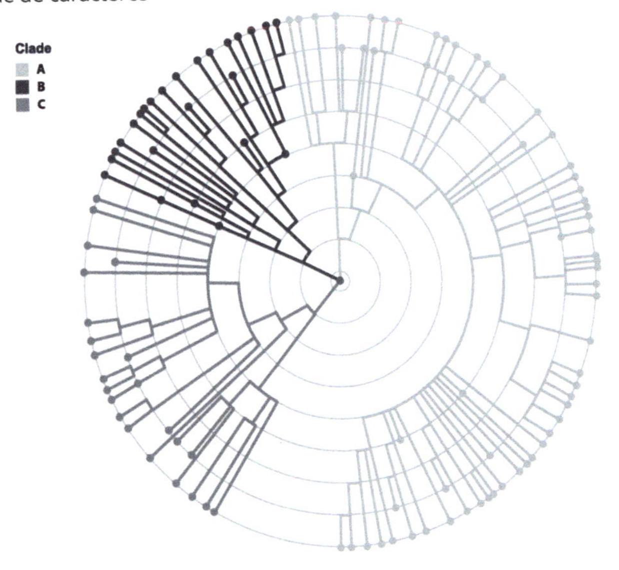

M. PATTHAWEE/Shutterstock

Considerando-se as informações de uma análise filogenética, presume-se que a evolução pode ser representada pela figura de uma árvore ramificada, partindo-se do princípio de que, depois de duas espécies divergirem em relação a uma característica, elas não mais compartilharão sua semelhança. Porém, uma planta híbrida (formada por duas plantas de linhagens diferentes) pode ser uma exceção a essa regra e apresentar características de duas linhagens não relacionadas (Figura 6.12).

Figura 6.12 – Hibridismo em *Cineraria* sp. e manutenção das cores branca e roxa ao mesmo tempo nas pétalas

Nature Clickz/Shutterstock

6.5 Herbários

Herbário é o local de armazenamento de coleções botânicas de órgãos vegetativos e reprodutivos de espécies coletadas em diferentes partes do mundo. As folhas de uma coleção de plantas são devidamente armazenadas em exsicatas, ou seja, um exemplar prensado, seco, identificado e guardado; já as flores e os frutos carnosos (carpoteca) são armazenados em amostras com composição de álcool etílico 70%. Quanto às folhas, todas devem ser secas, prensadas e organizadas conforme o sistema taxonômico de plantas.

De modo semelhante a uma biblioteca, que armazena seus livros de acordo com o tema, um herbário organiza suas plantas de forma que elas sejam encontradas devidamente armazenadas com as demais representantes de seu gênero, família, ordem, classe e filo.

Um representante de planta seca serve para documentar a distribuição geográfica de determinada espécie, seus aspectos ecológicos e os períodos de floração e frutificação, por exemplo. No entanto, para que certa planta passe a compor o acervo de um herbário (processo denominado *tombamento*), é necessário que ela atenda a uma série de pré-requisitos, a saber:

- Ter sido devidamente coletada, apresentando partes vegetativas e reprodutivas (imprescindível a presença da flor) em bom estado.
- Ter sido devidamente prensada e seca em estufa.
- Não conter fungos ou quaisquer agentes que possam contaminar o exemplar ou os demais.

- Ser acompanhada de uma ficha catalográfica com informações sobre a classificação taxonômica, o nome popular da planta, o local e a data da coleta, o nome do coletor, o número de coleta e, sempre que necessário, informações adicionais com relação ao exemplar em questão, como coloração e turgência de folhas, flores e caule.

Quando coletado em campo, o material botânico deve ser prontamente armazenado entre folhas de jornal e papelão, prensado ou mantido estendido entre superfícies rígidas e secas (Figura 6.13). Esse procedimento é imprescindível para o sucesso da montagem de uma exsicata, sobretudo para espécies que perdem turgescência depois de sofrer corte.

A prensagem em campo já garante que, mesmo desidratando, a planta mantenha sua aparência morfológica. Após a coleta, recomenda-se verificar a disposição e a distensão das folhas e flores prensadas em campo antes de preparar o material em estufa (Figura 6.13). A secagem em estufa depende do material botânico em questão. Amostras com caules finos e folhas herbáceas, em geral, precisam ficar de 1 a 2 dias prensadas em estufa a 60° C; já amostras com caules e folhas suculentas requerem de 3 a 4 dias nas mesmas condições para adquirirem uma desidratação total. Depois de o material botânico ser devidamente desidratado e de sua ficha catalográfica ser elaborada, ele está pronto para ser enviado ao herbário.

O material botânico, ao ser entregue em herbário e tendo cumprido os pré-requisitos mencionados anteriormente, é preparado para a montagem de exsicata para compor o acervo botânico (Figura 6.13). Para fins de padronização, os herbários utilizam folhas de papel-cartão branco tamanho A3 como tela de armazenamento do material botânico (Figura 6.13). O material é posicionado de forma que se enquadre dentro dos limites do papel e fixado a ele com fita ou costurado. Caso a amostra botânica ultrapasse as dimensões do papel, deve ser dobrada em formato N ou V enquanto estiver fresca para caber na cartolina padronizada do herbário. Juntamente com o material botânico, a exsicata apresenta a ficha catalográfica com as informações descritas pelo coletor.

A classificação taxonômica deve ser realizada e/ou verificada por especialista da área botânica para a conferência da espécie-tipo, aquela cujas características são comuns à maioria das espécies do gênero em questão, constituindo-se em uma referência. Dessa forma, a comparação da espécie a ser registrada em herbário com a espécie-tipo auxilia na determinação da classificação taxonômica com relação ao gênero.

Após a devida classificação taxonômica e a verificação das condições do material botânico a ser registrado conforme as normas do herbário, ele é armazenado junto aos exemplares taxonômicos semelhantes e incluído no sistema digital do herbário. Feito esse registro, os dados ficam disponíveis a qualquer usuário do herbário, facilitando sua busca e consulta.

Figura 6.13 – (A) Exsicatas contendo folhas, caule e flores; (B) exsicata pronta com ficha catalográfica; (C) prensa de campo; (D) armários de armazenamento de exsicatas de acordo com o sistema taxonômico de classificação botânica

É importante posicionar folhas e flores de forma que margem, nervuras, disposição foliar no caule etc. sejam observáveis.

Natural History Museum, London / Alamy / Fotoarena

A seguir, listamos algumas especificações importantes para as instalações de um herbário, bem como instruções de uso desses espaços:

- Devem cumprir medidas anti-incêndio e ser climatizadas entre 17 °C e 22 °C (essa faixa de temperatura pode oscilar entre alguns herbários).
- O consumo de alimentos e bebidas em seu interior é estritamente proibido.
- O armazenamento das exsicatas deve ocorrer em estantes, armários ou latas de aço para evitar o excesso de umidade e a disseminação de fungos ou o ataque ao material depositado.
- O uso de bolas de cânfora, naftalinas e cravos entre as exsicatas é uma medida usualmente adotada para evitar o aparecimento de insetos nas coleções.
- A umidade do herbário não deve exceder 55% e, para isso, faz-se necessário o uso de desumidificadores distribuídos por todo o ambiente, que devem estar constantemente sob manutenção e revisão.
- É sempre necessário manter armários, estantes e/ou latas fechados; sua abertura deve acontecer apenas para busca e captura do material de consulta.
- As exsicatas devem ser cuidadosamente manuseadas, respeitando-se a ordem alfabética e numérica quando houver.
- A observação do material deve ser feita sempre em cima de uma mesa ou bancada, nunca em pé, sem apoio para o material.

Em caso de exsicatas duplicadas, é possível fazer a doação do material para outros herbários. O empréstimo também é uma prática comum entre herbários e entre pesquisadores e herbários. Essas práticas permitem a troca de informações sobre ocorrência e morfologia de inúmeras espécies vegetais ao redor do mundo. Nesse sentido, o conhecimento das espécies botânicas de uma localidade específica passa a ser globalizado, visto que a comunicação entre herbários ocorre tanto por meio de exsicatas quanto por meio de acervo digital. Muitos herbários já têm suas exsicatas digitalizadas e devidamente identificadas, o que facilita a consulta por parte de pesquisadores de diversas partes do mundo. É a botânica inovando e utilizando recursos tecnológicos a seu favor, pois a ciência não para.

Síntese

Neste capítulo final, abordamos a polinização e a fecundação das plantas superiores dentro do Reino Plantae, bem como métodos de classificação taxonômica. A taxonomia é a ciência que organiza e classifica os organismos de acordo com suas similaridades anatômicas e morfológicas e seu histórico filogenético.

Vimos também que um exemplar botânico deve ser devidamente coletado e preparado para que possa fazer parte de um acervo botânico, ou seja, um herbário.

A seguir, destacamos informações essenciais deste capítulo, das quais você precisa se lembrar.

Torgonskaya Tatiana, hain.tarmann/Shutterstock

- GIMNOSPERMAS
  - Polinização pelo vento
  - Semente
  - Estróbilos masculino e feminino em plantas distintas

- ANGIOSPERMAS
  - Polinização por animais, água e vento
  - Flor, fruto e semente
  - Dupla fecundação = zigoto diploide (2n) e do endosperma triploide (3n)

Kazakova Maryia/Shutterstock

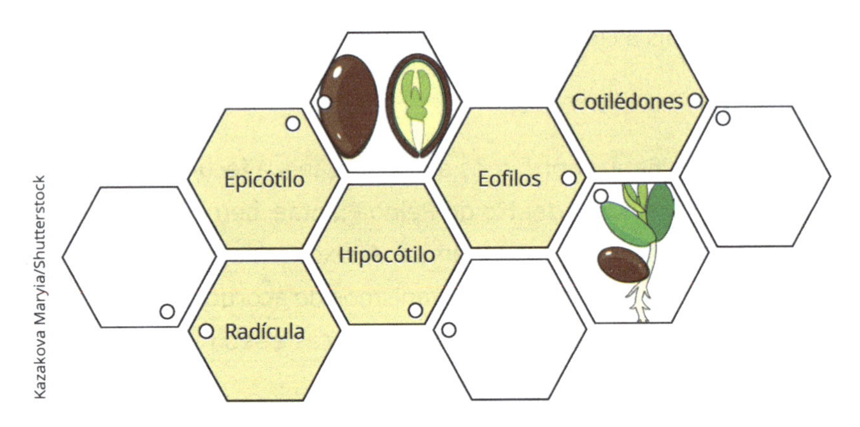

Atividades de autoavaliação

1. O grupo das gimnospermas engloba plantas que correspondem a registros históricos muito antigos. Elas possivelmente evoluíram de samambaias e licófitas, portanto contêm vasos condutores de seiva. Com relação à polinização das gimnospermas, assinale a alternativa correta:

A São plantas que dependem do vento quando a água está em falta. Apesar de o vento ser um importante polinizador, as gimnospermas têm a água como sua principal forma de polinização.

B A polinização das gimnospermas é altamente especializada, visto que muitos organismos são dioicos, ou seja, apresentam flores com ambos os sexos.

C As gimnospermas têm o vento como principal fonte de polinização, já que suas flores não são tão vistosas.

D As gimnospermas não têm flores nem frutos. Assim, seu pólen precisa do vento para que a polinização seja efetuada.

E Ao longo dos anos de evolução, o vento não mais é a principal forma de polinização das gimnospermas. Atualmente, elas já contam com a participação de algumas aves, como a gralha-azul, para o processo de polinização.

2. As angiospermas são plantas com uma maior complexidade e especificidade quando se trata de polinização e fecundação. Sobre esse assunto, assinale a alternativa correta:

A Por intermédio da ação do agente polinizador, o grão de pólen chega até seu destino em outra flor, mas não é reconhecido.

B As células do estigma da flor reconhecem o grão de pólen de outra flor da mesma espécie e, assim, permitem o crescimento da célula do tubo para dentro do estilete até o ovário.

C A dupla fecundação das angiospermas ocorre entre células do tubo (n) e células generativas (n).

D O zigoto (3n) é proveniente da união entre oosfera (2n) e endosperma (n).

E A união entre a oosfera (2n) e o endosperma (n) resulta em uma fecundação conhecida como *fecundação tripla*, uma característica marcante das angiospermas e das gimnospermas.

3. Após a fecundação do ovário, zigoto e endosperma passam a se desenvolver mediante seguidas divisões mitóticas. Os tecidos que envolvem zigoto e endosperma no ovário são:

A micrópila e saco embrionário.

B suspensor, nucela e saco embrionário.

C tegumento, micrópila e nucela.

D suspensor, micrópila e saco embrionário.

E tegumento, nucela e saco embrionário.

4. O desenvolvimento do embrião é marcado pelo processo de germinação da semente, no qual o embrião atinge certo grau de maturidade e passa a ser chamado de *plântula*. Assinale a alternativa que apresenta corretamente todas as estruturas que compõem a plântula:

A Hipocótilo, epicótilo, radícula, eofilos e cotilédone(s).

B Hipocótilo, epicótilo e radícula.

C Radícula, hipocótilo, epicótilo, eofilos e cotilédone(s).

D Radícula, colo, hipocótilo e cotilédone(s).

E Radícula, colo, hipocótilo, epicótilo, eofilos e cotilédone(s).

5. O procedimento para fins de coleta de material botânico deve ser rigorosamente atendido para que a prensagem e o tombamento em herbário sejam corretos. Assinale a alternativa que descreve corretamente o procedimento e os cuidados de coleta:

A O material botânico deve ser armazenado em sacos com naftalina e álcool 70% até que seja prensado em prensa apropriada.

B Folha, caule e raiz são as estruturas mais importantes para a correta e mais precisa identificação taxonômica botânica.

C Para a montagem de uma exsicata, é importante identificar o local de coleta e os aspectos morfológicos, como cor e textura de folhas e flores.

D A prensagem do material botânico visa apenas facilitar o armazenamento em herbário.

E A organização dos exemplares em exsicatas dentro de um herbário obedece a uma sequência cronológica, considerando-se a ordem de chegada.

Atividades de aprendizagem

Questões para reflexão

1. Qual é a importância do uso de herbários didáticos, também conhecidos como *herbários de campo*, durante o ensino de botânica?
2. De que forma a tecnologia tem contribuído para o ensino de botânica?

Atividade aplicada: prática

1. Pesquise sobre os maiores herbários do mundo! Quantas espécies contempladas em acervo cada um deles possui? Será que mais espécies vegetais ainda serão descobertas ou todas já foram catalogadas e identificadas? Caso sua cidade conte com um herbário, aproveite para visitá-lo, bem como para conhecer um pouco mais sobre a flora local e descobrir como você pode contribuir para sua manutenção. Caso ainda tenha dúvidas sobre as espécies nativas e/ou até mesmo endêmicas de sua região, solicite mais informações aos profissionais do herbário.

CONSIDERAÇÕES FINAIS

Finalizamos esta obra encorajando o estudo integrado das áreas de anatomia, fisiologia, morfologia e sistemática vegetal para uma compreensão ampla e robusta do ensino de botânica. Sabemos que a complexidade dos assuntos e o vocabulário específico desestimulam o aluno a estudar tais áreas, mas a ordenação adequada dos temas contribui para um entendimento facilitado.

Dessa forma, optamos por uma composição didática que contemplou desde a estrutura mais diminuta – a célula – até a organização dos exemplares em um herbário. O destaque de termos importantes ao longo do texto e as atividades ao final de cada capítulo também puderam auxiliar na fixação do conteúdo de maneira eficiente e didática. Ainda, como um diferencial da obra, apresentamos organogramas ao final de cada capítulo para reforçar o aprendizado, ressaltando as informações mais relevantes.

Acreditamos que o ensino da botânica por meio de recursos didáticos e de uma linguagem fácil e objetiva possibilita ao aluno ter um contato mais real com o mundo ao seu redor, de modo que o interesse pelo conteúdo seja intensificado. Assim, este material visou favorecer o aprendizado do leitor com uma linguagem acessível e riqueza de ilustrações.

Nosso maior objetivo com esta obra, no entanto, foi que o leitor pudesse utilizá-la como recurso de campo, sensibilizando-se diante deste incrível e encantador mundo que é o das plantas.

REFERÊNCIAS

ABREU, M. F. de; PEDROTTI, E. L. Micropropagação de macieira: avanços nos protocolos de micropropagação. **Revista Biotecnologia Ciência & Deselvolvimento**, n. 31, p. 100-108. jul./dez. 2003. Disponível em: <https://silo.tips/download/micropropagaao-de-macieira>. Acesso em: 18 jul. 2022.

ANDRADE, S. R. M. de. **Princípios da cultura de tecidos vegetais**. Planaltina: Embrapa Cerrados, 2002. Disponível em: <https://www.embrapa.br/busca-de-publicacoes/-/publicacao/546466/principios-da-cultura-de-tecidos-vegetais>. Acesso em: 17 jul. 2022.

ANTUNES JUNIOR, M. Z. **Balanço hídrico das plantas**. Disciplina de Fisiologia Vegetal – Aula 3. Várzea Grande: Univag Centro Universitário, 2015. Disponível em: <https://www.passeidireto.com/arquivo/5612021/aula-3-balanco-hidrico-das-plantas>. Acesso em: 25 jul. 2022.

APPEZZATO-DA-GLÓRIA, B.; CARMELLO-GUERREIRO, S. M. (Ed.). **Anatomia vegetal**. 2. ed. rev. e atual. Viçosa: UFV, 2006.

APUNTES DE BIOQUÍMICA. **Reacciones oscuras**: ciclo de Calvin. 8 abr. 2014. Disponível em: <http://apuntesbioquimicageneral.blogspot.com/2014/04/reacciones-oscurasciclo-de-calvin.html?view=timeslide>. Acesso em: 12 dez. 2022.

ARAÚJO, S. A. do C.; DEMINICIS, B. B. Fotoinibição da fotossíntese. **Revista Brasileira de Biociências**, Porto Alegre, v. 7, n. 4, p. 463-472, out./dez. 2009. Disponível em: <https://edisciplinas.usp.br/pluginfile.php/7685103/mod_resource/content/0/Fotoinibi--o-da-Fotoss-ntese_antocianinas.pdf>. Acesso em: 2 ago. 2022.

BARBOSA, D. B. et al. As abelhas e seu serviço ecossistêmico de polinização. **Revista Eletrônica Científica da UERGS**, v. 3, n. 4, p. 694-703, 2017. Disponível em: <http://revista.uergs.edu.br/index.php/revuergs/article/view/1068>. Acesso em: 18 jul. 2022.

BASKIN, C. C.; BASKIN, J. M. A Revision of Martin's Seed Classification System, with Particular Reference to His Dwarf-Seed Type. **Seed Science Research**, v. 17, n. 1, p. 11-20, Mar. 2007. Disponível em: <https://www.cambridge.org/core/journals/seed-science-research/article/abs/revision-of-martins-seed-classification-system-with-particular-reference-to-his-dwarfseed-type/0EAEFE9BD434972F811B58B604AB3B29#access-block>. Acesso em: 19 jul. 2022.

BIONINJA. **C3, C4 and CAM Plants**. Disponível em: <https://ib.bioninja.com.au/higher-level/topic-8-metabolism-cell/untitled-2/c3-c4-and-cam-plants.html>. Acesso em: 12 dez. 2022.

BITTENCOURT, P. R. L. et al. Amazonia Trees Have Limited Capacity to Acclimate Plant Hydraulic Properties in Response to Long-Term Drought. **Global Change Biology**, v. 26, n. 6, p. 3569-3684, Feb. 2020. Disponível em: <https://www.researchgate.net/publication/339287494_Amazonia_trees_have_limited_capacity_to_acclimate_plant_hydraulic_properties_in_response_to_long-term_drought>. Acesso em: 2 ago. 2022.

BETTS, R. Met Office: Atmosferic CO2 Now Hitting 50% Higher than Pre-Industrial Levels. **Carbon Brief**, 16 Mar. 2021. Disponível em: <https://www.carbonbrief.org/met-office-atmospheric-co2-now-hitting-50-higher-than-pre-industrial-levels>. Acesso em: 2 ago. 2022.

BEVERIDGE, C. A. et al. Common Regulatory Themes in Meristem Development and Whole-Plant Homeostasis. **Current Opinion in Plant Biology**, v. 10, n. 1, p. 44-51, Feb. 2007. Disponível em: <https://www.sciencedirect.com/science/article/abs/pii/S1369526606001919?via%3Dihub>. Acesso em: 18 jul. 2022.

BÖGRE, L.; MAGYAR, Z.; LÓPEZ-JUEZ, E. New Clues to Organ Size Control in Plants. **Genome Biolog**, v. 9, n. 7, p. 226.1-226.7, July 2008. Disponível em: <https://pubmed.ncbi.nlm.nih.gov/18671834/>. Acesso em: 18 jul. 2022.

BORBA, A. A. **Biogenética I**: fotossíntese. Curitiba: Positivo, 2013. 23 slides. Disponível em: <https://slideplayer.com.br/slide/3330815/>. Acesso em: 15 jul. 2022.

BORDIGNON, L. et al. Como as espécies irão reagir às mudanças climáticas. **Ciência Hoje**, v. 57, n. 341, p. 26-31, out. 2016. Disponível em: <https://cienciahoje.org.br/artigo/como-as-especies-irao-reagir-as-mudancas-climaticas/>. Acesso em: 2 ago. 2022.

BORDIGNON, L. et al. Osmotic Stress at Membrane Level and Photosystem II Activity in Two C4 Plants after Growth in Elevated CO2 and Temperature. **Annals of Applied Biology**, v. 174, n. 2, Jan. 2019. Disponível em: <https://www.researchgate.net/publication/330603951_Osmotic_stress_at_membrane_level_and_photosystem_II_activity_in_two_C4_plants_after_growth_in_elevated_CO_2_and_temperature>. Acesso em: 2 ago. 2022.

BYNG, J. W et al. An Update of the Angiosperm Phylogeny Group Classification for the Orders and Families of Flowering Plants: APG IV. **Botanical Journal of the Linnean Society**, v. 181, p. 1-20, 2016. Disponível em: <https://academic.oup.com/botlinnean/article/181/1/1/2416499>. Acesso em: 2 ago. 2022.

CADOTTE, M. W.; CARSCADDEN, K.; MIROTCHNICK, N. Beyond Species: Functional Diversity and the Maintenance of Ecological Processes and Services. **Journal of Applied Ecology**, v. 48, n. 5, p. 1079-1087, Oct. 2011. Disponível em: <https://besjournals.onlinelibrary.wiley.com/doi/10.1111/j.1365-2664.2011.02048.x>. Acesso em: 19 jul. 2022.

CAVALCANTE, P. B. Contribuição ao conhecimento das Gnetáceas da Amazônia (Gimnospermas). **Acta Amazonica**, v. 8, n. 2, p. 201-215, 1978. Disponível em: <https://repositorio.inpa.gov.br/bitstream/1/13875/1/artigo-inpa.pdf>. Acesso em: 2 ago. 2022.

COLE, T. C. H.; BACHELIER, J.; HILGER, H. H. **Filogenia das traqueófitas**: plantas vasculares – sistemática e principais características. Tradução de Fernanda Antunes Carvalho. Berlim: Freie Universität Berlin, 2019. 1 pôster. Disponível em: <https://www.researchgate.net/profile/Theodor-Cole/publication/310747864_Filogenia_das_Traqueofitas_TPP_portugues/links/635066e16e0d367d91abfb2e/Filogenia-das-Traqueofitas-TPP-portugues.pdf>. Acesso em: 1º ago. 2022.

COLE, T. C. H.; HILGER, H. H. **Filogenia das angiospermas**: sistemática das plantas com flores. Tradução de Fernanda Antunes Carvalho. Berlim: Freie Universität Berlin, 2019. 1 pôster. Disponível em: <http://plantasdobrasil.com.br/downloads/APG-IV.pdf>. Acesso em: 1º ago. 2022.

CORNELISSEN, T. Climate Change and Its Effects on Terrestrial Insects and Herbivory Patterns. **Neotropical Entomology**, v. 40, n. 2, p. 155-163, Apr. 2011. Disponível em: <https://www.scielo.br/j/ne/a/KjTvWrT5nxd86LcbxpNysLk/?lang=en>. Acesso em: 2 ago. 2022.

CORNER, E. J. H. **The Seeds of Dicotyledons**. Cambridge: Cambridge University Press, 1976. v. 1.

CUTTER, E. G. **Anatomia vegetal**: parte 1 – células e tecidos. Tradução de Gabriela V. C. M. Catena. São Paulo: Roca, 1986.

DENER, R. B. As algas na agricultura. **Aquaculture Brasil**, 10 abr. 2020. Disponível em: <https://www.aquaculturebrasil.com/coluna/115/as-algas-na-agricultura>. Acesso em: 18 jul. 2022.

DINNENY, J. R.; BENFEY, P. N. Plant Stem Cell Niches: Standing the Test of Time. **Cell**, v. 132, n. 4, p. 553-557, Feb. 2008. Disponível em: <https://www.cell.com/cell/fulltext/S0092-8674(08)00200-6?_returnURL=https%3A%2F%2Flinkinghub.elsevier.com%2Fretrieve%2Fpii%2FS0092867408002006%3Fshowall%3Dtrue>. Acesso em: 18 jul. 2022.

ELLER, C. B.; LIMA, A. L.; OLIVEIRA, R. S. Foliar Uptake of Fog Water and Transport Belowground Alleviates Drought Effects in the Cloud Forest Tree Species, *Drimys brasiliensis* (Winteraceae). **New Phytologist**, v. 199, n. 1, p.151-162, July 2013. Disponível em: <https://nph.onlinelibrary.wiley.com/doi/10.1111/nph.12248>. Acesso em: 18 jul. 2022.

EVERT, R. **Esau's Plant Anatomy**: Meristems, Cells and Tissues of the Plant Body – Their Structure, Function, and Development. 3. ed. New Jersey: Wiley, 2006.

EVERT, R. F.; EICHHORN, S. E. **Raven**: biologia vegetal. Tradução de Ana Claudia M. Vieira et al. 8. ed. Rio de Janeiro: Guanabara Koogan, 2014.

GOBARA, B. N. K. **Caracterização da capacidade de indução ao CAM em plantas de *Vriesea gigantea* (Bromeliacea) sob déficit hídrico**. 70 f. Dissertação (Mestrado em Ciências na área de Botânica) – Instituto de Biociências da Universidade de São Paulo, São Paulo, 2015. Disponível em: <https://www.teses.usp.br/teses/disponiveis/41/41132/tde-14012016-165804/publico/Bruno_Gobara.pdf>. Acesso em: 2 ago. 2022.

GIFFORD, E. M. Gnetophyte. **Encyclopedia Britannica**, 1 Feb. 2022. Disponível em: <https://www.britannica.com/plant/gnetophyte>. Acesso em: 2 ago. 2022.

GISSI, D. S. Samambaias e licófitas: as plantas vasculares sem sementes. In: NAGAI, A. (Org.). **V Botânica no Inverno 2015**. São Paulo: Instituto de Biociências da Universidade de São Paulo, Departamento de Botânica, 2015. p. 48-58.

GRAY, A. **Gray's Lessons in Botany and Vegetable Physiology**. New York: Ivison, 1877.

HADLEY, D. A Definition of Meristematic Tissue in Plants. **ThoughtCo**, 17 Jan. 2019. Disponível em: <www.thoughtco.com/meristematic-tissue-1968467>. Acesso em: 18 jul. 2022.

HEDDEN, P.; SPONSEL, V. A Century of Gibberellin Research. **Journal of Plant Growth Regulation**, v. 34, p. 740-760, 2015. Disponível em: <https://www.ncbi.nlm.nih.gov/pmc/articles/PMC4622167/pdf/344_2015_Article_9546.pdf>. Acesso em: 2 ago. 2022.

HICKEY, L. J. Classification of the Architecture of Dicotyledonous Leaves. **American Journal of Botany**. v. 60, n. 1, p. 17-33, Jan. 1973. Disponível em: <http://www.u.arizona.edu/~bblonder/leaves/The_secrets_of_leaves/Making_skeletons_files/American%20Journal%20of%20Botany%201973%20Hickey%20Classification%20of%20the%20architecture%20of.pdf>. Acesso em: 2 ago. 2022.

HOLBROOK, N. M. Balanço hídrico das plantas. In: TAIZ, L. et al. (Org.). **Fisiologia e desenvolvimento vegetal**. Tradução de Alexandra Antunes Mastroberti et al. 6. ed. Porto Alegre: Artmed, 2017. p. 99-118.

JACKSON, T. et al. The Mechanical Stability of the World's Tallest Broadleaf Trees. **BioTropica**, v. 53, n. 1, p.110-120, Jan. 2021. Disponível em: <https://onlinelibrary.wiley.com/doi/epdf/10.1111/btp.12850>. Acesso em: 2 ago. 2022.

JUDD, W. S. et al. **Sistemática vegetal**: um enfoque filogenético. Tradução de André Olmos Simões et al. 3. ed. Porto Alegre: Artmed, 2009.

KERBAUY, G. B. **Fisiologia vegetal**. 2. ed. Rio de Janeiro: Guanabara Koogan, 2008.

LARCHER, W. **Ecofisiologia vegetal**. São Carlos: RiMa, 2006.

LAS – Laboratório de Análise de Sementes. **A semente e sua germinação**. Disponível em: <https://www.ufsm.br/laboratorios/sementes/a-semente-e-sua-germinacao/>. Acesso em: 2 ago. 2022.

LEROUX, O. Collenchyma: a Versatile Mechanical Tissue with Dynamic Cell Walls. **Annals of Botany**, v. 110, n. 6, p. 1083-1098, Nov. 2012. Disponível em: <https://www.ncbi.nlm.nih.gov/pmc/articles/PMC3478049/>. Acesso em: 18 jul. 2022.

LIMA, R. K. et al. Composição dos óleos essenciais de anis-estrelado *Illicium verum* L. e de capim-limão *Cymbopogon citratus* (DC.) Stapf: avaliação do efeito repelente sobre *Brevicoryne brassicae* (L.) (Hemiptera: Aphididae). **BioAssay**. v. 3, n. 8, p. 1-6, 2008. Disponível em: <https://www.bioassay.org.br/index.php/bioassay/article/view/56/88>. Acesso em: 2 ago. 2022.

LODISH, H. et al. **Molecular Cell Biology**. 4. ed. New York: W. H. Freeman, 2001.

MAHESHWARI, P.; RANGASWAMY, N. S. Embryology in Relation to Physiology and Genetics. **Advances in Botanical Research**, v. 2, p. 219-321, 1966. Disponível em: <https://www.sciencedirect.com/science/article/abs/pii/S0065229608602529>. Acesso em: 19 jul. 2022.

MALDONADO, S.; MAGNANO, J. La raíz. **SlidePlayer**, 2015. 53 slides. Diponível em: <https://slideplayer.es/slide/4046749/13/images/32/>. Acesso em: 16 jun. 2023.

MARTIN, A. C. The Comparative Internal Morphology Seeds. **The American Midland Naturalist**, v. 36, n. 3, p. 513-660, Nov. 1946. Disponível em: <https://www.jstor.org/stable/2421457>. Acesso em: 19 jul. 2022.

MARTINS, V. F. et al. Phylogeny Contributes More than Site Characteristics and Traits to the Spatial Distribution Pattern of Tropical Tree Populations. **Oikos**, v. 127, n. 9, p. 1368-1379, Sep. 2018. Disponível em: <http://www.oikosjournal.org/appendix/oik-05142>. Acesso em: 19 jul. 2022.

MEDIAVILLA, D. Como a atmosfera da Terra se encheu de oxigênio. **El País**, 14 dez. 2019. Disponível em: <https://brasil.elpais.com/ciencia/2019-12-14/como-a-atmosfera-da-terra-se-encheu-de-oxigenio.html>. Acesso em: 13 jul. 2022.

MUNDRY, M.; STÜTZEL, T. Morphogenesis of the Reproductive Shoots of *Welwitschia mirabilis* and *Ephedra distachya* (Gnetales), and Its Evolutionary Implications. **Organisms Diversity & Evolution**, v. 4, n. 1-2, p. 91-108, May 2004. Disponível em: <https://www.sciencedirect.com/science/article/pii/S1439609204000078>. Acesso em: 2 ago. 2022.

MURRAY, S. A. et al. Unravelling the Functional Genetics of Dinoflagellates: a Review of Approaches and Opportunities. **Perspectives in Phycology**, v. 3, n. 1, p. 37-52, 2016. Disponível em: <https://www.schweizerbart.de/papers/pip/detail/3/85474/Unravelling_the_functional_genetics_of_dinoflagellates_a_review_of_approaches_and_opportunities>. Acesso em: 18 jul. 2022.

NETXPLICA. **Ciclos de vida**: unidade e diversidade. 2015. 95 slides. Disponível em: <http://www.netxplica.com/diapositivos/biologia11/22.ciclos.vida/index.html>. Acesso em: 12 dez. 2022.

OLIVEIRA, M. T. de. **Fotofosforilação e fotossíntese**. São Paulo: Unesp, 2017. 25 slides. Disponível em: <https://www.fcav.unesp.br/Home/departamentos/tecnologia/marcostuliooliveira/aula11_fotossintese.pdf>. Acesso em: 12 dez. 2022.

OXFORD LANGUAGES. Disponível em: <https://languages.oup.com/>. Acesso em: 12 dez. 2022.

PAYNE, C. Topic 8.3: Photosynthesis. **Amazing World of Science with Mr. Green**. Disponível em: <https://www.mrgscience.com/topic-83-photosynthesis.html>. Acesso em: 12 dez. 2022.

PEREIRA, S. de F.; POTT, V. J.; TEMPONI, L. G. Lemnoideae (Araceae) no estado do Paraná, Brasil. **Rodriguésia**, v. 67, n. 3, p. 839-848, jul./set. 2016. Disponível em: <https://www.scielo.br/j/rod/a/c48tSrMSsrkshsZBVDpzvCy/?lang=pt>. Acesso em: 2 ago. 2022.

PERETO, S. C. A. da S. **Diversidade funcional e filogenética das comunidades de macrófitas aquáticas em uma planície neotropical**. 170 p. Tese (Doutorado em Ciências Biológicas) – Programa de Pós-Graduação em Ecologia e Conservação, Universidade Federal do Paraná, Curitiba-PR, 2018. Disponível em: <https://acervodigital.ufpr.br/bitstream/handle/1884/58916/R%20-%20T%20-%20SUELEN%20CRISTINA%20ALVES%20DA%20SILVA%20PERETO.pdf?sequence=1&isAllowed=y>. Acesso em: 19 jul. 2022.

PIERSON, E. S. Leaf Formation. In: RADBOUD UNIVERSITY NIJMEGEN. **Virtual Classroom Biology**. Nijmegen, 2011.

PLANTINGSCIENCE. **The Power of Sunlight**: Investigations in Photosynthesis and Cellular Respiration – Student's Guide. Sep. 2017. Disponível em: <https://plantingscience.org/resources/200/download/DIG-Student_Guide.2017_revision.v2.pdf>. Acesso em: 12 dez. 2022.

REMANE, A. **Die Grundlagen des natürlichen Systems, der vergleichenden Anatomic and der Phylogenetik**. Leipig: Koeltz, 1952.

RIBEIRO, N. M., NUNES, C. R. Análise de pigmentos de pimentões por cromatografia em papel. **Química Nova na Escola**, n. 29, p. 34-37, ago. 2008. Disponível em: <http://professor.ufop.br/sites/default/files/legurgel/files/08-eeq-0707.pdf>. Acesso em: 15 jul. 2022.

SANTIAGO, A. C. P.; BARACHO, G. S. **Biologia**: botânica sistemática. 2. ed. Recife: Nead/UPE, 2013.

SANTOS, C. A. C. dos. et al. Crescimento inicial de plantas de maracujazeiro amarelo submetidas à giberelina. **Comunicata Scientiae**, v. 1, n. 1, p. 29-34, 2010. Disponível em: <https://www.researchgate.net/publication/277030360_Crescimento_inicial_de_plantas_de_maracujazeiro_amarelo_submetidas_a_giberelina>. Acesso em: 12 dez. 2022.

SANTOS, J. O ciclo de Calvin: a fase escura da fotossíntese – biologia Enem. **Blog do Enem**, 19 fev. 2019. Disponível em: <https://blogdoenem.com.br/biologia-enem-revise-a-fase-escura-ciclo-de-calvin-da-fotossintese-post-3/>. Acesso em: 12 dez. 2022.

SILVA, F. M. L.; GHINI, R.; VELINI, E. D. Efeito do aumento da concentração de CO2 atmosférico na produção de matéria seca de plantas daninhas. In: CONGRESSO BRASILEIRTO DA CIÊNCIA DAS PLANTAS DANINHAS NA ERA DA BIOTECNOLOGIA, 28., Campo Grande, 2012. **Anais**... Brasília: Embrapa, 2012. p. 261-265. Disponível em: <https://ainfo.cnptia.embrapa.br/digital/bitstream/item/74427/1/2012AA037.pdf>. Acesso em: 2 ago. 2022.

SCHMIDT, A. Histologische Studien an Phanerogamen Vegetationspunkten. **Botanical Archives**. v. 8, p. 345-404, 1924.

SMITH, A. R. et al. A Classification for Extant Ferns. **Taxon**, v. 55, n. 3, p. 705-731, Aug. 2006. Disponível em: <https://www.academia.edu/24112520/A_Classification_for_Extant_Ferns>. Acesso em: 2 ago. 2022.

STAFFORD, H. A. What Is a Plant Cell? **The Plant Cell**, v. 3, n. 4, p. 331, Apr. 1991. Disponível em: <https://academic.oup.com/plcell/article/3/4/331/5984174>. Acesso em: 13 jul. 2022.

STEVENS, P. F. Gnetales. **Angiosperm Phylogeny Website**. Version 14, July 2017. Disponível em: <www.mobot.org/MOBOT/Research/APweb/orders/gnetales.html>. Acesso em: 2 ago. 2022.

SU, W-R. et al. Changes in Gibberellin Levels in the Flowering Shoot of *Phalaenopsis hybrida* under High Temperature Conditions When Flower Development is Blocked. **Plant Physiology and Biochemistry**, Amsterdam, v. 39, n. 1. p. 45-50, Jan. 2001. Disponível em: <https://www.researchgate.net/publication/222219056_Changes_in_gibberellin_levels_in_the_flowering_shoot_ofPhalaenopsis_hybrida_under_high_temperature_conditionswhen_flower_development_is_blocked>. Acesso em: 2 ago. 2022.

TAIZ, L. et al. **Fisiologia e desenvolvimento vegetal**. 6. ed. Porto Alegre: Artmed, 2017.

TIMME, R. E.; BACHVAROFF, T. R.; DELWICHE, C. F. Broad Phylogenomic Sampling and the Sister Lineage of Land Plants. **PloS ONE**, v. 7, n. 1, e29696, p. 1-8, Jan. 2012. Disponível em: <https://journals.plos.org/plosone/article?id=10.1371/journal.pone.0029696>. Acesso em: 18 jul. 2022.

TORRES, A. C. et al. **Glossário de biotecnologia vegetal**. Brasília: Embrapa Hortaliças, 2000. Disponível em: <https://www.embrapa.br/busca-de-publicacoes/-/publicacao/769141/glossario-de-biotecnologia-vegetal>. Acesso em: 17 jul. 2022.

TRETTEL, J. R. et al. In Vitro Organogenesis and Growth of *Ocimum basilicum* 'Genovese' (Basil) Cultivated with Growth Regulators. **Australian Journal of Crop Science**, v. 13, n. 7, p.1131-1140, 2019. Disponível em: <https://www.cropj.com/trettel_13_7_2019_1131_1140.pdf>. Acesso em: 2 ago. 2022.

VERNOUX, T.; BENFEY, P. N. Signals that Regulate Stem Cell Activity during Plant Development. **Current Opinion in Genetics & Development**, v. 15, n. 4, p. 388-394, Aug. 2005. Disponível em: <https://www.sciencedirect.com/science/article/abs/pii/S0959437X05001024?via%3Dihub>. Acesso em: 18 jul. 2022.

UNDERSTANDING ELOLUTION. **The Tree Room**: Misinterpretations about Change – Misinterpretations and Intuitive Ideas about Evolutionary Change. Berkeley: UC Museum of Paleontology, 2022. Disponível em: <https://evolution.berkeley.edu/the-tree-room/tree-misinterpretations/misinterpretations-about-change/>. Acesso em: 12 dez. 2022.

WEGNER, L. H. Root Pressure and Beyond: Energetically Uphill Water Transport into Xylem Vessels? **Journal of Experimental Botany**, v. 65, n. 2, p. 381-393, Feb. 2014. Disponível em: <https://academic.oup.com/jxb/article/65/2/381/485940>. Acesso em: 18 jul. 2022.

WHITE, P. J. Ion transport. In: THOMAS, B.; MURRAY, B. G.; MURPHY, D. J. **Encyclopedia of Applied Plant Science**. 2. ed. Netherlands: Academic Press, 2017. p. 625-634.

ZHANG, N. et al. Gibberellins Regulate the Stem Elongation Rate without Affecting the Mature Plant Height of a Quick Development Mutant of Winter Wheat (*Triticum aestivum* L.). **Plant Physiology and Biochemistry**, v. 107, p. 228-236, Oct. 2016. Disponível em: <https://www.sciencedirect.com/science/article/abs/pii/S0981942816302297>. Acesso em: 2 ago. 2022.

BIBLIOGRAFIA COMENTADA

APPEZZATO-DA-GLÓRIA, B.; CARMELLO-GUERREIRO, S. M. (Ed.). **Anatomia vegetal**. 2. ed. rev. e atual. Viçosa: UFV, 2006.

O livro é um clássico no estudo de anatomia vegetal, visto que apresenta uma base para o conhecimento da estrutura interna do vegetal, abordando a organização geral do corpo da planta, os diferentes tipos de células e tecidos e a anatomia de órgãos vegetativos e reprodutivos. Trata-se de um verdadeiro manual de identificação e descrição de estruturas anatômicas e tecidos das plantas. Apresenta muitas fotos de micrografias eletrônicas com excelentes cortes histológicos de exemplares da flora brasileira.

JUDD, W. S. et al. **Sistemática vegetal**: um enfoque filogenético. Tradução de André Olmos Simões et al. 3. ed. Porto Alegre: Artmed, 2009.

O livro é uma excelente ferramenta para o estudo da sistemática de plantas. Apresenta uma abordagem atualizada e completa do uso de dados filogenéticos para a classificação das espécies vegetais. O livro leva em consideração que todas as formas de vida estão inter-relacionadas, como os ramos de uma árvore. Detém-se nas plantas vasculares, ou traqueófitas, com ênfase nas plantas com flores. A presença de chaves taxonômicas em cada início de capítulo permite ao leitor utilizar o livro como um guia para a identificação de espécies no nível de família.

KERBAUY, G. B. **Fisiologia vegetal**. 2. ed. Rio de Janeiro: Guanabara Koogan, 2008.

Essa obra é uma referência importante para o entendimento da relação dos organismos vegetais com os fatores ambientais variáveis que as plantas enfrentam diariamente. Aborda assuntos importantes relacionados à fisiologia vegetal, como fotossíntese, germinação, relações hídricas, nutrição e sais minerais.

EVERT, R. F.; EICHHORN, S. E. **Raven**: biologia vegetal. Tradução de Ana Claudia M. Vieira et al. 8. ed. Rio de Janeiro: Guanabara Koogan, 2014.

Certamente, essa é a melhor referência bibliográfica para o estudo da botânica. Sua oitava edição trouxe inovações e atualidades acerca dos estudos dos vegetais. Esse livro tem o compromisso de atualizar os alunos sobre os importantes avanços na área da botânica, que vão desde os novos detalhes moleculares em fotossíntese até as grandes diferenças nas relações taxonômicas, que têm sido mostradas pela comparação das sequências de DNA e RNA, além dos avanços em genômica e engenharia genética e o aprimoramento da compreensão da anatomia e da fisiologia das plantas.

RESPOSTAS

CAPÍTULO 1

Atividades de autoavaliação

1. e
2. d
3. c
4. a
5. c

Atividades de aprendizagem

Questões para reflexão

1. A presença de antocianina em plantas de sombra ou no sub-bosque de uma floresta contribui para a eficiência fotossintética, visto que esse composto proporciona o uso mais efetivo do raio luminoso, que é refletido dentro do mesofilo foliar em vez de ter um caminho único passando pela face adaxial em direção à face abaxial. Plantas que apresentam antocianina na face abaxial das folhas geralmente são típicas de ambientes sombreados e de pouca luminosidade.
2. Um ambiente que sofreu um desastre ambiental como o mencionado terá seus fatores ambientais alterados por um período indeterminado. A ausência de oxigênio, de luminosidade (corpo d'água), de nutrientes e de água causa um estresse na planta e, consequentemente, a produção de compostos primários e secundários ficará comprometida.

CAPÍTULO 2

Atividades de autoavaliação

1. b
2. b
3. a
4. a
5. a

Atividades de aprendizagem

Questões para reflexão

1. A cutícula epidérmica das plantas do Cerrado é mais espessa, o que contribui para a proteção de seus demais tecidos sem comprometer a atividade fotossintética, que, aliás, ocorre por meio desse tecido vegetal.
2. Os meristemas são fontes de células com características juvenis e de diferenciação de tecidos vegetais após o período embrionário. Logo, o desenvolvimento de órgãos e tecidos ao longo da vida da planta conforme as diversas condições ambientais passa a ser garantido pelas regiões meristemáticas.

CAPÍTULO 3

Atividades de autoavaliação

1. c
2. c
3. e
4. a
5. b

Atividades de aprendizagem

Questões para reflexão

1. O elemento oxigênio é encontrado em abundância na atmosfera terrestre. Ele é um gás dito *sociável*, dada sua fácil interação com outros elementos químicos. Por esse motivo, o aumento desse gás na atmosfera contribuiria para eventos como queimadas, uma vez que ele é essencial para a combustão e, como consequência, a biodiversidade seria reduzida.
2. Reguladores de crescimento vegetal são compostos sintéticos com a finalidade de produzir efeitos similares aos dos hormônios vegetais. A aplicação dos reguladores de crescimento na planta é uma forma de garantir o processo fisiológico em um tecido vegetal específico. Logo, o desenvolvimento da planta é garantido, de modo que ela terá condições de completar seu ciclo.

CAPÍTULO 4

Atividades de autoavaliação

1. b
2. d
3. a
4. c
5. b

Atividades de aprendizagem

Questões para reflexão

1. Na agricultura, o uso de algas como recurso bioestimulante é uma alternativa de sucesso para a execução de processos biológicos essenciais à planta sem agredir o meio ambiente. O uso de macroalgas com compostos bioativos como biofertilizantes resulta em compostos orgânicos em concentrações plausíveis e que apenas contribuem para um enriquecimento biológico sem comprometer a fauna e a flora.
2. O processo de sucessão ocorre em face de um quadro de desastre ambiental ou inatividade de vida em determinado local. As condições primárias dos aspectos biológicos são as mais simples possíveis. Dessa forma, a sobrevivência dos primeiros organismos diante de tal cenário ocorre com uma oferta mínima de nutrientes e água. Musgos, samambaias e licófitas são organismos que se adéquam sem dificuldades a condições como essas. O destaque deve ser dado aos musgos, pois a ausência de vasos condutores de seiva já garante que esses organismos não alcancem grandes alturas e, por isso, sua necessidade nutricional é mínima.

CAPÍTULO 5

Atividades de autoavaliação

1. e
2. d
3. c

4.

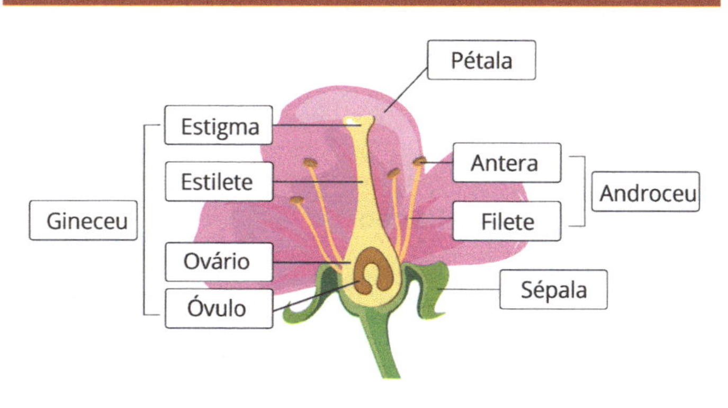

5. a

Atividades de aprendizagem

Questões para reflexão

1. A variedade de tipos de raízes, caules, folhas, flores, frutos e sementes contribui para a existência de uma infinidade de espécies vegetais. Dessa forma, identificar corretamente o órgão vegetal e reprodutivo auxilia na descrição assertiva da espécie vegetal. É importante considerar a caracterização de todos os órgãos, pois, caso contrário, a identificação pode ser parcial e/ou errônea.
2. Muitos grupos vegetais apresentam características morfológicas e anatômicas específicas, o que contribui para a caracterização de determinadas espécies. Gimnospermas, por exemplo, apresentam caules espessos e eretos, folhas coriáceas e polinização pelo vento. Além de descrever a planta de uma forma geral, isso permite estabelecer algumas conclusões acerca de seu hábitat, como a condição de ser frio e com ventos recorrentes. Uma angiosperma como o ipê-amarelo – *Handroanthus umbellatus* (Sond.) – tem uma corola grande

parcialmente tubular, de cor chamativa e quatro estames, sendo dois mais altos e dois mais baixos. Tais características remetem a uma polinização por insetos e aves e um ambiente temperado.

CAPÍTULO 6

Atividades de autoavaliação

1. d
2. b
3. e
4. e
5. c

Atividades de aprendizagem

Questões para reflexão

1. A utilização de um material botânico durante as aulas teóricas e/ou práticas de botânica permite uma melhor compreensão acerca das estruturas morfológicas. Além disso, a interação do aluno com o conteúdo lecionado é intensificada, contribuindo para o aumento do interesse na disciplina e, consequentemente, a assimilação do conteúdo.
2. O uso da tecnologia tem colaborado largamente para o ensino da botânica no que se refere à divulgação de coletas. A troca de informações entre herbários ao longo de todo o globo facilita a definição da distribuição geográfica das espécies vegetais. Além disso, a divulgação de dados morfológicos e anatômicos em diferentes biomas também tem auxiliado os estudos ecológicos na avaliação da plasticidade fenotípica das espécies vegetais.

SOBRE A AUTORA

Suelen Cristina Alves da Silva Pereto é bióloga por formação, tendo cursado Ciências Biológicas na Universidade Positivo (UP) entre os anos de 2006 e 2010. Durante a graduação, sempre se interessou pela área da botânica, na qual desenvolveu seu trabalho de conclusão de curso, com foco no processo de biorremediação mediante o uso de plantas aquáticas para tratamento de chorume. Em 2011, ingressou no mestrado em Botânica na Universidade Federal do Paraná (UFPR) e desenvolveu sua dissertação na área de ecologia aquática. Trabalhou com plantas aquáticas dos reservatórios de água que abastecem a cidade de Curitiba e avaliou a composição das comunidades de plantas aquáticas dos reservatórios em relação a seus estados tróficos. O fruto desse trabalho lhe rendeu a publicação de dois artigos científicos: "Aquatic macrophyte community varies in urban reservoirs with different degrees of eutrophication" (*Acta Limnologica Brasiliensia*) e "Floristic survey and species richness of aquatic macrophytes in water supply reservoirs" (*Check List*). Em 2014, ingressou no doutorado em Ecologia e Conservação, também da UFPR, e desenvolveu sua tese na área de ecologia aquática. Trabalhou com as comunidades de plantas aquáticas da Planície do Alto Rio Paraná e avaliou a composição funcional e filogenética dessas comunidades ao longo de 11 anos. Esse trabalho lhe rendeu quatro artigos científicos, sendo um deles publicado na revista científica *Acta Botanica Brasilica* sob o título "Macrophyte functional composition is stable across a strong environmental gradient of a Neotropical floodplain".

Lecionou a disciplina de Ciências de 2017 até 2021 no Centro Educacional Evangélico, na cidade de Curitiba, para alunos do ensino fundamental. Trabalha com aulas particulares e de reforço escolar de Ciências/Biologia para alunos do ensino fundamental e médio no Se Liga no Saber. Atua como consultora de artigos científicos em revista especializada. Em novembro de 2021, fundou em sociedade a consultoria ambiental Seres, na qual ocupa o cargo de Diretora de Flora e Conservação.

Impressão
Junho/2023